普通高等教育规划教材

清洁生产与循环经济

雷兆武 薛冰 王洪涛 主编

化学工业出版社

·北京·

本书内容包括清洁生产概述、理论基础、内容与评价指标、清洁生产要求及实施；清洁生产审核概述、程序、审核报告与评估验收、审核案例；环境管理体系标准要求、体系建立及审核；产品生命周期评价思想与方法框架，新型干法水泥生命周期评价案例以及结合水泥生命周期评价案例的数据库操作；循环经济的内涵、模式、评价与管理及案例，低碳发展的内涵、路径体系及案例；产业生态学内涵、理论与方法，产业生态实践与生态文明建设，生态工业内涵，生态工业园及规划、管理，生态农业内涵、建设模式与机制、管理与规划等。

本书为高等院校环境类专业及相关专业课程的教材，也可供从事清洁生产、环境管理、生命周期评价、循环经济与低碳发展、生态工业（园）和生态农业规划与管理、环境保护等研究人员和工作人员参考使用。

图书在版编目（CIP）数据

清洁生产与循环经济/雷兆武，薛冰，王洪涛主编. —北京：化学工业出版社，2017.9（2025.1重印）

普通高等教育规划教材

ISBN 978-7-122-30046-1

Ⅰ.①清… Ⅱ.①雷…②薛…③王… Ⅲ.①无污染工艺-高等学校-教材②循环经济-高等学校-教材 Ⅳ.①X383 ②F062.2

中国版本图书馆CIP数据核字（2017）第149346号

责任编辑：王文峡　　　　文字编辑：林　媛

责任校对：王　静　　　　装帧设计：王晓宇

出版发行：化学工业出版社（北京市东城区青年湖南街13号　邮政编码100011）

印　　装：北京天宇星印刷厂

787mm×1092mm　1/16　印张15¼　字数374千字　2025年1月北京第1版第7次印刷

购书咨询：010-64518888（传真：010-64519686）　售后服务：010-64518899

网　　址：http://www.cip.com.cn

凡购买本书，如有缺损质量问题，本社销售中心负责调换。

定　　价：42.00元

前言

加速向绿色经济模式转变、全面提高环境治理水平、促进全球环境可持续性，是联合国《2030年可持续发展议程》所确立的核心目标之一。立足我国基本国情和全球可持续发展趋势，将绿色发展明确作为关系我国发展全局的一个重要理念，作为“十三五”乃至更长时期我国经济社会发展的一个基本发展理念。

清洁生产与循环经济是推进绿色发展的重要组成内容，也是在企业、区域和全社会尺度上践行绿色发展的重要科学理论基础。清洁生产、资源循环、低碳发展、生态设计等是推动绿色转型发展的重要途径，清洁生产审核、企业环境管理体系与审核、产品生命周期评价等则是评价生产过程、产品及环境绩效的重要工具。同时，随着国家应用型本科高校建设的推进，培养应用型和技术技能型人才以切实服务地方经济社会发展，成为应用型本科院校人才培养的主要目标。因此，我们立足清洁生产与循环经济这一主题，以应用型本科院校为对象，结合课程教学特点编写了本教材。

本教材注重突出应用性，融理论与应用于一体，以满足教材对应用型本科院校课程教学的需要；同时，将国家、行业最新政策、标准、研究成果等引入教学内容，完善课程内容与岗位职业能力要求的衔接。在附录中收集了清洁生产审核办法、电镀行业清洁生产评价指标体系、环境管理体系标准等相关资料，供教学参考使用。此外，根据各章节核心内容，设置思考题，供学生复习与思考。

本书由雷兆武、薛冰、王洪涛主编，其中第一章、第二章由河北环境工程学院雷兆武编写，第三章由河北环境工程学院张俊安编写，第四章由四川大学王洪涛、章菁、梁一苇编写，第五章、第六章由中国科学院沈阳应用生态研究所薛冰、韩彬、逯承鹏编写。

在本书编写过程中，参考并引用了大量文献资料，在此一并致谢。

由于编者知识、能力所限，书中存在的不足之处，敬请读者批评指正。

编者

2017年5月

目录

第一章 清洁生产

第一节 清洁生产概述 …… 001
一、清洁生产的产生与发展 …… 001
二、清洁生产定义、原则及特点 …… 005
三、清洁生产的目的、作用及意义 …… 007
第二节 清洁生产理论基础 …… 008
一、可持续发展理论 …… 008
二、废物与资源转化理论 …… 009
三、最优化理论 …… 009
四、科学技术进步理论 …… 009
第三节 清洁生产内容与评价指标 …… 010
一、清洁生产内容 …… 010
二、清洁生产评价指标 …… 010
第四节 清洁生产要求及实施 …… 011
一、清洁生产要求 …… 011
二、清洁生产实施途径 …… 016
三、清洁生产技术与方案 …… 019
思考题 …… 021

第二章 清洁生产审核

第一节 清洁生产审核概述 …… 022
一、清洁生产审核的定义 …… 022
二、清洁生产审核的目的和原则 …… 022
三、清洁生产审核方式和要求 …… 024
四、清洁生产审核思路和技巧 …… 024
五、清洁生产审核的人员和作用 …… 026
六、清洁生产审核的特点 …… 027
第二节 清洁生产审核程序 …… 027
一、筹划与组织 …… 027
二、预审核 …… 031
三、审核 …… 037
四、方案产生和筛选 …… 043
五、可行性分析 …… 046
六、方案实施 …… 050
七、持续清洁生产 …… 052
第三节 清洁生产审核报告与评估验收 …… 054
一、清洁生产审核报告 …… 054

二、清洁生产审核评估与验收 …… 055
第四节　清洁生产审核案例 …… 058
一、企业概况 …… 058
二、审核准备 …… 058
三、预审核 …… 059
四、审核 …… 068
五、方案产生和筛选 …… 072
六、方案确定 …… 076
七、方案实施 …… 077
八、持续清洁生产 …… 079
九、结论 …… 080
思考题 …… 081

第三章　环境管理体系

第一节　环境管理体系概述 …… 082
一、环境管理体系的产生 …… 082
二、ISO 14000系列标准构成和特点 …… 084
三、ISO 14001：2015的颁布 …… 090
第二节　环境管理体系要求（ISO 14001：2015） …… 090
一、范围 …… 090
二、主要术语 …… 091
三、组织所处的环境 …… 092
四、领导作用 …… 093
五、策划 …… 095
六、支持 …… 098
七、运行 …… 100
八、绩效评价 …… 101
九、改进 …… 104
第三节　企业环境管理体系建立 …… 105
一、领导决策与准备 …… 105
二、初始环境评审 …… 105
三、体系策划与设计 …… 106
四、体系文件编制 …… 106
五、体系试运行 …… 106
六、体系内部审核和管理评审 …… 107
第四节　环境管理体系审核 …… 110
一、审核 …… 110
二、审核启动 …… 112
三、现场审核准备 …… 113
四、现场审核实施 …… 114
五、审核报告 …… 117
六、监督、跟踪 …… 118
思考题 …… 119

第四章　产品生命周期评价

第一节　生命周期评价概述 …… 120
一、生命周期思想与生命周期评价 …… 120
二、生命周期评价方法框架 …… 121
三、生命周期评价方法的特点 …… 127
四、LCA 数据库与软件 …… 127
五、中国 LCA 政策、研究与应用 …… 130
第二节　新型干法水泥生命周期评价 …… 133
一、目标与范围定义 …… 133
二、数据收集与建模 …… 133
三、结果分析 …… 137
四、数据质量评估与改进 …… 140
第三节　生命周期评价软件 eFootprint 操作 …… 141
一、新建一个水泥模型 …… 141
二、编辑目标与范围定义 …… 142
三、生命周期建模——树形模型 …… 143
四、添加消耗与投入 …… 144
五、添加废弃与排放 …… 145
六、指定上游过程数据来源 …… 147
七、物料平衡检查 …… 151
八、LCI 结果计算 …… 152
九、结果评估 …… 153
思考题 …… 155

第五章　循环经济与低碳发展

第一节　循环经济 …… 156
一、循环经济的内涵特征 …… 156
二、循环经济的发展模式 …… 157
三、循环经济评价与管理 …… 160
四、循环经济典型案例 …… 162
第二节　低碳发展 …… 164
一、低碳及低碳发展的基本内涵 …… 164
二、低碳发展案例与讨论 …… 166
思考题 …… 169

第六章　产业生态理论与实践

第一节　产业生态学发展概述 …… 170
一、产业生态学内涵 …… 170
二、产业生态学理论与方法 …… 170
三、产业生态实践 …… 173

第二节　生态工业 ········· 174
一、生态工业内涵概述 ········· 174
二、生态工业园 ········· 175
三、生态工业园规划方法与管理 ········· 176
第三节　生态农业 ········· 179
一、生态农业内涵概述 ········· 179
二、生态农业建设模式 ········· 179
三、生态农业管理与规划 ········· 183
思考题 ········· 185

附录

附录一　清洁生产审核办法 ········· 186
附录二　年贴现值系数表 ········· 190
附录三　电镀行业清洁生产评价指标体系 ········· 192
附录四　环境管理体系要求及使用指南（GB/T 24001—2016 idt ISO 14001：2015） ········· 201
附录五　清洁生产审核工作用表 ········· 215

参考文献

第一章 清洁生产

第一节 清洁生产概述

一、清洁生产的产生与发展

（一） 人类社会的发展与环境问题

人类文明的演进和对人与自然关系及发展模式的思考表明：人类生存繁衍的历史可以说是人类社会同大自然相互作用、共同发展和不断进化的历史。在人类征服自然、改造自然的过程中，科学技术无疑起了十分重要的作用。人类依靠先进的科学技术武装起来的强大生产力无节制地向自然索取，掠夺式地开发自然资源，损害了地球的基本生态，出现了滥伐森林、草场退化、沙漠扩大、水土流失、物种灭绝等严重现象；而另一方面，不断向环境排放废弃物，超越了自然净化的能力，出现了大气污染、水污染、土壤污染，以及一系列严重的全球性问题，威胁着人类生存，使人们首次认识到，人类在地球上的持续生存有了危险。

环境问题主要是指由于人类活动作用于周围环境所产生的环境质量变化以及这种变化反过来对人类的生产、生活和健康产生影响的问题。环境问题可分为两类：一是不合理开发利用自然资源，超出环境承载力，使生态环境质量恶化和自然资源枯竭的现象；二是人口激增、城市化和工农业高速发展引起的环境污染和破坏。总之是人类社会发展与环境关系不协调所引起的问题。

1. 环境污染和生态破坏

环境污染问题伴随着人类在地球上的出现而存在。自工业革命至20世纪50年代前，是环境污染问题的发展恶化阶段，进入20世纪，特别是第二次世界大战以后，科学技术、工业生产、交通运输都得到了迅猛发展，尤其是石油工业的崛起，导致工业分布过分集中，城市人口过分密集，环境污染由局部扩大到区域，由单一的大气污染扩大到气体、水体、土壤和食品等方面的污染，有的已酿成震惊世界的公害事件，如马斯河谷烟雾事件、伦敦烟雾事件、日本水俣病事件、日本富山骨痛病事件等。20世纪80年代以后，环境污染日趋严重和生态大范围破坏。人们共同关心的影响范围大和危害严重的环境污染和生态破坏问题有三类：一是全球性的大气污染，如温室效应、臭氧破坏和酸雨；二是大面积森林毁坏、草场退化、土壤侵蚀和沙漠化；三是突发性的严重污染事件频繁。

根据2012年至2015年《中国环境状况公报》，各年污染物的排放情况如表1-1。

表 1-1 各年污染物排放情况

年度	化学需氧量/万吨	氨氮/万吨	二氧化硫/万吨	氮氧化物/万吨
2015 年	2223.5	229.9	1859.1	1851.8
2014 年	2294.6	238.5	1974.4	2078.0
2013 年	2352.7	245.7	2043.9	2227.3
2012 年	2423.7	253.6	2117.6	2337.8

在工业固体废物方面，2014 年全国工业固体废物产生量为 325620.0 万吨，综合利用量（含利用往年贮存量）为 204330.2 万吨，综合利用率为 62.75%；2013 年，全国工业固体废物产生量为 327701.9 万吨，综合利用量（含利用往年贮存量）为 205916.3 万吨，综合利用率为 62.8%；2012 年，全国工业固体废物产生量为 329046 万吨，综合利用量（含利用往年贮存量）为 202384 万吨，综合利用率为 61.5%。

在陆源污染物排海方面，污染物排放情况如表 1-2。

表 1-2 陆源污染物排海情况

年度	污水排放量/亿吨	污染物量
2015 年	62.45	化学需氧量 21.0 万吨，石油类 824.2 吨，氨氮 1.5 万吨，总磷 3149.2 吨，部分直排海污染源排放汞、六价铬、铅和镉等重金属
2014 年	63.11	化学需氧量 21.1 万吨，石油类 1199 吨，氨氮 1.48 万吨，总磷 3126 吨，部分直排海污染源排放汞、六价铬、铅和镉等重金属
2013 年	63.84	化学需氧量 22.1 万吨，石油类 1636 吨，氨氮 1.69 万吨，总磷 2841 吨，汞 213 千克，六价铬 1908 千克，铅 7681 千克，镉 392 千克
2012 年	56.0	化学需氧量 21.8 万吨，石油类 1026.1 吨，氨氮 1.7 万吨，总磷 2920.9 吨，汞 228.5 千克，六价铬 2752.7 千克，铅 4586.9 千克，镉 826.1 千克

大量污染物进入环境，危害着我国环境质量和生态安全。

2. 资源短缺

资源是人类赖以生存和经济赖以发展的基础，包括能源、水资源、工业资源（即矿物资源）、土地资源、生物资源、森林资源等。人类在发展技术、文化，提高人们生活水平的同时，急剧大量地消耗了地球资源。整个 20 世纪，人类消耗了 1420 亿吨石油，2650 亿吨煤，380 亿吨铁，7.6 亿吨铝，4.8 亿吨铜。我国人均耕地、淡水、森林仅占世界平均水平的 32%、27.4%和 12.8%，矿产资源人均占有量只有世界平均水平的 1/2，煤炭、石油和天然气的人均占有量仅为世界平均水平的 67%、5.4%和 7.5%。

根据 2013 年、2014 年、2015 年《中国环境状况公报》，2015 年全国一次能源生产总量达到 36.2 亿吨标准煤，其中原煤 37.5 亿吨、原油 2.1 亿吨、天然气 1346.1 亿立方米；全国一次能源消费总量为 43.0 亿吨标准煤，煤炭消费量占能源消费总量的 64.0%，天然气占 5.9%，非化石能源消费比重达到 12.0%。2014 年全国一次能源生产总量达到 36.0 亿吨标准煤，其中原煤产量 38.7 亿吨，原油产量 2.1 亿吨，天然气产量达到 1301.6 亿立方米；2014 年能源消费总量 42.6 亿吨标准煤。2013 年能源生产总量 34.0 亿吨标准煤，原煤产量 36.8 亿吨，原油产量 2.09 亿吨，天然气产量 1170.5 亿立方米；2013 年全国能源消费总量为 37.5 亿吨标准煤。

“十二五”期间，全国万元国内生产总值能耗累计下降 18.2%；火电供电标准煤耗由

2010年的333克标煤/千瓦时下降至2015年的315克标煤/千瓦时。2014年全国人均能源消费总量约3.1吨标准煤，人均用电量4038千瓦时，人均天然气消费量135立方米。

我国单位国民生产总值能源消耗是发达国家的3～4倍、世界平均水平的2倍，水泥、钢铁等高载能产品单位能耗相比国际先进水平高出20%左右。

2014年，我国能源消费量超过42亿吨标准煤，其中工业能源消费量在70%以上；2014年，我国工业用水量超过1500亿立方米，占全国用水总量的比例超过20%，万元工业增加值用水量约为66立方米。

近年来，国内矿产资源消费保持两位数增长，石油、铁矿石、精炼铜、精炼铝、钾盐等大宗产品的进口量大幅攀升，对外依存度居高不下，分别为：石油54.8%、铁矿石53.6%、精炼铝52.9%、精炼铜69%、钾盐52.4%。我国已成为世界上煤炭、钢铁、氧化铝、铜、水泥、铅、锌等大宗产品消耗量最大的国家，石油消耗量居世界第二位。到2020年，有25种矿产将出现不同程度的短缺，其中11种为国民经济支柱性矿产。中国剩余可开采储蓄仅为1390亿吨标准煤，按照中国2003年的开采速度16.67亿吨/年，仅能维持83年。

人类目前使用的主要能源有原油、天然气和煤炭三种。根据国际能源机构的统计，地球上这三种能源能供人类开采的年限，分别只有40年、50年和240年。

3. 可持续发展

环境污染、生态破坏及资源短缺，影响和制约着经济社会的发展，如何在发展经济的同时保护人类赖以生存和发展的生态环境，已成为当今世界普遍关注的重大问题，人类在反思过去发展模式的基础提出了可持续发展模式。我国经济社会在经历了“十一五”“十二五”发展的基础上，可持续发展模式得到了深化和拓展。

坚持绿色发展，必须坚持节约资源和保护环境的基本国策。坚持可持续发展，坚定走生产发展、生活富裕、生态良好的文明发展道路，加快建设资源节约型、环境友好型社会，形成人与自然和谐发展现代化建设新格局，推进美丽中国建设，为全球生态安全作出新贡献。

《中共中央国务院关于加快推进生态文明建设的意见》提出，“在资源开发与节约中，把节约放在优先位置，以最少的资源消耗支撑经济社会持续发展；在环境保护与发展中，把保护放在优先位置，在发展中保护、在保护中发展；在生态建设与修复中，以自然恢复为主，与人工修复相结合。坚持把绿色发展、循环发展、低碳发展作为基本途径。

到2020年，资源节约型和环境友好型社会建设取得重大进展，主体功能区布局基本形成，经济发展质量和效益显著提高，生态文明主流价值观在全社会得到推行，生态文明建设水平与全面建成小康社会目标相适应。

资源利用更加高效，生态环境质量总体改善。单位国内生产总值二氧化碳排放强度比2005年下降40%～45%，能源消耗强度持续下降，资源产出率大幅提高，用水总量力争控制在6700亿立方米以内，万元工业增加值用水量降低到65立方米以下，农田灌溉水有效利用系数提高到0.55以上，非化石能源占一次能源消费比重达到15%左右。”

《中华人民共和国国民经济和社会发展第十三个五年规划纲要》提出，“坚持创新发展、协调发展、绿色发展、开放发展、共享发展，是关系我国发展全局的一场深刻变革。绿色是永续发展的必要条件和人民对美好生活追求的重要体现。必须坚持节约资源和保护环境的基本国策，坚持可持续发展，坚定走生产发展、生活富裕、生态良好的文明发展道路，加快建设资源节约型、环境友好型社会，形成人与自然和谐发展现代化建设新格局，推进美丽中国建设，为全球生态安全作出新贡献。”

绿色发展是以效率、和谐、持续为目标的经济增长和社会发展方式，是建立在生态环境容量和资源承载力的约束条件下的可持续发展。绿色发展使经济社会发展摆脱对高资源消耗、高环境污染的依赖，当前，绿色发展已经成为国际的大趋势，发达国家率先发展绿色经济，发展中国家也紧随其后，中国在坚定地走绿色发展的道路。清洁生产是在微观和宏观上实现绿色发展、可持续发展的有效途径。

（二）清洁生产概念的产生和发展

清洁生产的概念最早大约可追溯到1976年。当年欧共体在巴黎举行了“无废工艺和无废生产国际研讨会”，会上提出了“消除造成污染的根源”的思想。1979年4月欧共体理事会宣布推行清洁生产政策，1984年、1985年、1987年欧共体环境事务委员会3次拨款支持建立清洁生产示范工程。清洁生产审核起源于20世纪80年代美国化工行业的污染预防审核，并迅速风行全球。

20世纪90年代初期，我国开始引入清洁生产理念，与多个国家和国际组织开展多种形式的清洁生产合作。1992年5月，原国家环保局与联合国环境署在我国联合举办了国际清洁生产研讨会，并首次推出“中国清洁生产行动计划（草案）”。国家环保总局于1997年4月发布了《关于推行清洁生产的若干意见》，1995年5月原国家经济贸易委员会发布了《关于实施清洁生产示范试点的通知》。联合国环境署1998年10月在汉城举行第六届国际清洁生产高级研讨会，会上出台了《国际清洁生产宣言》，中国在《国际清洁生产宣言》上郑重签字，表明了我国政府大力推动清洁生产的决心。2002年6月，九届全国人大常委会通过了《中华人民共和国清洁生产促进法》，并于2012年2月进行修订。2003年国务院办公厅转发了国家发展和改革委员会等11个部委《关于加快推行清洁生产的意见》，2004年8月颁布了《清洁生产审核暂行办法》，国家发展和改革委员会、国家环境保护部于2016年5月对其进行修订，颁布了《清洁生产审核办法》，这标志着我国清洁生产跨入了全面推进的新阶段，使清洁生产工作更加具体化、规范化、法制化。

自2003年《中华人民共和国清洁生产促进法》实施以来，各级工业主管部门将实施清洁生产作为促进节能减排的重要措施，不断完善政策、加大支持、强化服务，工业领域清洁生产推行工作取得积极进展。“十二五”期间编制并实施了《工业清洁生产推行“十二五”规划》；2016年，工业和信息化部发布了《工业绿色发展规划（2016—2020年）》，加快推进生态文明建设，促进工业绿色发展。

清洁生产政策标准体系基本建立。国家和地方颁布了《关于加快推行清洁生产的意见》《清洁生产审核办法》《重点企业清洁生产审核程序的规定》《关于深入推进重点企业清洁生产的通知》《中央财政清洁生产专项资金管理暂行办法》《重点企业清洁生产行业分类管理名录》等一系列推进清洁生产的政策、法规和制度；发布《工业企业清洁生产审核技术导则》《工业清洁生产评价指标体系编制通则》，编制或修订了40个行业清洁生产评价指标体系、59个环境保护行业清洁生产标准；发布了《产业结构调整指导目录（2011年本）》，并于2013年、2016年进行了修正；发布了4批次《高耗能落后机电设备（产品）淘汰目录》；发布2批次《国家重点推广的低碳技术目录》等，以及各地方政府颁布的有关清洁生产政策、行业清洁生产指标体系等，为我国清洁生产工作的全面开展和企业清洁生产水平的评估提供了政策、标准、技术的支持和保障。

清洁生产基础工作得到加强。全国陆续成立了一批地方清洁生产中心和行业清洁生产中心，截至2013年年底，我国共建立了至少21个省级清洁生产中心，部分省（区、市）还进一步建立了至少25个地市级清洁生产中心；从行业角度看，我国成立了包括煤炭、冶金、轻工、化工、航空航天等在内的多个行业清洁生产中心。到2013年年底，清洁生产咨询服务机构数量达到934家。这些清洁生产中心在地方清洁生产政策建设、清洁生产理念传播、清洁生产咨询及技术推广等方面发挥了重要作用。

二、清洁生产定义、原则及特点

（一）清洁生产定义

1.《中华人民共和国清洁生产促进法》的定义

《中华人民共和国清洁生产促进法》第二条规定："本法所称清洁生产，是指不断采取改进设计、使用清洁的能源和原料、采用先进的工艺技术与设备、改善管理、综合利用等措施，从源头削减污染，提高资源利用效率，减少或者避免生产、服务和产品使用过程中污染物的产生和排放，以减轻或者消除对人类健康和环境的危害。"

2. 联合国环境规划署的定义

1996年，联合国环境规划署（UNEP）在总结了各国开展的污染预防活动，并加以分析提高后，完善了清洁生产的定义。其定义如下：

清洁生产是一种新的创造性思想，该思想将整体预防的环境战略持续地应用于生产过程、产品和服务中，以增加生态效率和减少人类和环境的风险。

——对于生产过程，要求节约原材料和能源，淘汰有毒原材料，减少所有废物的数量和降低废物的毒性；

——对于产品，要求减少从原材料提炼到产品最终处置的全生命周期的不利影响；

——对服务，要求将环境因素纳入设计和所提供的服务中。

UNEP的定义将清洁生产上升为一种战略，该战略的作用对象为工艺和产品。其特点为持续性、预防性和综合性。

根据清洁生产的定义，清洁生产内涵的核心是实行源削减和对生产或服务的全过程实施控制。

（二）清洁生产原则

1. 持续性

清洁生产要求对生产过程在原材料和能源、技术工艺、过程控制、设备、管理、产品、废物及员工技能和素质等方面进行持续不断地改进和提高，使企业降低原辅材料和能源消耗、减少污染物的产生和排放、提高产品质量和产量，实现"节能、降耗、减污、增效"的目的，因此，在清洁生产的实施方面，具有持续性。

在清洁生产的效益方面，在企业管理中，要求将已实施方案纳入企业正常的生产管理制度之中，使其在企业生产过程中得以持续实施，保证企业持续获取其经济效益和环境效益。

清洁生产的持续性，是企业在现有生产过程基础上的不断改进，是企业实现生产方式绿色化转变和企业绿色发展的基础。

2. 预防性

清洁生产通过源头削减和生产过程控制，降低资源、能源消耗，减少废物的产生和排放，实现资源、能源消耗的合理化，废物产生和排放的最小化，在生产过程中减少或避免污染物的产生，达到预防废物产生的目的。

清洁生产与末端治理不同。末端治理是对已产生废物的无害化过程，以满足污染物排放标准或环境许可为目的。清洁生产主要是通过原辅材料和能源替代、产品生态设计、改进工艺和设备、改善过程控制、强化管理、废物回收利用、提高员工技能和素质等方法，改善企业各项生产指标，提高企业清洁生产水平，降低废物毒性，减少废物产生量和排放量。

3. 综合性

清洁生产工作以企业生产过程、产品或服务为基础，涉及企业的方方面面，需要贯彻到企业的各个层次和各个职能部门，只有全员参与，才能确保清洁生产的实施和取得相应的效果。全员参与是企业获得清洁生产效益的保障。

企业清洁生产的效益包括环境效益和经济效益。资源消耗、废物排放的减少量均为清洁生产的环境效益；经济效益，包括原辅材料消耗、能耗降低带来的生产成本减少，产品产量和质量提升带来的经济效益，以及由于废物产生量和排放量减少或废物毒性降低带来的废物处理成本降低，这三方面产生的综合效益作为清洁生产的经济效益。

（三）清洁生产特点

清洁生产是基于产品生态设计和原辅材料选择、生产过程控制，通过源头削减和过程控制，降低资源和能源消耗，减少或避免废物的产生和排放，实现污染预防和企业生产方式绿色化的战略思想，具有如下特点。

1. 清洁生产是一项系统工程

清洁生产在对企业现状、国内外同行业水平、行业清洁生产指标体系或清洁生产标准、国家产业政策要求等进行系统调查的基础上，从原辅材料和能源、工艺、设备、过程控制、管理、员工、产品及废物八个方面，系统产生清洁生产方案，推行清洁生产。

清洁生产从生产工艺和设备、资源和能源消耗指标、污染物产生指标、环境管理指标、产品指标等方面，采用定量指标和定性指标相结合，系统评价企业清洁生产水平。

2. 重在预防和有效性

废物产生于生产过程。清洁生产通过对输入端和生产过程全过程的控制，使废物的产生量和排放量最小化，在生产过程中减少和避免废物的产生和排放，有效预防废物产生。清洁生产并不会提高企业污染物排放要求，不改变企业遵守的行业污染物排放标准。

3. 经济良好

企业通过实施清洁生产方案，使生产过程在最优化条件下运行，实现企业原辅材料和能源消耗、产品产量和质量、废物排放量等各项指标在同行业中处于先进水平，从而提升企业经济效益。

4. 与企业发展相适应

在企业推行清洁生产活动中，产生的清洁生产方案包括无费方案、低费方案、中费方案、高费方案四个类型。在满足国家产业结构调整指导目录、高耗能落后机电设备（产品）淘汰目录、行业清洁生产标准或行业清洁生产指标体系等要求的条件下，企业可根据自身情况，选择先实施无费/低费方案，并通过实施无低费方案积累资金，为中费/高费方案的实施提供条件，避免企业因缺乏资金而无法推行清洁生产。

三、清洁生产的目的、作用及意义

（一）清洁生产的目的

1. 自然资源和能源利用的最合理化

自然资源和能源利用的最合理化，要求以最少的原材料和能源消耗，满足生产过程、产品和服务的需要。对于企业来说，应在生产过程、产品和服务中最大限度做到：①节约原材料和能源；②利用可再生能源；③利用清洁能源；④开发新能源；⑤采用节能技术和措施；⑥充分利用副产品、中间产品等原材料；⑦利用无毒、无害原材料；⑧减少使用稀有原材料；⑨物料现场循环利用。

2. 经济效益最大化

企业通过清洁生产，降低生产成本，提升产品产量和质量，以获取尽可能大的经济效益。要实现经济效益最大化，企业应在生产和服务中最大限度地做到：①采用清洁生产技术和工艺；②降低物料和能源损耗；③采用高效设备；④提高产品产量和质量；⑤减少副产品；⑥合理组织生产；⑦提高员工技术水平、技能和清洁生产意识；⑧完善企业管理体系和制度；⑨产品生态设计。

3. 对人类和环境的危害最小化

对于企业，对人类与环境危害最小化就是在生产和服务中，最大限度地做到：①减少有毒有害物料的使用，降低废物毒性；②采用少废、无废生产技术和工艺，减少或避免废物的产生；③减少生产过程中的危险因素；④废物在厂内或厂外循环利用；⑤使用可重复利用的包装材料；⑥合理包装产品；⑦采用可降解和易处置的原材料；⑧合理利用产品功能；⑨延长产品使用寿命。

（二）清洁生产的作用

1. 清洁生产的宏观作用

清洁生产的宏观作用是实施清洁生产所产生的社会效益。根据清洁生产的概念和内涵，清洁生产应贯穿于社会经济发展的各个领域，达到保护环境、发展经济的目的。清洁生产是一项全社会都应参与的系统工程，推行清洁生产，推进绿色发展。

2. 清洁生产的微观作用

清洁生产微观作用是企业实施清洁生产所能获得的效益。通过清洁生产使得企业生产过程处于最优化状态运行，企业的资源消耗、能源消耗最合理化，废物产生及环境影响最小化。实施清洁生产，推进企业生产方式绿色化，实现企业生产过程、产品或服务的绿色转型。

（三）实施清洁生产的意义

1. 推行清洁生产是实现绿色发展、可持续发展的需要

总体上看，我国生态文明建设水平仍滞后于经济社会发展，资源约束趋紧，环境污染严重，生态系统退化，发展与人口资源环境之间的矛盾日益突出，已成为经济社会可持续发展的重大瓶颈制约。

清洁生产是一种持续地将污染预防战略应用于生产过程、产品和服务中，强调从源头抓起，着眼于生产过程控制，不仅能最大限度地提高资源能源的利用率和原材料的转化率，减少资源的消耗和浪费，保障资源的永续利用，而且能把污染消除在生产过程中，最大限度地减轻环境影响和末端治理的负担，改善环境质量。因此，清洁生产是实现绿色发展的有效途径，是实现可持续发展的最佳选择。

2. 清洁生产是工业污染防治和企业绿色转型的选择

我国工业总体上尚未摆脱高投入、高消耗、高排放的发展方式，资源能源消耗量大，生态环境问题比较突出，形势依然十分严峻。环境统计显示，工业污染物排放量大、危害重、风险高。

清洁生产通过源头削减和过程控制，最大限度地提高资源和能源的利用率，减少污染物的产生量，实现污染物排放量的最小化，我国清洁生产实践证明了其对工业污染防治的有效性。截至2013年年底，全国环保系统共对35530家重点企业组织开展了清洁生产审核。据环境保护部2009～2013年对强制性清洁生产审核企业的统计，全国重点企业通过清洁生产审核提出清洁生产方案19.7万个，实施18.6万个；累计削减废水排放约170亿吨、COD 12万吨、SO_2 19万吨、NO_x 18万吨、节水6亿吨、节煤11亿吨、节电58亿千瓦时，取得经济收益约284.61亿元。清洁生产是防治工业污染的最佳模式，是企业实现绿色转型的有效途径。

第二节　清洁生产理论基础

一、可持续发展理论

（一）可持续发展的基本思想

可持续发展是“既满足当代人的需求，又不对后代人满足自身需求的能力构成危害的发展”，其基本思想如下。

1. 可持续发展鼓励经济增长

可持续发展强调经济增长的必要性，不仅重视经济增长的数量，更要追求经济增长的质量，达到具有可持续意义的经济增长。

2. 可持续发展的标志是资源的永续利用和良好的生态环境

可持续发展以自然资源为基础，同生态环境相协调，在保护环境、资源永续利用的条件下，实现经济增长和经济社会的发展。

3. 可持续发展的目标是谋求社会的全面进步

可持续发展是要实现以人为本的自然-经济-社会复合系统的持续、稳定、健康的发展，改善人类生活质量，提高人类健康水平，创造一个保障人们平等、自由、教育和免受暴力的社会环境。

（二）可持续发展的基本原则

可持续发展具有十分丰富的内涵，包括主张公平分配，主张建立在保护地球自然系统基础上的持续经济发展，主张人类与自然和谐相处。从中所体现的基本原则如下。

1. 公平性原则

公平性原则包括两个方面：一是本代人的公平即代内之间的横向公平，在满足所有人的基本需求上，有同等利用自然资源与环境的权力；二是代际间的公平即世代的纵向公平，当代人不能因为自己的发展与需求，损害后代人满足其发展需求的自然资源与环境，给后代人以公平利用自然资源的权力。

2. 持续性原则

资源与环境是人类生存与发展的基础和条件，资源的永续利用和生态环境的可持续性是可持续发展的重要保证，人类发展必须以不损害支持地球生命的大气、水、土壤、生物等自然条件为前提，必须充分考虑资源的临界性，必须适应资源与环境的承载能力。

3. 共同性原则

可持续发展关系到全球的发展。要实现可持续发展的目标，必须争取全球共同的配合行动。可持续发展就是人类要共同促进自身之间、自身与自然之间的协调，这是人类共同的道义和责任。

二、废物与资源转化理论

根据物质守恒定律，在生产过程中，物质按照平衡原理相互转换。生产过程中产生的废物越多，则原料（资源）消耗也就越大，原料（资源）利用率越低。废物由原料转化而来，提高原料（资源）利用率，即可减少废物的产生。

资源与废物是一个相对的概念。生产中的废物具有多功能特性，即某一生产过程中的废物，作为另一生产过程的原料进行利用，如粉煤灰在水泥生产过程中作为原料利用。

三、最优化理论

在生产过程中，一种产品的生产必定存在一个产品质量最好、产率最高、能量消耗最少的最优生产条件，其理论基础是数学上的最优化理论。清洁生产就是实现生产过程中原料、能源消耗最少、产品产率最高的最优生产条件，即将废物最小量化作为目标函数，求它的各种约束条件下的最优解。

（一）目标函数

废物最小量这一目标函数是动态的、相对的。一个生产过程、一个生产环节、一种设备、一种产品，在不经过末端处理设施而能达到相应的废物排放标准、能耗标准、产品质量标准等，就可以认为目标函数得以实现。由于国家和地区的废物排放标准和能耗等标准的不同，目标函数值也不同；即使在一个国家，随着技术进步和社会发展，这些标准发生变化，目标函数值也会发生变化。因此，目前清洁生产废物最小化理论不是求解目标函数值，而是为满足目标函数值，确定必要的约束条件。

（二）约束条件

利用能量与物料衡算，得出生产过程中废物产生量、能源消耗、原材料消耗与目标函数的差距，进而确定约束条件。约束条件包括：原材料及能源、生产工艺、过程控制、设备、管理、产品、废物、员工等。

四、科学技术进步理论

科学技术是第一生产力，是经济发展和社会进步的重要推动力量。清洁生产以提高资源利用率、产品产率、能源利用效率、生产效率为目标，降低生产过程、产品和服务中资源消耗、能耗和废物的产生量。要实现清洁生产这一作用，需要合理利用资源、开发新的能源、开发少废无废工艺、研发低碳技术、制造高效设备、淘汰高能耗落后机电设备、设计生态产品、科学管理、废物循环利用等，科学技术进步为清洁生产提供了必要条件。

第三节 清洁生产内容与评价指标

一、清洁生产内容

清洁生产内容包含以下三个方面。

（一）清洁能源

清洁能源，即非矿物能源，也称为非碳能源，在消耗时不生成CO_2等对全球环境有潜在危害的物质。清洁能源有狭义与广义之分，狭义的清洁能源是指可再生能源；广义的清洁能源，包括可再生能源和用清洁能源技术加工处理过的非再生能源。

清洁生产中，清洁能源包括常规能源的清洁利用、可再生能源的利用、新能源的开发、各种节能技术等内容。

（二）清洁的生产过程

清洁的生产过程是指尽量少用、不用有毒有害的原料；尽量使用无毒、无害的中间产品；减少或消除生产过程的各种危险性因素，如高温、高压、低温、低压、易燃、易爆、强噪声、强振动等；采用少废、无废的工艺；采用高效的设备；物料的再循环利用（包括厂内和厂外）；简便、可靠的操作和优化控制；完善的科学量化管理等。

（三）清洁的产品

清洁的产品是指节约原料和能源，少用昂贵和稀缺原料，尽量利用二次资源作原料；产品在使用过程中以及使用后不含危害人体健康和生态环境的成分；产品应易于回收、复用和再生；合理包装产品；产品应具有合理的使用功能（以及具有节能、节水、降低噪声的功能）和合理的使用寿命；产品报废后易处理、易降解等。

二、清洁生产评价指标

（一）清洁生产评价指标体系

清洁生产评价是基于企业生产全过程，依据企业（或各生产车间、工段）的各项生产指标，判定企业生产过程、产品、服务的相关指标在国内外同行业中所处的清洁生产水平，发现清洁生产机会，提高企业生产过程对资源和能源的利用效率，减少污染物产生和排放的过程。

清洁生产评价指标是指国家、地区、部门和企业，根据一定的科学、技术、经济条件，在一定时期内规定的清洁生产所必须达到的具体的目标和水平。评价指标既是管理科学水平的标志，也是进行定量比较的尺度。

清洁生产评价指标体系是由相互联系、相对独立、互相补充的系列清洁生产评价指标所组成的，用于衡量清洁生产状态的指标集合。

（二）清洁生产评价主要指标

1. 生产工艺及装备指标

生产工艺及装备指标指产品生产中采用的生产工艺和装备的种类、自动化水平、生产规模等方面的指标。包括装备要求、生产规模、工艺方案、主要设备参数、自动化控制水平等。

2. 资源能源消耗指标

资源能源消耗指标指在生产过程中，生产单位产品所需的资源与能源量等反映资源与能源利用效率的指标。包括单位产品综合能耗、单位产品取水量、单位产品原/辅料消耗、一次能源消耗比例等指标。

3. 资源综合利用指标

资源综合利用指标指生产过程中所产生废物可回收利用特征及废物回收利用情况的指标。包括余热余压利用率、工业用水重复利用率、工业固体废物综合利用率等。

4. 污染物产生指标（末端处理前）

污染物产生指标（末端处理前）指单位产品生产（或加工）过程中，产生污染物的量（末端处理前）。包括单位产品废水产生量、单位产品化学需氧量产生量、单位产品二氧化硫产生量、单位产品氨氮产生量、单位产品氮氧化物产生量和单位产品粉尘产生量，以及行业特征污染物等。

5. 产品特征指标

产品特征指标指影响污染物种类和数量的产品性能、种类和包装，以及反映产品贮存、运输、使用和废弃后可能造成的环境影响等的指标。包括有毒有害物质限量、易于回收和拆解的产品设计、产品合格率、产品转化率（或产率）、产品散装率等。

6. 清洁生产管理指标

清洁生产管理指标指对企业所制定和实施的各类清洁生产管理相关规章、制度和措施的要求，包括执行环保法规情况、企业生产过程管理、环境管理、清洁生产审核、相关环境管理等方面。

具体指标包括清洁生产审核制度执行、清洁生产部门设置和人员配备、清洁生产管理制度、强制性清洁生产审核政策执行情况、环境管理体系认证、建设项目环保“三同时”执行情况、合同能源管理、能源管理体系实施等。

在上述六大类清洁生产指标中，对节能减排有重大影响的指标，或者法律法规明确规定严格执行的指标，为限定性指标。原则上，限定性指标主要包括但不限于单位产品能耗限额、单位产品取水定额、有毒有害物质限量、行业特征污染物、行业准入性指标以及二氧化硫、氮氧化物、氨氮等污染物的产生量及化学需氧量、放射性、噪声等。

第四节　清洁生产要求及实施

一、清洁生产要求

《中华人民共和国国民经济和社会发展第十三个五年规划纲要》提出，坚持科学发展，加快转变经济发展方式，实现更高质量、更有效率、更加公平、更可持续的发展。坚持节约资源和保护环境的基本国策，加快建设资源节约型、环境友好型社会。《中共中央国务院关于加快推进生态文明建设的意见》提出，在资源开发与节约中，把节约放在优先位置，以最少的资源消耗支撑经济社会持续发展；坚持把绿色发展、循环发展、低碳发展作为基本途径；到2020年，资源节约型和环境友好型社会建设取得重大进展。全面推行清洁生产，是建设资源节约型、环境友好型社会，实现绿色发展的重要途径。

（一）清洁生产法规、政策、标准

1.《中华人民共和国清洁生产促进法》要求

国家鼓励和促进清洁生产。国务院和县级以上地方人民政府，应当将清洁生产促进工作纳入国民经济和社会发展规划、年度计划以及环境保护、资源利用、产业发展、区域开发等规划。

国家鼓励开展有关清洁生产的科学研究、技术开发和国际合作，组织宣传、普及清洁生产知识，推广清洁生产技术。国家鼓励社会团体和公众参与清洁生产的宣传、教育、推广、实施及监督。

企业在进行技术改造过程中，应当采取以下清洁生产措施：采用无毒、无害或者低毒、低害的原料，替代毒性大、危害严重的原料；采用资源利用率高、污染物产生量少的工艺和设备，替代资源利用率低、污染物产生量多的工艺和设备；对生产过程中产生的废物、废水和余热等进行综合利用或者循环使用；采用能够达到国家或者地方规定的污染物排放标准和污染物排放总量控制指标的污染防治技术。

产品和包装物的设计，应当考虑其在生命周期中对人类健康和环境的影响，优先选择无毒、无害、易于降解或者便于回收利用的方案。企业对产品的包装应当合理，包装的材质、结构和成本应当与内装产品的质量、规格和成本相适应，减少包装性废物的产生，不得进行过度包装。

生产大型机电设备、机动运输工具以及国务院工业部门指定的其他产品的企业，应当按照国务院标准化部门或者其授权机构制定的技术规范，在产品的主体构件上注明材料成分的标准牌号。

农业生产者应当科学地使用化肥、农药、农用薄膜和饲料添加剂，改进种植和养殖技术，实现农产品的优质、无害和农业生产废物的资源化，防止农业环境污染。禁止将有毒、有害废物用作肥料或者用于造田。

餐饮、娱乐、宾馆等服务性企业，应当采用节能、节水和其他有利于环境保护的技术和设备，减少使用或者不使用浪费资源、污染环境的消费品。

建筑工程应当采用节能、节水等有利于环境与资源保护的建筑设计方案、建筑和装修材料、建筑构配件及设备。建筑和装修材料必须符合国家标准。禁止生产、销售和使用有毒、有害物质超过国家标准的建筑和装修材料。

矿产资源的勘查、开采，应当采用有利于合理利用资源、保护环境和防止污染的勘查、开采方法和工艺技术，提高资源利用水平。

企业应当在经济技术可行的条件下对生产和服务过程中产生的废物、余热等自行回收利用或者转让给有条件的其他企业和个人利用。

2. 政策、标准要求

依据《关于深入推进重点企业清洁生产的通知》（环发［2010］54号）规定，当前要将重有色金属矿（含伴生矿）采选业、重有色金属冶炼业、含铅蓄电池业、皮革及其制品业、化学原料及化学制品制造业五个重金属污染防治重点防控行业，以及钢铁、水泥、平板玻璃、煤化工、多晶硅、电解铝、造船七个产能过剩主要行业，作为实施清洁生产审核的重点。

总体进度要求是，五个重金属污染防治重点行业的重点企业，每两年完成一轮清洁生产审核，2011 年年底前全部完成第一轮清洁生产审核和评估验收工作；七个产能过剩行业的重点企业，每三年完成一轮清洁生产审核，2012 年年底前全部完成第一轮清洁生产审核和评估验收工作；《重点企业清洁生产行业分类管理名录》确定的其他重污染行业的重点企业，每五年开展一轮清洁生产审核，2014 年年底前全部完成第一轮清洁生产审核及评估验收。

此外，在开展清洁生产时，应遵守《产业结构调整指导目录》《部分工业行业淘汰落后生产工艺装备和产品指导目录》《高耗能落后机电设备（产品）淘汰目录》《工业绿色发展规划（2016—2020 年）》《行业清洁生产标准》《行业清洁生产评价指标体系》，以及污染物排放标准、行业清洁生产技术推行方案、国家重点行业清洁生产技术导向目录、国家重点推广低碳技术目录等制度、标准。

（二）清洁生产目标和指标

1.《工业绿色发展规划（2016—2020 年）》

规划提出，到 2020 年，绿色发展理念成为工业全领域全过程的普遍要求，工业绿色发展推进机制基本形成，绿色制造产业成为经济增长新引擎和国际竞争新优势，工业绿色发展整体水平显著提升。

——能源利用效率显著提升。工业能源消耗增速减缓，六大高耗能行业占工业增加值比重继续下降，部分重化工业能源消耗出现拐点，主要行业单位产品能耗达到或接近世界先进水平，部分工业行业碳排放量接近峰值，绿色低碳能源占工业能源消费量的比重明显提高。

——资源利用水平明显提高。单位工业增加值用水量进一步下降，大宗工业固体废物综合利用率进一步提高，主要再生资源回收利用率稳步上升。

——清洁生产水平大幅提升。先进适用清洁生产技术工艺及装备基本普及，钢铁、水泥、造纸等重点行业清洁生产水平显著提高，工业二氧化硫、氮氧化物、氨氮排放量和化学需氧量明显下降，高风险污染物排放大幅削减。

“十三五”时期工业绿色发展主要指标如表 1-3。

表 1-3 “十三五”时期工业绿色发展主要指标

指　　标	2015 年	2020 年	累计降速
(1)规模以上企业单位工业增加值能耗下降/%	—	—	18
吨钢综合能耗/千克标准煤	572	560	
水泥熟料综合能耗/(千克标准煤/吨)	112	105	
电解铝液交流电耗/(千瓦时/吨)	13350	13200	
炼油综合能耗/(千克标准油/吨)	65	63	
乙烯综合能耗/(千克标准煤/吨)	816	790	
合成氨综合能耗/(千克标准煤/吨)	1331	1300	
纸及纸板综合能耗/(千克标准煤/吨)	530	480	
(2)单位工业增加值二氧化碳排放下降/%	—	—	22
(3)单位工业增加值用水量下降/%	—	—	23
(4)重点行业主要污染物排放强度下降/%	—	—	20

续表

指 标	2015 年	2020 年	累计降速
(5)工业固体废物综合利用率/%	65	73	
其中:尾矿/%	22	25	
煤矸石/%	68	71	
工业副产石膏/%	47	60	
钢铁冶炼渣/%	79	95	
赤泥/%	4	10	
(6)主要再生资源回收利用量/亿吨	2.2	3.5	
其中:再生有色金属/万吨	1235	1800	
废钢铁/万吨	8330	15000	
废弃电器电子产品/亿台	4	6.9	
废塑料(国内)/万吨	1800	2300	
废旧轮胎/万吨	550	850	
(7)绿色低碳能源占工业能源消费量比重/%	12	15	
(8)六大高耗能行业占工业增加值比重/%	27.8	25	
(9)绿色制造产业产值/万亿元	5.3	10	

重点区域清洁生产水平提升行动。在京津冀、长三角、珠三角等重点区域实施大气污染重点行业清洁生产水平提升行动。到 2020 年，全国工业削减烟粉尘 100 万吨/年、二氧化硫 50 万吨/年、氮氧化物 180 万吨/年。

重点流域清洁生产水平提升行动。在长江、黄河、珠江、松花江、淮河、海河、辽河等重点流域实施水污染重点行业清洁生产水平提升行动。到 2020 年，全国工业削减废水 4 亿吨/年、化学需氧量 50 万吨/年、氨氮 5 万吨/年。

特征污染物削减计划。以挥发性有机物、持久性有机物、重金属等污染物削减为目标，围绕重点行业、重点领域实施工业特征污染物削减计划。到 2020 年，削减汞使用量 280 吨/年，减排总铬 15 吨/年、总铅 15 吨/年、砷 10 吨/年。

绿色基础制造工艺推广行动。重点推广绿色的铸造、锻压、焊接、切削、热处理、表面处理等基础制造工艺技术与装备。到 2020 年，铸件废品率降低 10%，锻造材料利用率提高 10%，切削材料利用率提升 10%，电镀和涂装行业减少污染物排放 30%以上。

中小企业清洁生产推行计划。提升中小企业清洁生产技术研发应用水平，开展政府购买清洁生产服务试点，实施中小企业清洁生产培训计划。继续实施粤港清洁生产伙伴计划，在其他地区推广示范。

工业节水专项行动。围绕钢铁、纺织印染、造纸、石化化工、食品发酵等重点行业实施节水治污改造工程，实施用水企业水效领跑者引领行动，推进节水技术改造，在缺水地区实施工业节水专项行动，加强非常规水资源利用。

2.《中国制造 2025》

《中国制造 2025》提出坚持把可持续发展作为建设制造强国的重要着力点，加强节能环保技术、工艺、装备推广应用，全面推行清洁生产。发展循环经济，提高资源回收利用效率，构建绿色制造体系，走生态文明的发展道路。2020 年和 2025 年制造业绿色发展主要指标如表 1-4。

表 1-4 绿色发展指标

指 标	2013 年	2015 年	2020 年	2025 年
规模以上单位工业增加值能耗下降幅度	—	—	比 2015 年下降 18%	比 2015 年下降 34%
单位工业增加值二氧化碳排放量下降幅度	—	—	比 2015 年下降 22%	比 2015 年下降 40%
单位工业增加值用水量下降幅度	—	—	比 2015 年下降 23%	比 2015 年下降 41%
工业固体废物综合利用/%	62	65	73	79

组织实施传统制造业能效提升、清洁生产、节水治污、循环利用等专项技术改造。开展重大节能环保、资源综合利用、再制造、低碳技术产业化示范。实施重点区域、流域、行业清洁生产水平提升计划，扎实推进大气、水、土壤污染源头防治专项。制定绿色产品、绿色工厂、绿色园区、绿色企业标准体系，开展绿色评价。

到 2020 年，建成千家绿色示范工厂和百家绿色示范园区，部分重化工行业能源资源消耗出现拐点，重点行业主要污染物排放强度下降 20%。到 2025 年，制造业绿色发展和主要产品单耗达到世界先进水平，绿色制造体系基本建立。

3. 水污染、大气污染、土壤污染防治行动计划

《水污染防治行动计划》提出，到 2020 年，长江、黄河、珠江、松花江、淮河、海河、辽河等七大重点流域水质优良（达到或优于Ⅲ类）比例总体达到 70%以上，地级及以上城市建成区黑臭水体均控制在 10%以内，地级及以上城市集中式饮用水水源水质达到或优于Ⅲ类比例总体高于 93%，全国地下水质量极差的比例控制在 15%左右，近岸海域水质优良（一、二类）比例达到 70%左右。京津冀区域丧失使用功能（劣于Ⅴ类）的水体断面比例下降 15 个百分点左右，长三角、珠三角区域力争消除丧失使用功能的水体。到 2030 年，全国七大重点流域水质优良比例总体达到 75%以上，城市建成区黑臭水体总体得到消除，城市集中式饮用水水源水质达到或优于Ⅲ类比例总体为 95%左右。

《大气污染防治行动计划》提出，到 2017 年，全国地级及以上城市可吸入颗粒物浓度比 2012 年下降 10%以上，优良天数逐年提高；京津冀、长三角、珠三角等区域细颗粒物浓度分别下降 25%、20%、15%左右。

《土壤污染防治行动计划》提出，到 2020 年，受污染耕地安全利用率达到 90%左右，污染地块安全利用率达到 90%以上。到 2030 年，受污染耕地安全利用率达到 95%以上，污染地块安全利用率达到 95%以上。

4. 《“十三五”节能减排综合工作方案》

《“十三五”节能减排综合工作方案》提出，到 2020 年，全国万元国内生产总值能耗比 2015 年下降 15%，能源消费总量控制在 50 亿吨标准煤以内。全国化学需氧量、氨氮、二氧化硫、氮氧化物排放总量分别控制在 2001 万吨、207 万吨、1580 万吨、1574 万吨以内，比 2015 年分别下降 10%、10%、15%和 15%。全国挥发性有机物排放总量比 2015 年下降 10%以上。

到 2020 年，工业固体废物综合利用率达到 73%以上，农作物秸秆综合利用率达到 85%。

二、清洁生产实施途径

（一）工业污染的全过程控制与综合防治

1. 企业全过程控制

一般来说，产品的生产过程可由若干工序构成，如图1-1。

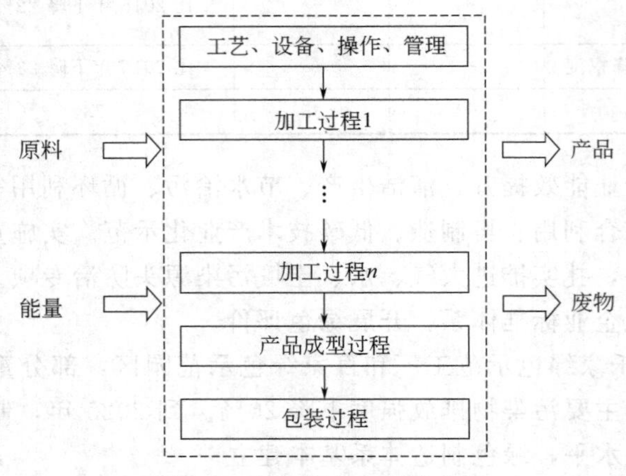

图1-1　产品生产流程示意图

生产过程的每一工序都可以从源头削减、过程控制、预防污染的角度发现清洁生产机会，其思路可以归结为以下四个方面。

（1）革除　即去除原有的一些工序而不加替代。如矿石碎矿与磨矿过程，由粗碎、中碎、细碎三段碎矿和磨矿工艺改为自磨工艺。

（2）修正　即总体上保持不变，仅改变其中局部的内容（参数、工序或设备等）。如污水处理过程，依据污水量和有机物浓度控制曝气量；电镀过程，控制镀液在较低浓度下的电镀作业。

（3）改变　即进行比较彻底的改变。如采用不含磷洗涤剂替代含磷洗涤剂；三价铬硬铬电镀工作液替代六价铬电镀液；稀土脱硝催化剂替代钒基脱硝催化剂；无铅电子浆料替代含铅电子浆料等。

（4）重组　即在原来的过程中增加新的工序。如水泥行业利用余热发电；利用锅炉烟气余热预热锅炉进水。

2. 区域综合防治战略

推行清洁生产应实施以工业生态学为指针，从环境-经济一体化出发，谋求社会和自然的和谐、技术圈与生物圈兼容的工业发展新战略，因此，必须采取综合性行动，这些行动包括：

① 从污染预防的角度优化产业结构和能源结构。如降低能源中煤炭的比例，提高天然气的比例；提高风电的使用。

② 从环境的制约因素考虑工业的布局。如有大气污染的工厂应布置在居民区的下风地带；有水污染的工厂应布置在河流的下游；大气污染严重的工厂不宜布置在山谷或盆地中。

③ 建立经济管理、能源管理、环境管理一体化体系。如在大中型矿区内，以煤矸石发电为龙头，利用矿井水等资源，发展电力、建材、化工等资源综合利用产业，建设煤-焦-电-建材、煤-电-化-建材等多种模式的产业园区。

④ 突出各级政府的主导作用，发挥市场的调节功能；建立包括政府法规体系、健全的机构建设和配套资金保证的清洁生产运行机制；完善和拓展环境管理制度；加强清洁生产技术的开发、示范、转让、咨询、信息传播和培训；利用政府采购支持清洁生产；吸引公众参与；扩大国际合作。

（二）实施清洁生产的七个方向

1. 资源综合利用

资源综合利用是充分利用物料中有用组分，提高资源利用率，减少或消除废物的产生。资源综合利用，在增加产品生产的同时，也可减少废物产生，降低工业污染及其处置费用，提高企业生产的经济效益。资源综合利用是全过程控制的关键，是推行清洁生产的首要方向。如铜矿物中常常伴生着硫铁矿、金、银等有用组分，在进行矿物分选时，分离铜矿物和硫铁矿，同时将金、银等有用组分富集于铜精矿中，在铜冶炼过程中进行铜、金、银的分离，实现有用组分的充分利用。

资源综合利用的新发展，一是将工业生产过程中的能量和物质转化过程结合起来，使生产过程的动力技术过程和各种工艺过程结合成一个一体化的动力-工艺过程，如提高电站或工业动力装置所用燃料的利用效率，使燃料的有机组分和无机组分都能得到充分利用；二是在重要工业产品（如钢铁、有色金属、化工、石化、建材）生产过程中，充分利用高温物流和高压气体所载带的能量，以降低能耗，甚至维持系统的能量自给，如利用水泥生产过程的余热发电。

2. 改革工艺和设备

(1) 简化流程　缩短工艺流程，减少工序和设备是降低能耗、削减污染物产生和排放的有效措施。

(2) 变间歇操作为连续操作　减少开车、停车的次数，保持生产过程的稳定状态，提高产品产率，减少废料量，降低能耗。

(3) 装置大型化　提高单套设备的生产能力，强化生产过程，降低物耗和能耗。如大型金属成型设备、大型工程机械等。

(4) 适当改变工艺条件　通过必要的预处理或适当工序调整，达到削减废物的效果。如铁矿石采用预分选，脱除部分废石，减少进入生产流程的矿石量，提高破碎机、球磨机、磁选机效率，减少矿浆的输送，降低能耗，减少尾矿产生量，延长尾矿库使用寿命；焦炉燃烧室分段喷入空气，防止产生局部高温，可减少焦炉氮氧化物产生量30%。

(5) 改变原料　利用可再生原料；改变原料配方，革除其中有毒有害物质的组分或辅料；采用精料；利用废料作为原料等。如采用无氰电镀；水性或无溶剂型紫外光（UV）固化涂料替代溶剂型涂料；植物源增效剂替代化学合成增效剂；粉煤灰作为水泥生产的原料等。

(6) 配备自动控制装置　精确控制工艺条件，实现过程的优化控制，预防废物产生，节约资源、能源消耗。如静电除尘器采用软稳高频电源技术，保持最佳电晕放电等功能，增加电场内粉尘的荷电能力，智能跟踪实现对电场的输入始终处于最佳电晕放电状态，与传统工频电源相比，可以进一步减排烟（粉）尘50%以上。

(7) 采用高效设备　改善设备布局和管线，如顺流设备改为逆流设备；优选设备材料，提高可靠性、耐用性；提高设备的密闭性，减少泄漏；设备的结构、安装和布置更便于维修；采用节能的泵、风机、搅拌装置；采用数控切割机，降低钢材消耗等；采用自动灌装机代替手工分装，提高生产效率。

（8）开发利用最新科技成果的全新工艺　如生化技术、高效催化技术、膜分离技术、电化学有机合成、光化学过程、等离子化学过程、机械加工的绿色切削技术等。

3. 组织厂内的物料循环

组织厂内物料循环，强调的是企业层次上的物料再循环。实际上，物料再循环可以在不同的层次上进行，如工序、车间、企业及地区，考虑再循环的范围越大，物料再循环利用实现的机会越多。常见厂内物料再循环如下。

① 流失的物料回收后作为原料返回原工序中。如捕集水泥粉尘，返回水泥生产过程；捕集的麦芽粉尘，返回啤酒生产过程；捕集的面粉粉尘，返回面粉生产过程等。

② 生产过程中生成的废料经过适当处理后作为原料或原料替代物返回原生产流程中。如铜电解精炼中产生的废电解液，经处理提铜后，再返回到电解精炼流程中；电镀过程中漂洗废水经反渗透处理后，渗透液返回镀件逆流漂洗槽。

③ 生产过程中产生的废料经过适当的处理后，作为原料再用于本厂其他生产过程中。如自来水膜法制纯水过程中的浓缩液，用于废气湿式净化过程；有色熔炼尾气中的二氧化硫用作硫酸车间的原料。

④ 废物中余热回收，用于企业自身生产过程或其他生产过程。如利用锅炉烟气余热预热锅炉进水；利用电厂蒸汽对电镀厂的电镀过程加热，利用电厂废热作为市政供暖的热源。

4. 加强管理

在企业管理中贯彻清洁生产思想，基于源头削减和全过程控制，制定和完善企业管理体系，落实到企业各个层次和生产过程各个环节，在企业生产经营活动中预防污染的产生。如合理确定企业原材料、能源、水等消耗定额，实现量化管理；完善企业岗位操作规程，优化操作条件等。

5. 改革产品体系

采用生态设计和产品生命周期理念，将环境因素和原材料选择等纳入产品改革和设计之中，充分利用原材料，形成新的产品体系。如利用马铃薯淀粉过程产生的高浓度废液，生产植物蛋白产品；利用紫薯淀粉生产过程产生的废液，生产紫薯浓缩汁产品。水泥、面粉等产品采用散装，减少产品包装，节约包装材料和能源消耗。

6. 必要的末端处理

清洁生产是一个相对的概念、一个理想的模式，在目前的技术水平和经济发展水平条件下，废物的产生和排放有时难以避免，但废物的产生、排放量和毒性在现阶段是最小的。必要的末端处理，就是对该最小量废物进行处理和处置，使其对环境的危害降至最低，区别于传统的末端处理。

7. 组织区域内的清洁生产

组织区域内的清洁生产，就是按生态原则组织生产，地域性地将各个专业化生产（群落）有机地联合成一个综合生产体系（生态系统），使得整个系统对原料和能量的利用效率达到很高的程度。

在区域范围内削减和消除废物是实现清洁生产的重要途径，具体措施包括：围绕优势资源的开发利用，实现生产力的科学配置，组织工业链，建立优化的产业结构体系；从当地自然条件及环境出发进行科学的区划，根据产业特点及物料的流向合理布局；统一考虑区域的能源供应，开发和利用清洁能源；建立供水、用水、排水、净化的一体化管理机制，进行城市污水集中处理并组织回用；组织跨行业的厂外物料循环，特别是大吨位固体废料的二次资源化；生活垃圾的有效管理和利用；合理利用环境容量，以环境条件作为经济发展的一个制约性因素，控制发展的速度和规模；建立区域环境质量监测和管理系统，重大事故应急处理系统；组织清洁生产的科技开发和装备供应等。

三、清洁生产技术与方案

（一）清洁生产技术

清洁生产技术指通过原材料和能源替代、工艺技术改进、设备装备改进、过程控制改善、废弃物资源化利用、产品调整变更等措施，实现污染物的源头削减、过程控制，提高资源利用效率，减少或者避免生产过程和产品使用过程中污染物的产生和排放，以减轻或者消除对人类健康和环境危害的技术。

针对某项污染物，清洁生产技术的单位产品污染物产生强度应明显低于生产相同产品的行业一般生产技术。其主要技术特征有：一是源头削减，用无污染、少污染的能源和原材料替代毒性大、污染重的能源和原材料；二是过程减量，用消耗少、效率高、无污染、少污染的工艺和设备替代消耗高、效率低、产污量大、污染重的工艺和设备；三是末端循环，对必要排放的污染物，采用回收、循环利用技术回收其中有价资源；四是显著的环境和经济效益。清洁生产技术主要包括源头控制、过程减排和末端循环三类技术。

清洁生产技术思路为从源头削减、过程减排、末端循环利用，减排生产过程产生的浓度过高、数量过大的污染物，减轻末端处理的负荷，以技术进步的减排能力赶超经济发展导致的污染物增加，在帮助企业实现达标排放、污染减排目标的同时，提高企业的经济效益，如图 1-2。

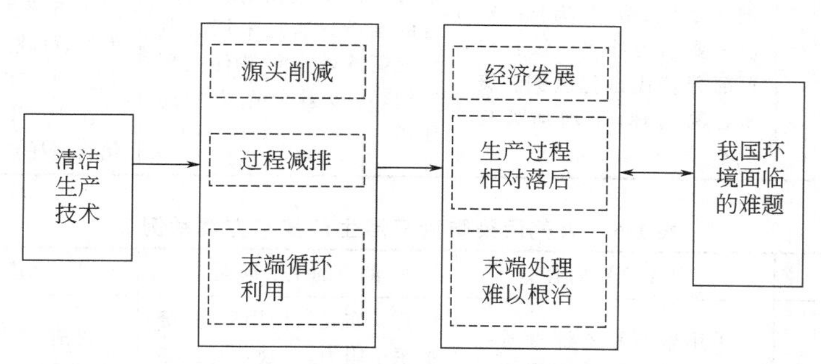

图 1-2　清洁生产技术解决环境难题的技术思路

（二）清洁生产方案

清洁生产方案是企业在推行清洁生产活动中产生的一系列有利于实现生产过程“节能、降耗、减污、增效”目标并予以实施的措施和制度。

清洁生产方案按投资费用，可分为高费方案、中费方案、无费方案及低费方案。中/高费方案是指技术含量较高、投资费用较大的方案；无/低费方案是指技术含量较低、实施简单容易、不需要投资或投资较少的方案。清洁生产方案按方案筛选，分为可行方案和不可行方案。按方案的产生途径，可分为原辅材料和能源、技术工艺、设备、过程控制、产品、管理、员工及废物等八个类型。

我国发布了《工业企业技术改造升级投资指南（2016 年版）》《国家鼓励的有毒有害原料（产品）替代品目录（2016）》《水污染防治重点行业清洁生产技术推行方案》及《大气污

染防治重点工业行业清洁生产技术推行方案》等指导企业推进清洁生产。欧盟通过发布IPPC（Integrated Pollution Prevention and Control）指令，指导企业实现清洁生产。

水污染和大气污染防治清洁生产方案举例如表1-5、表1-6。其他工业清洁生产方案举例如表1-7。

表1-5 水污染防治清洁生产技术方案举例

序号	技术名称	技术主要内容	解决的主要问题	应用前景分析
1	制革准备与鞣制工段废液分段循环系统	分别独立收集制革过程中产生的浸水、浸灰、复灰、脱灰软化、浸酸鞣制废液，针对各废液中可有效再使用物质(例如石灰、硫化物、酶类、铬等)的含量和特点，减少新鲜水生产时的化料使用比例，加入相应的制剂，直接代替新鲜水反复用于生产	节水减排：使制革业的主要污染工序，例如浸灰、鞣制工序等不再产生废水，节省制革废水治理的高昂投资，同时也解决了制革废液直接循环生产时烂面坏皮现象，克服了废液循环次数难持久的困难，大幅削减制革废水排放	该技术可节约铬粉20%以上、酶类制剂50%左右、食盐70%左右。废水产生量减少30%以上；COD产生量降低50%以上；氨氮产生量降低80%以上。 目前的普及率约6%，并逐年扩大普及率，“十三五”可推广的普及率预计25%，每年废水产生量减少960万吨以上，COD产生量减少1240吨以上、氨氮产生量减少280吨以上
2	高浓度有机废水制取水煤浆联产合成气技术	利用印刷、纺织、制药、焦化等高浓度有机废水，制取水煤浆联产合成气，合成气用于合成氨、甲醇生产或制氢等	破解了水环境容量限制工业发展的难题	“十三五”期间，新建15套装置，共需投资33亿元，年处置高浓度有机废水75万立方米
3	无氰预镀铜	利用非氰化物作络合物和铜盐组成无氰镀铜液，在钢铁件直接镀铜，满足一般质量要求的技术。该技术可部分替代氰化镀铜。废水容易处理，不增加处理成本	主要解决传统氰化镀铜溶液中使用氰化物作为络合的问题。通过采用无氰预镀铜溶液在钢铁件上预镀铜，可以避免氰化物的使用	采用该技术每平方米镀层可减少氰化物消耗0.34克。以年产1万平方米铜镀层示范企业为例，可减少氰化物消耗3.4千克。预计在钢铁件预镀铜方面，潜在普及率50%，每年可减少氰化物消耗量约4吨

表1-6 大气污染防治清洁生产技术方案举例

序号	技术名称	技术主要内容	解决的主要问题	应用前景分析
1	覆膜滤料袋式除尘技术	采用聚四氟乙烯材质的覆膜滤料替代传统袋式除尘器普通滤袋	延长布袋的使用寿命，降低系统阻力，实现更低的粉尘排放浓度(小于10毫克/立方米)，控制PM2.5排放	目前，该技术行业普及率不足10%，预计2017年行业普及率50%，可年削减烟(粉)尘25万吨
2	化肥生产袋式除尘技术	采用防水防油效果良好的聚丙烯纤维滤料，处理化肥原料筛分、输送，化肥生产中的冷却机、烘干机设备，化肥成品输送、包装等过程中的粉尘，该技术布袋清灰容易，不黏结布袋，阻力小	减少原料和成品损失和外溢的无组织排放粉尘。实现粉尘排放浓度<30毫克/立方米	目前，该技术行业普及率30%，预计2017年行业普及率90%。可年削减烟(粉)尘15万吨
3	溶剂型涂料全密闭式一体化生产工艺	在拌和、输送、研磨、调漆、包装等工艺环节全密闭生产	解决了目前溶剂型涂料生产过程中的无组织排放问题	目前，该技术涂料行业普及率不足2%，预计到2017年普及率10%。可年削减挥发性有机物1万吨

表 1-7　工业生产清洁生产技术方案举例

序号	技术名称	技术主要内容	效益分析
1	电解锰重金属水污染减排清洁生产关键技术	电解锰电解工艺重金属水污染过程减排成套工艺平台是集出槽、钝化、除铵、清洗、烘干、剥离、脏板自动识别及分拣、变形板自动识别及分拣、酸洗水洗、浸液、入槽11个工序于一体的清洁生产成套技术。实现阴极板电解出槽时原位削减挟带电解液77.84%；削减电解锰阴极板钝化挟带液75.90%；减少电解锰阴极板清洗用水量85.44%；实现硫酸铵结晶物自动刷除和全部回用。通过该技术的实施，提高企业的清洁生产水平，同时实现电解锰电解及后续工段的全自动控制	以3万吨电解锰/年生产规模为例，经济效益：年回收锰约15.6吨，节约18.72万元；年回收氨氮约62.88吨，节约7.8万元；节约人工成本约662.4万元。环境效益：年削减电解车间废水产生量约72930立方米，节约成本291.6万元
2	宝钢烧结烟气循环工艺(BSFGR)与成套设备技术	部分烧结烟气被再次引至烧结料层表面，进行循环烧结的过程中，废气中CO及其他可燃有机物在通过烧结燃烧带重新燃烧，二噁英、PAHs、VOC等有机污染物及HCl、HF、颗粒物等被激烈分解，NO_x 部分高温破坏，SO_2 得以富集。烟气(100～300℃)余热通过料层被吸收，可以降低烧结固体燃耗；烧结料床上部热量增加及保温效应，表层烧结矿质量得以提高；可显著降低后续除尘、脱硫脱硝装置投资和运行费用；废气中污染物被有效富集、转化，可以降低烧结烟气处理成本	以宁钢循环烧结示范工程为例，经济效益：按外排烟气量减少30%，节省投资约1500万～2000万元；脱硫装置一次性投资，每台烧结机可减少3500万元，每年可节省固体燃料约900万元。 环境效益：烧结产量可提高15%～20%；烧结工序能耗降低3%～4%；CO_2 减排3%～4%；二噁英减排35%；烧结外排废气总量减少20%～40%

思考题

1. 什么是清洁生产，试述清洁生产的主要内容。
2. 什么是清洁生产评价指标，清洁生产评价指标有哪些?
3. 试述清洁生产与末端治理的关系。
4. 实施清洁生产的主要途径有哪些?
5. 简述清洁生产技术、方案与清洁生产的关系。
6. 试述清洁生产对当前我国发展经济与保护环境的意义。

第二章 清洁生产审核

第一节 清洁生产审核概述

一、清洁生产审核的定义

根据《清洁生产审核办法》，清洁生产审核是指按照一定程序，对生产和服务过程进行调查和诊断，找出能耗高、物耗高、污染重的原因，提出降低能耗、物耗、废物产生以及减少有毒有害物料的使用、产生和废弃物资源化利用的方案，进而选定并实施技术经济及环境可行的清洁生产方案的过程。

清洁生产审核是支持和帮助企业有效开展清洁生产活动的工具和手段，也是企业实施清洁生产的基础。目前，清洁生产审核工作的重点在企业。企业清洁生产审核是指基于企业生产全过程的能耗、物耗、废物产生数量和种类的调查与分析，提出降低能耗、物耗，减少废物产生量，降低废物毒性的清洁生产方案，在对备选方案进行技术、经济和环境可行性分析的基础上，选定并实施可行的清洁生产方案，实现企业生产过程能耗、物耗合理化、废物产生最小化的过程。

清洁生产审核之所以能在世界范围内得到迅速推广，不仅仅是因为它有明显的环境保护作用，更重要的是能帮助企业系统地发现问题，在解决这些问题的同时，使企业在经济、环境、社会等诸多方面受益，增强企业可持续发展能力。

二、清洁生产审核的目的和原则

（一）清洁生产审核的目的

通过实施清洁生产审核，企业可以达到以下目的。

① 通过对生产过程输入输出物料的实测，获得有关单元操作的投入和产出的有关数据和资料，主要包括原辅材料、产品（副产品、中间产品）、水、能源消耗及废物的产生和排放等指标。

② 确定能耗高、物耗高、污染重的环节，确定废物来源、数量、特征和类型，确定企业能降耗减污增效的目标，制订经济有效的清洁生产方案及管理制度。

③ 提高企业对由削减废物获得效益的认识，强化污染预防的自觉性，促进企业可持续发展。

④ 判定企业效率低的瓶颈部位和管理不善的地方，提高企业经济效益和产品质量。

⑤ 获得单元操作的最优工艺技术参数，强化科学量化管理，规范单元操作。

⑥ 全面提高职工的综合素质、技术水平、操作技能及清洁生产意识。

⑦ 促进企业生产过程符合国家产业政策、行业清洁生产标准、行业清洁生产评价指标体系、行业规范条件、行业准入条件、污染物排放标准等法律法规，进一步提升企业清洁生产水平。

（二）清洁生产审核的原则

1. 以企业为主体的原则

清洁生产审核的对象是企业的生产过程，即针对企业生产全过程的原辅材料消耗、能耗、产品（副产品、中间产品）及废物，进行定量的监测和分析，找出物耗高、能耗高、污染重的原因，根据分析的原因，制订可行的清洁生产方案，降低物耗和能耗，提高产品的产量和质量，减少或避免污染的产生。

清洁生产审核可以帮助企业围绕生产过程，系统地找出问题，通过解决这些问题，使企业获得经济效益和环境效益，帮助企业树立良好的社会形象，提高企业的竞争力。企业是清洁生产的实施者和受益者，是清洁生产审核的主体。

2. 自愿性审核与强制性审核相结合的原则

清洁生产审核分为强制性审核和自愿性审核。企业应当对生产和服务过程中的资源消耗以及废物的产生情况进行监测，并根据需要对生产和服务实施清洁生产审核。

国家鼓励企业自愿开展清洁生产审核。有下列情形之一的企业，应当实施强制性清洁生产审核：

① 污染物排放超过国家或者地方规定的排放标准，或者虽未超过国家或者地方规定的排放标准，但超过重点污染物排放总量控制指标的；

② 超过单位产品能源消耗限额标准构成高耗能的；

③ 使用有毒有害原料进行生产或者在生产中排放有毒有害物质的。

其中有毒有害原料或物质包括以下几类：

第一类，危险废物。包括列入《国家危险废物名录》的危险废物，以及根据国家规定的危险废物鉴别标准和鉴别方法认定的具有危险特性的废物。

第二类，剧毒化学品。包括列入《重点环境管理危险化学品目录》的化学品，以及含有上述化学品的物质。

第三类，含有铅、汞、镉、铬等重金属和类金属砷的物质。

第四类，《关于持久性有机污染物的斯德哥尔摩公约》附件所列物质。

第五类，其他具有毒性、可能污染环境的物质。

上述情形以外的企业，可以自愿组织实施清洁生产审核。自愿实施清洁生产审核的企业可参照强制性清洁生产审核的程序开展审核。

3. 企业自主审核与外部协助审核相结合的原则

清洁生产审核以企业自行组织开展为主。实施强制性清洁生产审核的企业，具备一定条件时，可自行独立组织开展清洁生产审核。

不具备独立开展清洁生产审核能力的企业，可以聘请外部专家或委托具备相应能力的咨询服务机构协助开展清洁生产审核。企业贯彻企业自主审核与外部专家或咨询机构协助审核相结合的原则，在外部专家和咨询机构的指导和辅导下，开展清洁生产审核工作。

4. 因地制宜、有序开展、注重实效的原则

企业在开展清洁生产审核时，在符合国家产业政策、行业清洁生产标准、行业清洁生产评价指标体系、行业规范条件、行业准入条件、企业污染物排放标准等条件下，结合企业自身的实际情况，选定清洁生产方案予以实施，实现企业节能降耗、减污增效的目的，提升企业清洁生产水平。

三、清洁生产审核方式和要求

（一）审核方式

按照审核过程有无外部专家的参与及参与程度，清洁生产审核可分为企业自我审核、外部专家指导审核和清洁生产审核咨询机构审核三种方式。

企业自我审核是指在没有或很少外部帮助的前提下，主要依靠企业（或其他法人实体）内部技术力量完成整个清洁生产审核过程。外部专家指导审核是指在外部清洁生产审核专家和行业专家指导下，依靠企业内部技术力量完成整个清洁生产审核过程。清洁生产审核咨询机构审核是指企业在清洁生产审核咨询机构指导和辅导下，完成整个清洁生产审核过程。

按照审核过程的自愿性和强制性，清洁生产审核可分为自愿性审核和强制性审核。自愿性审核即企业根据需要进行的自我审核；强制性审核是企业在符合一定条件下实施的必要审核。

（二）审核要求

企业若具备开展清洁生产审核物料平衡测试、能量和水平衡测试的基本检测分析器具、设备或手段，拥有熟悉相关行业生产工艺、技术规程和节能、节水、污染防治管理要求的技术人员，可自行独立组织开展清洁生产审核。

协助企业组织开展清洁生产审核工作的咨询服务机构，应当具备下列条件：

① 具有独立法人资格，具备为企业清洁生产审核提供公平、公正和高效率服务的质量保证体系和管理制度。

② 具备开展清洁生产审核物料平衡测试、能量和水平衡测试的基本检测分析器具、设备或手段。

③ 拥有熟悉相关行业生产工艺、技术规程和节能、节水、污染防治管理要求的技术人员。

④ 拥有掌握清洁生产审核方法并具有清洁生产审核咨询经验的技术人员。

四、清洁生产审核思路和技巧

（一）清洁生产审核思路

清洁生产审核的总体思路为：判明能耗高、物耗高、污染重的环节和部位，分析能耗高、物耗高、污染重的原因，提出方案并实施，减少或消除能耗高、物耗高、污染重的问题。如图 2-1。

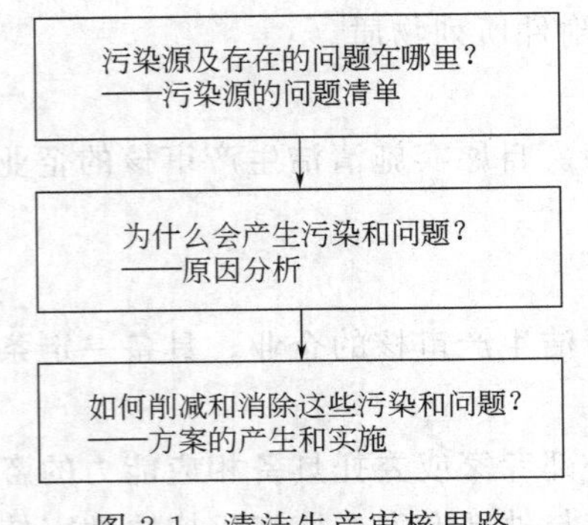

图 2-1 清洁生产审核思路

1. 废物在哪里产生或哪里存在问题？

通过现场调查和物料平衡找出废物的产生部位和产生

量，找出存在问题的地点和部位，列出相应的废物和问题清单，并加以简单描述。

2. 为什么会产生废物和问题？

通过从原辅材料和能源、工艺技术、管理、过程控制、设备、职工、产品和废物八个主要方面，分析产生废物和问题的原因。

3. 如何削减或消除这些污染和问题？

针对每个废物产生的原因，依靠企业清洁生产审核小组、专家及全体员工，产生相应的清洁生产方案，包括无/低费方案和中/高费方案。通过实施这些清洁生产方案，从源头消除这些废物和存在的问题，达到节能降耗减污增效的目的。

（二）清洁生产审核技巧

在通常情况下，企业的生产过程可以用图 2-2 简单地表示出来。

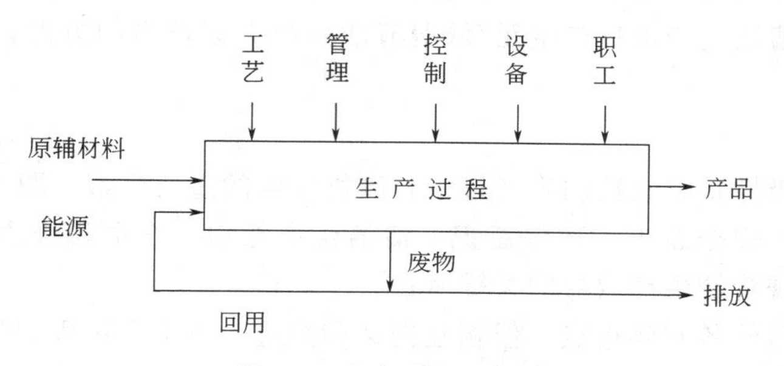

图 2-2 生产过程示意图

从上述生产过程的简图可以看出，企业的生产过程实际上包含了八个方面。因此在企业清洁生产审核过程中，应自始至终考虑这八个方面的问题。

1. 原辅材料和能源

原辅材料本身所具有的特性（例如毒性、降解性等）在一定程度上决定了产品及其生产过程的环境危害程度和废物的毒害性，选择对环境无害的原辅材料是清洁生产所要考虑的重要方面。作为动力基础的能源，在使用过程中也会直接或间接地产生废物，通过节约能源、使用二次能源和清洁能源等将有利于减少污染物的产生。

2. 工艺技术

生产过程的工艺技术水平基本上决定了原辅材料消耗、能耗、产品产量和质量、废物产生量和状态。先进而有效的工艺技术可以提高原辅材料的利用效率，减少废物产生量，结合技术改造预防污染是实现清洁生产的一条重要途径。

生产过程中，不得使用国家明令淘汰的生产工艺。

3. 设备

设备作为工艺技术的具体体现，在生产过程中也具有重要作用，设备的适用性及其维护、保养情况等均会影响废物的产生。

生产过程中，不得使用国家明令淘汰的设备。

4. 过程控制

过程控制对生产过程是极为重要的，反应参数是否处于受控状态并达到优化水平或工艺要求，对产品产率和优质品率有直接的影响，同时也对废物产生量有重要影响。

5. 产品

产品的性能、种类、结构、设计等要求，决定了原材料的选择、使用和生产过程。产品的变化往往要求生产过程做相应的调整和改变，影响生产过程的原材料消耗、能耗及废物的性质和产生量。产品的包装、贮运等过程对原辅材料消耗、能耗及其废物的产生有着重要的影响。

6. 废物

废物本身所具有的特性直接关系到它是否可在现场被再利用和循环使用，也决定了废物的处理与处置方式的选择。危险废物需要符合国家危险废物处理处置要求。

7. 管理

加强管理是企业发展的永恒主题，管理的水平直接影响废物的产生情况，包括企业原材料管理、生产组织和调度、技术管理、设备管理、岗位操作规程、质量管理、环境管理、应急管理等。是企业清洁生产审核产生无/低费清洁生产方案较多的方面，是企业持续获得清洁生产效益的保障。

8. 职工

职工素质和积极性是有效控制生产过程和废物产生的重要因素。职工不断提高自身的技术水平、操作技能、安全意识、环保意识、清洁生产意识，全员积极主动参与企业清洁生产，是企业持续实现清洁生产效益的关键所在。

以上八个方面虽然各有侧重点，但相互交叉和渗透，将生产过程划分成八个方面，其目的是为了系统分析其能耗高、物耗高、污染重的原因，并产生清洁生产方案，不漏过任何一个清洁生产的机会。从以上八个方面进行原因分析，并不是说废物的产生或存在的问题都具有八个方面的原因，它可能是其中的一个或几个方面。

五、清洁生产审核的人员和作用

清洁生产审核需要三个方面的人员投入，包括专家、企业清洁生产审核小组和全体员工，其组成和作用如下。

1. 专家

专家包括清洁生产审核专家、行业技术专家和环保专家，其中清洁生产审核专家的作用就是组织和培训有关人员，确保清洁生产审核过程按科学的方式进行，并取得最大成效；行业技术专家的作用就是帮助企业发现生产中存在的问题，解答有关工艺、技术难题，提供国内外的新技术、新设备和新工艺；环保专家的作用就是向企业介绍环境保护方面的政策法规和污染防治新技术。

2. 企业清洁生产审核小组

企业清洁生产审核小组是推动企业清洁生产审核按程序进行，并取得预期成果的重要人员。清洁生产涉及企业生产的各个方面，因此要求审核小组成员来自企业决策层、管理层、职能部门、生产车间，了解和熟悉企业的各个方面和生产过程，包括决策者、管理人员、工程技术人员、环保技术人员、材料采购人员、市场销售人员及生产人员等。

3. 全体员工

清洁生产不是一个部门的事，涉及企业各个部门，需要全体员工的参与。企业所有管理人员和车间操作人员全面参与清洁生产审核活动十分关键。因为他们直接参与生产管理和操作，熟悉自己的所在岗位的要求，对生产管理和操作有很深的了解，发挥全体员工的积极性与创造性，往往会发现更多的清洁生产机会，取得更好的清洁生产成果。

六、清洁生产审核的特点

企业清洁生产审核具备如下特点。

1. 鲜明的目的性

清洁生产审核以企业为主体，强调企业生产过程的节能、降耗、减污、增效，与绿色发展理念要求相一致。

2. 系统性

清洁生产审核以企业生产过程为对象，对企业存在的能耗高、物耗高、污染重的问题，从原辅材料和能源、工艺技术、设备、过程控制、管理、员工、产品及废物等方面设计一套发现问题、解决问题、持续改进的系统而完整的方法。

3. 突出预防性

清洁生产审核的目标之一就是通过源头削减和过程控制，削减废物的产生量和排放量，降低废物有毒有害性，达到预防污染的目的。预防污染贯穿了清洁生产审核的全过程。

4. 良好经济性

清洁生产审核在污染物产生之前预防污染物的产生，不仅可以减少进入末端处理的废物量，降低废物处理成本；同时由于原材料利用率的提高，能有效地增加产品产量，提高生产效率，实现废物处理成本降低和产量增加带来的综合经济效益。

5. 强调持续性

清洁生产审核强调清洁生产的持续性，一是对企业生产过程中存在的能耗高、物耗高、污染重部位的持续改进；二是对已实施的清洁生产方案，在企业生产过程中得以持续应用，持续实现企业清洁生产效益。清洁生产审核的持续性，融于企业管理之中。

6. 注重可操作性

在清洁生产方案的产生方面，清洁生产审核可以从原辅材料和能源、工艺技术、设备、过程控制、管理、员工、产品及废物八个方面发现清洁生产机会，产生清洁生产方案，任一方面的改进都符合清洁生产的要求。

在清洁生产方案实施方面，具有一定的灵活性。对清洁生产审核中产生无/低费方案和中/高费方案，在企业的经济条件有限时，可先实施无/低费方案、部分中/高费方案，积累资金，再逐步实施其他中/高费方案，实现企业生产过程的改进。

第二节　清洁生产审核程序

清洁生产审核程序包括筹划与组织、预审核、审核、方案的产生和筛选、可行性分析、方案实施、持续清洁生产七个阶段。

一、筹划与组织

筹划和组织是企业进行清洁生产审核工作的第一个阶段。目的是通过宣传教育使企

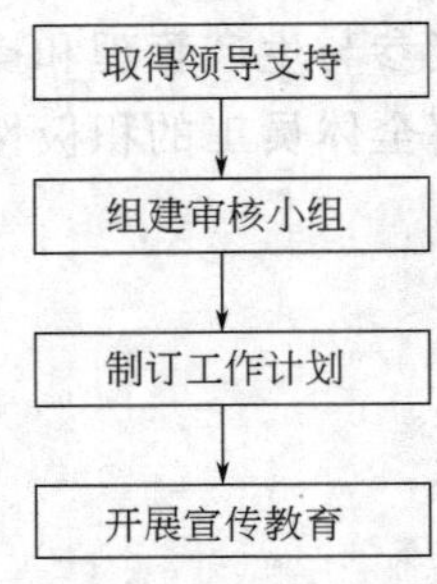

图 2-3　筹划与组织阶段主要工作流程

业领导和职工对清洁生产有一个初步的、比较正确的认识，消除思想上和观念上的障碍；了解企业清洁生产审核的工作内容、要求及其工作程序。本阶段的工作重点是取得企业高层领导的支持和参与，组建审核小组，制订审核工作计划，宣传清洁生产思想。主要工作流程如图 2-3。

（一）取得领导支持

清洁生产审核是一项综合性很强的工作，涉及企业的各个部门，而且随着审核工作阶段的变化，参与审核工作的部门和人员也可能会变化，因此，只有取得企业高层领导的支持和参与，由高层领导动员并协调企业各个部门和全体职工积极参与，审核工作才能顺利进行。高层领导的支持和参与还是审核过程中提出的清洁生产方案符合实际、容易实施的关键。

1. 宣讲效益

（1）经济效益

① 由于降低能耗、物耗、减少废弃物所产生的综合效益；

② 无/低费方案的实施所产生的经济效益的现实性。

（2）环境效益

① 对企业实施严格的环境要求是国际国内的大势所趋；

② 提高环境形象是当代企业的重要竞争手段；

③ 清洁生产是国内外大势所趋；

④ 清洁生产审核尤其是无/低费方案可以很快产生明显的环境效益。

（3）无形资产

① 无形资产有时可能比有形资产更有价值；

② 清洁生产审核有助于企业实现绿色生产方式的转变；

③ 清洁生产审核是对企业领导加强本企业管理的有力支持；

④ 清洁生产审核是提高员工素质的有效途径。

（4）技术进步

① 清洁生产审核是一套包括发现和实施无/低费方案，以及产生、筛选和逐步实施中/高费方案在内的完整程序，鼓励采用节能、低耗、高效的清洁生产技术。

② 清洁生产审核的可行性分析，使中/高费方案更加切合企业实际，并充分利用国内外最新信息。

2. 阐明投入

清洁生产审核需要企业的一定投入，包括：管理人员、技术人员和操作工人必要的时间投入；监测设备和监测费用的必要投入；编制审核报告的费用；以及可能聘请外部专家的费用，但与清洁生产审核可能带来的效益相比，这些投入是很小的。

（二）组建审核小组

计划开展清洁生产审核的企业，首先要在本企业内组建一个有权威的审核小组，是顺利实施企业清洁生产审核的组织保证。

1. 推选组长

审核小组组长是审核小组的核心，一般情况下，最好由企业高层领导人兼任组长，或由企业高层任命一位具有如下条件的人员担任，并授予必要的权限。

① 具备企业的生产、工艺、管理与新技术的知识和经验；

② 掌握污染防治的原则和技术，并熟悉有关的环保法规；

③ 了解审核工作程序，熟悉审核小组成员的情况，具备领导和组织工作的才能并善于和其他部门合作等。

2. 选择成员

审核小组的成员数目根据企业的实际情况来决定，一般情况下，全时制成员由3～5人组成。小组成员的条件是：

① 具备企业清洁生产审核的知识或工作经验；

② 掌握企业的生产、工艺、管理等方面的情况及新技术信息；

③ 熟悉企业的废弃物产生、治理和管理情况以及国家和地区环保法规和政策等；

④ 具有宣传、组织工作的能力和经验。

如有必要，审核小组的成员在确定审核重点的前后应及时调整。审核小组必须有一位成员来自本企业的财务部门。该成员不一定全时制投入审核，但要了解审核的全部过程，不宜中途换人。

3. 明确任务

审核小组的任务包括：

① 制订工作计划；

② 开展宣传教育；

③ 确定审核重点和目标；

④ 组织和实施审核工作；

⑤ 编写审核报告；

⑥ 总结经验，并提出持续清洁生产的建议。

来自企业财务部门的审核成员，应该介入审核过程中一切与财务计算有关的活动，准确计算企业清洁生产审核的投入和收益，并将其详细地单独列账。中小型企业和不具备清洁生产审核能力的大型企业，其审核工作要取得外部专家的支持。如果审核工作有外部专家的帮助和指导，本企业的审核小组还应负责与外部专家的联络、研究外部专家的建议并尽量吸收其有用的意见。

审核小组成员的职责与投入时间等应列表说明，表中要列出审核小组成员的姓名、在小组中的职务、专业、职称、应投入的时间以及具体职责等。审核小组成员可采用表2-1形式。

表2-1　审核小组成员表

姓名	审核小组职务	来自部门及职务职称	职　　责	应投入时间
	组长		全面负责筹划与组织、协调各部门的工作	
	副组长		具体负责组织协调各阶段的工作，组织方案的产生筛选、评价、可行性分析、推荐等全过程	
	副组长		技术负责，负责审核有关技术资料，与环保部门一道共同组织方案的产生、筛选、评价、推荐，解决全过程中的技术问题	

续表

姓名	审核小组职务	来自部门及职务职称	职　责	应投入时间
	组员		在组长、副组长的领导下，具体负责审核工作的全过程，参与全部工作，按工作计划催办各有关工作，收集资料，编写审核报告	
	组员		参与全过程，负责组织制定、修订、完善各有关的制度、规程，制定相应的激励机制，以调动全员参与清洁生产的积极性	
	组员		具体负责物料平衡，方案的收集、整理，参与方案的筛选、可行性评价、推荐、实施和有关的技术工作	
	……		……	

（三）制订工作计划

制订一个比较详细的清洁生产审核工作计划，有助于审核工作按一定的程序和步骤进行，组织好人力与物力，各司其职，协调配合，审核工作才会获得满意的效果，企业的清洁生产目标才能逐步实现。

审核工作小组成立后，要及时编制审核工作计划表，该表应包括审核过程的所有主要工作，包括这些工作的序号、内容、进度、负责人姓名、参与部门名称、参与人姓名以及各项工作的产出等。具体情况可参考表 2-2。清洁生产审核所需要的时间一般为 6～12 个月。

表 2-2　清洁生产审核工作计划

阶段	工作内容	完成时间	责任部门	产出
筹划与组织	1. 成立审核小组 2. 组织全员清洁生产培训 3. 制订审核工作计划			1. 审核小组 2. 审核工作计划
预审核	1. 生产现状调查；收集资料，发动群众，提出问题和建议 2. 生产污染源及污染物调查 3. 确定审核重点及需监测污染物种类 4. 设置清洁生产目标 5. 提出和实施无/低费方案			1. 现状调查报告 2. 资料收集名录 3. 污染物分析报告 4. 审核重点 5. 清洁生产目标 6. 无/低费方案
审核	1. 对审核重点进行监测分析 2. 实测输入输出物并完成物料衡算 3. 分析废弃物产生原因 4. 发动群众开展合理化建议活动，提出污染物削减方案 5. 提出和实施无/低费方案			1. 分析监测报告 2. 物料平衡图 3. 废弃物产生原因分析 4. 实施无/低费方案
方案的产生与筛选	1. 针对废弃物产生的原因和存在的问题，提出可行的污染削减、减少能耗、降低成本的清洁生产方案 2. 分类汇总方案 3. 权重总和计分筛选方案 4. 继续实施无/低费方案 5. 编写清洁生产中期审核报告			1. 各类清洁生产方案汇总 2. 推荐的供可行性分析的方案 3. 已实施方案效果分析汇总 4. 清洁生产中期审核报告
可行性分析	1. 对中/高费方案进行可行性分析，包括技术评价、环境评价和经济评价 2. 已实施方案成果汇总及效果分析总结 3. 推荐可行的中/高费方案			1. 方案的可行性分析结果 2. 推荐的可实施方案

续表

阶段	工作内容	完成时间	责任部门	产出
方案实施	1. 组织方案实施 2. 汇总已实施方案的效果 3. 验证已实施中/高费方案的成果 4. 分析总结方案实施对组织的影响			1. 已实施方案效果汇总 2. 清洁生产对组织影响分析
持续清洁生产	1. 建立和完善清洁生产组织 2. 建立和完善清洁生产管理制度 3. 制订持续清洁生产计划 4. 编写清洁生产审核报告			1. 清洁生产组织 2. 清洁生产管理制度 3. 持续清洁生产计划 4. 清洁生产审核报告

（四）开展宣传教育

广泛开展宣传教育活动，争取企业内部各部门和广大职工的支持，尤其是现场操作工人的积极参与，是清洁生产审核工组顺利进行和取得更大成效的必要条件。

1. 宣传方式

宣传可以采用如下方式：利用企业现行的各种例会；下达开展清洁生产正式文件；内部广播；电视录像；黑板报；组织报告会、研讨班、培训班；开展各种咨询等。

2. 宣传教育内容

（1）清洁生产法律法规及要求　清洁生产促进法、清洁生产审核办法、最新产业结构调整指导目录、高耗能落后机电设备（产品）淘汰目录、部分工业行业淘汰落后生产工艺装备和产品指导目录、行业清洁生产标准、行业清洁生产评价指标体系、企业污染物排放标准、行业规范条件、行业准入条件、国家发布的单位产品能耗限额标准、国家重点推广的低碳技术目录等。

（2）企业及所在行业情况　清洁生产以及清洁生产审核的概念；清洁生产和末端治理的内容及其利与弊；企业及国内外同行业行业技术发展现状、原材料消耗、能耗、产品、废物产生指标；国内外企业清洁生产审核的成功实例；清洁生产审核中的障碍及其克服的可能性；清洁生产审核工作的内容与要求；企业鼓励清洁生产审核的各种措施；企业各部门已取得的审核效果及具体做法等。

宣传教育的内容要随审核工作阶段的变化而做相应调整。

3. 克服障碍

企业开展清洁生产审核往往会遇到不少障碍，一般有四种类型，即思想观念障碍、技术障碍、资金和物质障碍以及政策法规障碍。其中思想障碍是最常遇到的，也是最主要的障碍。审核小组要根据具体情况，制订解决问题的办法。

二、预审核

预审核是清洁生产审核的第二阶段，目的是通过对企业全貌进行调查分析，分析和发现清洁生产的潜力和机会，从而确定本轮审核的重点。本阶段的工作重点是评价企业的物耗、能耗、产污排污状况，确定审核重点，并针对审核重点设置清洁生产目标。

预审核是从生产全过程出发，对企业现状进行调研和考察，摸清污染现状和产污重点，

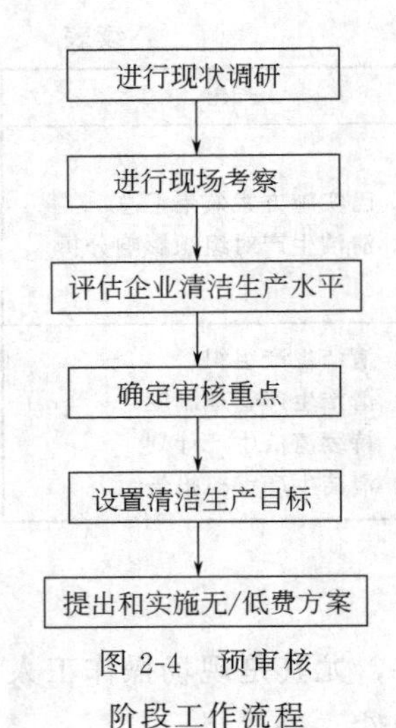

图 2-4　预审核阶段工作流程

并通过定性比较或定量分析，确定审核重点。预审核阶段工作流程如图 2-4。

（一）进行现状调研

1. 企业概况

企业发展简史、规模、产值、利税、组织结构、人员状况和发展规划等；企业所在地的地理、地质、水文、气象、地形和生态环境等基本情况；结合国家最新产业结构调整指导目录，判断企业在国家鼓励类、限制类、淘汰类产业政策中所属类型。

2. 企业的生产状况

企业的生产状况包括如下方面。

① 企业的主要原辅料、主要产品、能源及用水情况，要求以表格形式列出总耗及单耗，并列出主要车间或分厂的情况。

② 企业的主要工艺流程。以框图表示主要工艺流程，要求标出主要原辅料、水、能源及废弃物的流入、流出和去向。

③ 企业设备水平及维护情况，如完好率、泄漏率等。企业生产设备一览表，与高耗能落后机电设备（产品）淘汰目录等要求进行对照，对于淘汰设备（产品）按规定期限进行淘汰。

3. 企业的环境保护状况

企业的环境保护状况包括如下方面。

① 主要污染源及其产生和排放情况，包括状态、数量、毒性等。

② 主要污染源的管理和治理现状，包括企业环境管理体系及认证情况，“三废”处理方法、效果、问题及单位废弃物的年处理费，危险废物管理和处理，环境应急管理等。

③“三废”的循环/综合利用情况，包括方法、效果、效益以及存在的问题。

④ 企业涉及的有关环保法规与要求，如环境影响评价报告、审批、验收，环境监测报告，排污许可证或排污技术报告，行业排放标准，区域总量控制等。

4. 企业的管理状况

企业的管理状况包括从原材料采购和库存、生产及操作、直到产品出厂的全面管理水平，及企业质量管理体系认证（ISO 9000）、职业健康与安全管理体系认证（ISO 18000）、企业生产“5S”管理等。

（二）进行现场考察

1. 现场考察内容

对整个生产过程进行实际考察，即从原料开始，逐一考察原料库、生产车间、成品库、直到“三废”处理设施。

重点考察各产污、排污环节，水耗和（或）能耗大的环节，设备事故多发的环节或部位。

考察实际生产管理状况，如岗位责任制执行情况，工人技术水平及实际操作状况，车间技术人员及工人的清洁生产意识等。

2. 现场考察方法

对比资料和现场情况，核查分析有关设计资料和图纸，工艺流程图及其说明，物料衡算、能（热）量衡算的情况，设备与管线的选型与布置等。

查阅现场记录、生产报表（月平均及年平均统计报表）、原料及成品库存记录、废弃物报表、监测报表等。

与工人和工程技术人员座谈，了解并核查实际的生产与排污情况，听取意见和建议，发现关键问题和部位，同时，征集无/低费方案。

（三）评估企业清洁生产水平

1. 企业生产过程状况对比

企业生产过程状况对比的对象包括行业清洁生产标准、行业清洁生产评价指标体系、国内外同类企业生产指标、本企业历年生产指标、企业污染物排放标准、行业规范条件、行业准入条件等。在企业所处行业有国家或地方发布的行业清洁生产标准和行业清洁生产评价指标体系时，依据行业清洁生产标准和行业清洁生产评价指标体系中的指标要求，进行企业清洁生产水平的评估。

在没有现行国家或地方行业清洁生产标准和行业清洁生产评价指标体系时，依据国内外同类企业生产指标或本企业历年生产指标，结合企业污染物排放标准、行业规范条件、行业准入条件进行企业清洁生产水平评估。在资料调研、现场考察及专家咨询的基础上，汇总国内外同类工艺、同等装备、同类产品先进企业的生产、消耗、产污排污及管理水平，与本企业的各项指标对照，评估企业清洁生产水平。

2. 初步分析物耗高、能耗高、污染重的原因

依据调查，汇总企业目前的实际物耗、能耗、产污排污状况，与参照指标对比，从影响生产过程的八个方面出发，对物耗、能耗、产污排污的指标之间的差距进行初步分析，并评价在现状条件下，企业的产污排污状况是否合理。

3. 评价企业环保执法状况

评价企业执行国家及当地环保法规及行业排放标准的情况，包括达标情况、缴纳排污费及处罚情况等。

4. 作出评价结论

依据对比结果，判定企业清洁生产水平；总结企业生产过程存在的问题与原因，及本轮清洁生产审核拟解决的主要问题。

（四）确定审核重点

企业生产通常由若干单元操作构成。单元操作是指具有物料的输入、加工和输出功能完成某一特定工艺过程的一个或多个工序或工艺设备。原则上，所有单元操作均可作为潜在的审核重点。根据调研结果和本轮清洁生产审核拟解决的主要问题，考虑企业的财力、物力和人力等实际条件，选出若干车间、工段或单元操作作为备选审核重点。

1. 确定备选审核重点

（1）确定备选审核重点原则

① 污染严重的环节或部位；

② 消耗大的环节或部位；

③ 环境及公众压力大的环节或问题；

④ 有明显的清洁生产机会。

（2）确定备选审核重点方法　将所收集的数据，进行整理、汇总和换算，并列表说明，

以便为后续步骤“确定审核重点”服务。填写数据时，应注意：

① 消耗及废弃物量应以各备选重点的月或年的总发生量统计；

②“能耗”一栏根据企业实际情况调整，可以是标煤、电、油等能源形式。

表 2-3 给出了某厂的备选审核重点情况的填表举例。

表 2-3　某厂备选审核重点情况汇总

项目			一车间	二车间	三车间
废弃物量/(吨/年)	废水		10000	6000	4000
	固体废物		60	20	20
主要消耗	原料消耗	总量/(吨/年)	1000	2000	800
		费用/(万元/吨)	30	50	40
	水耗	总量/(万吨/年)	10	25	20
		费用/(万元/吨)	20	50	40
	能耗	总量/(吨/年)	500	1500	750
		费用/(万元/吨)	6	18	9
	小计/(万元/吨)		56	118	89
环保费用/(万元/吨)	厂内处理处置费		40	20	5
	厂外处理处置费		20	0	0
	排污费		60	40	10
	罚款		15	0	0
	其他		5	0	0
	小计		140	60	15

2. 确定审核重点

采用一定方法，把备选审核重点排序，从中确定本轮审核的重点。同时，也为今后的清洁生产审核提供优选名单。本轮审核重点的数量取决于企业的实际情况，一般一次选择一个审核重点。

确定审核重点的方法有简单比较法与权重总和计分排序法。

(1) 简单比较法　根据各备选审核重点的废弃物排放量和毒性及消耗等情况，进行对比、分析和讨论，通常污染严重、消耗最大、清洁生产机会明显的部位定为第一轮审核重点。

(2) 权重总和计分排序法　工艺复杂、产品品种和原材料多样的企业，往往难以通过定性比较确定出重点。为提高决策的科学性和客观性，采用半定量法进行分析。常用方法为权重总和计分排序法。

根据我国清洁生产的实践及专家讨论结果，在筛选审核重点时，通常考虑下述几个因素，对各因素的重要程度，即权重值 (W)，可参照以下数值：

废弃物　　$W=10$

主要消耗　　W 为 7～9

环保费用　　W 为 7～9

市场发展潜力　　W 为 4～6

车间积极性　　W 为 1～3

注：上述权重值仅为一个范围，实际审核时，每个因素必须确定一个数值，一旦确定，在整个审核过程中不得改动；可根据企业实际情况增加废弃物毒性因素等；统计废弃物量时，应选取企业最主要的污染形式，而不是把水、气、渣累计起来。

审核小组或有关专家，根据收集的信息，结合有关环保要求及企业发展规则，对每个备选重点，就上述各因素，按备选审核重点情况汇总表提供的数据或信息打分，分值（R）从 1～10，以最高者为满分（10 分）。将打分与权重值相乘（RW），并求所有乘积之和，即为该备选重点总得分，再按总分排序，最高即为本次审核重点，其余类推。如表 2-4。

表 2-4　某厂权重总和计分排序法确定审核重点

权重因素	权重值(W) 1～10	得分									
		备选重点 1		备选重点 2		备选重点 3		……	备选重点 n	
		R	RW	R	RW	R	RW		R	RW
废弃物	10	10	100	6	60	4	40			
主要消耗	9	5	45	10	90	8	72			
环保费用	8	10	80	4	32	1	8			
废弃物毒性	7	4	28	10	70	5	35			
市场潜力	5	6	30	10	50	8	40			
车间积极性	2	5	10	10	20	7	14			
总分∑RW			293		322		209			
排序			2		1		3			

（五）设置清洁生产目标

设置定量化的硬性指标，才能使清洁生产真正落实，并能据此检验与考核，达到通过清洁生产节能、降耗、减污、增效的目的。

1. 设置清洁生产目标原则

① 清洁生产目标是针对审核重点的、定量化、可操作并有激励作用的指标。要求不仅有减污、降耗或节能的绝对量，还要有相对量指标，并与现状对照。

② 具有时限性，要分近期和远期，近期一般指本轮审核基本结束并完成审核报告时为止。

2. 设置清洁生产目标依据

① 根据外部的环境管理要求，如达标排放、限期治理等；

② 依据行业清洁生产标准、行业清洁生产评价指标体系；

③ 参照国内外同行业，类似规模、工艺或技术装备的厂家先进水平；

④ 根据本企业历史最好水平；

⑤ 依据行业规范条件、行业准入条件、企业管理目标等。

表 2-5 为某化工厂一车间清洁生产目标。

表 2-5　某化工厂清洁生产目标

序号	项目	现状	近期目标		远期目标	
			绝对量/(吨/年)	相对量/%	绝对量/(吨/年)	相对量/%
1	多元醇A得率	68%	—	增加1.8	—	增加3.5
2	废水排放量	150000吨/年	削减30000	削减20	削减60000	削减40
3	COD排放量	1200吨/年	削减250	削减20.8	削减600	削减50
4	固体废物排放量	80吨/年	削减20	削减25	削减80	削减100

（六）提出和实施无/低费方案

预审核过程中，在全厂范围内各个环节发现的问题，有相当部分可迅速采取有效措施解决。对这些无需投资或投资很少，容易在短期（如审核期间）见效的措施，称为无/低费方案。

预审核阶段的无/低费方案，使通过调研，特别是现场考察和座谈，而不必对生产过程作深入分析便能发现的方案，是针对全厂的；在审核阶段的无/低费方案是必须深入分析物料平衡结果才能发现的，是针对审核重点。

1. 提出和实施无/低费方案目的

贯彻清洁生产边审核边实施原则，及时取得成效，滚动式地推进审核工作。

2. 提出和实施无/低费方案方法

座谈、咨询、现场查看、散发清洁生产建议表，及时改进、及时实施、及时总结，对于涉及重大改变的无/低费方案，应遵循企业正常的技术管理程序。

3. 常见的无/低费方案

对于无/低费方案，一般从原辅料及能源、技术工艺、过程控制、设备、产品、管理、废弃物、员工等八方面提出方案。无/低费方案举例如表2-6。

表 2-6　无/低费方案举例

序号	原因分析	方案举例
1	原辅料及能源方面	1. 采购量与需求相匹配 2. 加强原料质量(如纯度、水分等)的控制 3. 根据生产操作调整包装的大小及形式
2	技术工艺方面	1. 改进备料方法 2. 增加捕集装置，减少物料或成品损失 3. 改用易于处理处置的清洗剂
3	过程控制方面	1. 选择在最佳配料比下，进行生产 2. 增加检测计量仪表 3. 校准检测计量仪表 4. 改善过程控制及在线监控 5. 调整优化反应的参数，如温度、压力等
4	设备方面	1. 改进并加强设备定期检查和维护，减少“跑、冒、滴、漏” 2. 及时修补完善输热、输汽管线的隔热保温
5	产品方面	1. 改进包装及其标志或说明 2. 加强库存管理

续表

序号	原因分析	方案举例
6	管理方面	1. 清扫地面时改用干扫法或拖地法,以取代水冲洗 2. 减少物料溅落并及时收集 3. 严格岗位责任制及操作过程
7	废弃物方面	1. 冷凝液的循环利用 2. 现场分类收集可回收的物料与废弃物 3. 余热利用 4. 清污分流
8	员工方面	1. 加强员工技术与环保意识的培训 2. 采用各种形式的精神与物质激励措施

三、审核

审核是企业清洁生产审核工作的第三阶段。目的是通过审核重点的物料平衡，发现物料流失的环节，找出废弃物产生的原因，查找物料储运、生产运行、管理以及废弃物排放等方面存在的问题，寻找与国内外先进水平的差距，为清洁生产提供依据。

本阶段工作重点是实测输入输出物流，建立物料平衡，分析废弃物产生的原因。审核阶段工作流程如图 2-5。

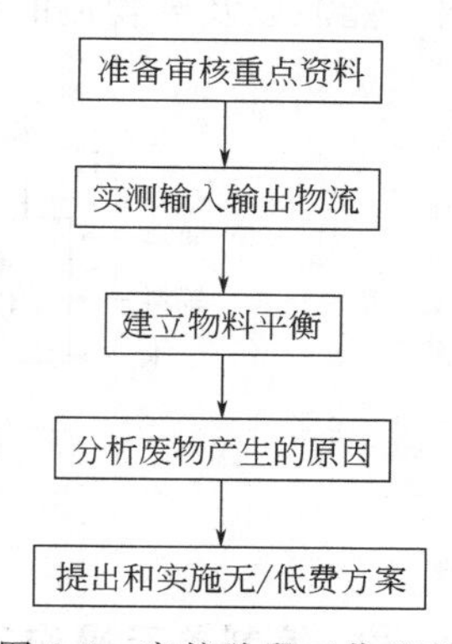

图 2-5　审核阶段工作流程

（一）准备审核重点资料

1. 收集资料

（1）收集基础资料　收集基础资料如表 2-7。

表 2-7　收集审核重点基础资料

序号	资料类型	收集资料内容
1	工艺资料	1. 工艺流程图 2. 工艺设计的物料、热量平衡数据 3. 工艺操作手册和说明 4. 设备技术规范和运行维护记录 5. 管道系统布局图 6. 车间内平面布局图
2	原材料和产品及生产管理资料	1. 产品的组成及月、年度产量表 2. 物料消耗统计表 3. 产品和原材料库存记录 4. 原料进厂检验记录 5. 能源费用 6. 车间成本费用报告 7. 生产进度表
3	废弃物资料	1. 年度废弃物排放报告 2. 废弃物(水、气、渣)分析报告 3. 废弃物管理、处理和处置费用 4. 排污费 5. 废弃物处理设施运行和维护费
4	国内外同行业资料	1. 国内外同行业单位产品原辅材料消耗情况(审核重点) 2. 国内外同行业单位产品排污情况(审核重点) 3. 列表与本企业比较

（2）现场调查

① 补充验证已有数据：

a. 不同操作周期的取样、化验；

b. 现场提问；

c. 现场考察、记录。

② 追踪所有物流。

③ 建立产品、原料、添加剂及废物流的记录。

2. 编制审核重点的工艺流程

为了更充分和较全面地对审核重点进行实测和分析，首先应掌握审核重点的工艺过程和输入、输出物流情况。工艺流程图以图解的方式整理、标示工艺过程及进入和排出系统的物料、能源以及废物流的情况。图 2-6 是审核重点工艺流程示意图。

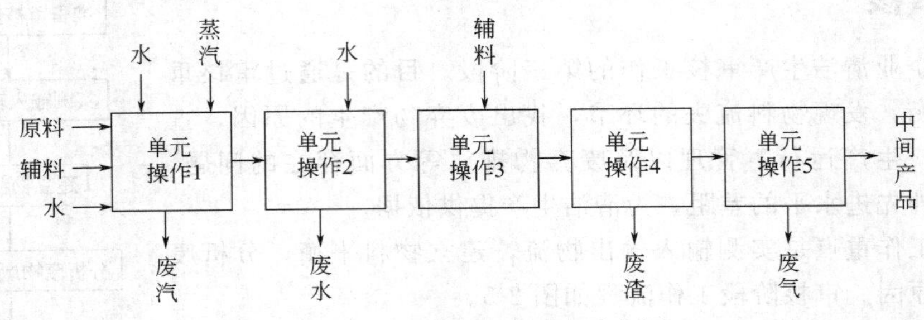

图 2-6 审核重点工艺流程示意图

3. 编制单元操作工艺流程图和功能说明表

当审核重点包含较多的单元操作，而一张审核重点流程图难以反映各单元操作的具体情况时，应在审核重点工艺流程图的基础上，分别编制各单元操作工艺流程图（标明进出单元操作的输入、输出物流）和功能说明表。图 2-7 为对应图 2-6 单元操作 1 的工艺流程示意图。表 2-8 为某啤酒厂审核重点（酿造车间）各单元操作功能说明。

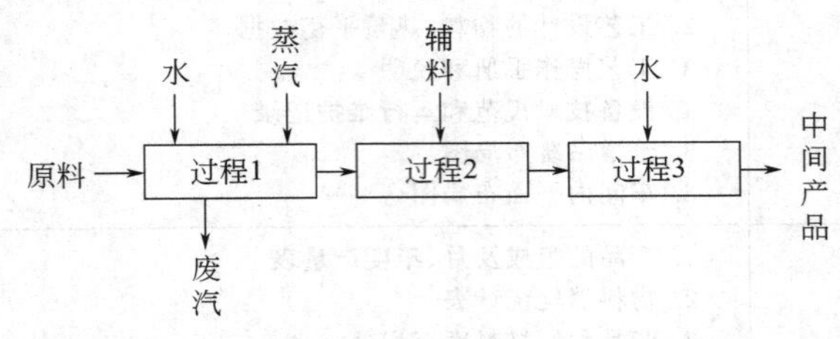

图 2-7 单元操作 1 的详细工艺流程示意图

表 2-8 单元操作功能说明

单元操作名称	功能简介
粉碎	将原辅料粉碎成粉、粒，以利于糖化过程物质分解
糖化	利用麦芽所含酶，将原料中高分子物质分解制成麦汁
麦汁过滤	将糖化醪中原料溶出物质与麦糖分开，得到澄清麦汁
麦汁煮沸	灭菌、灭酶、蒸出多余水分，使麦汁浓缩至要求浓度
旋流澄清	使麦汁静置，分离出热凝固物
冷却	析出冷凝固物，发酵麦汁吸氧、降到发酵所需温度
麦汁发酵	添加酵母菌，发酵麦汁成酒
过滤	去除残存酵母，得到清亮透明的酒液

4. 编制工艺设备流程图

工艺设备流程图主要是为实测和分析服务。与工艺流程图主要强调工艺过程不同，它强调的是设备和进出设备的物流。设备流程图要求按工艺流程，分别标明重点设备输入、输出物流及监测点。

（二）实测输入输出物流

为在审核阶段对审核重点做更深入细致的物料平衡和废弃物产生原因分析，必须实测审核重点的输入、输出物流。

1. 准备及要求

（1）准备工作

① 制订现场实测计划，确定监测项目、监测点，确定实测时间和周期。

② 校验监测仪器和计量器具。

（2）要求

① 监测项目　应对审核重点全部的输入、输出物流进行实测，包括原料、辅料、水、产品、中间产品及废弃物等。物流中组分的测定根据实际工艺情况而定，有些工艺应测（例如电镀液中的Cu、Cr等），有些工艺则不一定都测（例如炼油过程中各类烃的具体含量），原则是监测项目应满足对废弃物流的分析。

② 监测点　监测点的设置须满足物料衡算的要求，即主要的物流进出口要监测，但对因工艺条件所限无法监测的某些中间过程，可用理论计算数值代替。

③ 实测时间和周期　对周期性（间歇性）生产企业，按正常一个生产周期（即一次配料由投入到产品产出为一个生产周期）进行逐个工序的实测，而且至少实测三个周期。对于连续生产的企业，应连续跟班72小时。

输入输出物流的实测注意同步性。即在同一生产周期内完成相应的输入和输出物流的实测。

④ 实测的条件　正常的工况，按正确的检测方法进行实测。

⑤ 现场记录　边实测边记录，及时记录原始数据，并标出测定时的工艺条件（温度、压力等）。

⑥ 数据单位　数据收集的单位要统一，并注意与生产报表及年、月统计表的可比性。间歇操作的产品，采用单位产品进行统计，如吨/吨、吨/米等，连续生产的产品，可用单位时间产量进行统计，如吨/年、吨/月、吨/天等。

2. 实测

（1）实测输入物流　输入物流指所有投入生产的输入物，包括进入生产过程的原料、辅料、水、气、中间产品、循环利用物等。

① 数量；

② 组分（应有利于废物流分析）；

③ 实测时的工艺条件。

（2）实测输出物流　输出物流指所有排出单元操作或某台设备、某一管线的排出物，包括产品、中间产品、副产品、循环利用物以及废弃物（废气、废渣、废水等）。

① 数量。

② 组分（应有利于废物流分析）。

③ 实测时的工艺条件。

3. 汇总数据

（1）汇总各单元操作数据　汇总各单元操作数据。将现场实测的数据经过整理、换算并汇总在一张或几张表上。

（2）汇总审核重点数据　在单元操作数据的基础上，将审核重点的输入和输出数据汇总成表，使其更加清楚明了。对于输入、输出物料不能简单加和的，可根据组分的特点自行编制表格。

（三）建立物料平衡

进行物料平衡的目的，旨在准确判断审核重点的废弃物流，定量地确定废弃物的数量、成分以及去向，从而发现过去无组织排放或未被注意的物料流失，并为产生和研制清洁生产方案提供科学依据。

从理论上讲，物料平衡应满足以下公式：

$$\sum 物质输入 = \sum 物质输出$$

1. 进行预平衡测算

根据物料平衡原理和实测结果，考察输入、输出物流的总量和主要组分达到的平衡情况。一般来说，如果输入总量与输出总量之间的偏差在5%以内，则可以用物料平衡的结果进行随后的有关评估与分析，但对于贵重原料、有毒成分等的平衡偏差应更小或应满足行业要求；反之，则须检查造成较大偏差的原因，可能是实测数据不准或存在无组织物料排放等情况，这种情况下，应重新实测或补充监测。

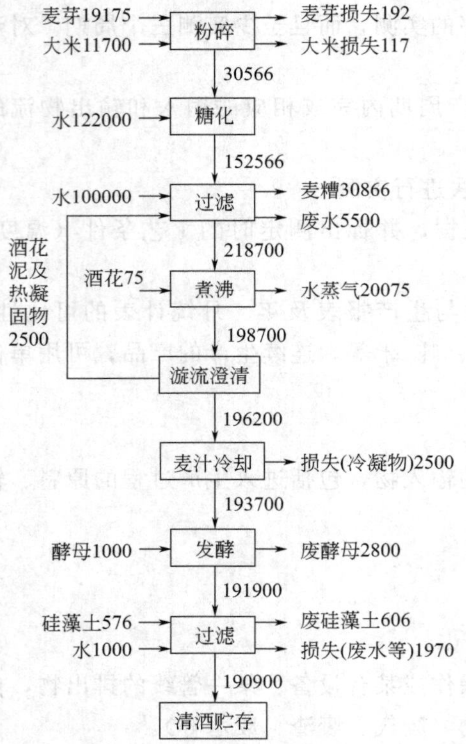

2. 编制物料平衡图

物料平衡图是针对审核重点编制的，即用图解的方式将预平衡测算结果表示出来。但在此之前须编制审核重点的物料流程图，即把各单元操作的输入、输出标在审核重点的工艺流程图上。图2-8和图2-9分别为某啤酒厂审核重点的物料流程图和物料平衡图。

当审核重点涉及贵重原料和有毒成分时，物料平衡图应标明其成分和数量，或每一成分单独编制物料平衡图。

物料流程图以单元操作为基本单位，各单元操作用方框图表示，输入画在左边，主要产品、副产品和中间产品按流程表示，而其他输出则画在右边。

物料平衡图以审核重点的整体为单位，输入画在左边，主要的产品、副产品和中间产品标在右边，气体排放物标在上边，循环和回用物料标在左下角，其他输出则标在下边。

从严格意义上说，水平衡是物料平衡的一部分。水若参与反应，则是物料的一部分，但在许多情况下，它并不直接参与反应，而是作为清洗和冷

图 2-8　审核重点物料流程图

（单位：千克/天）

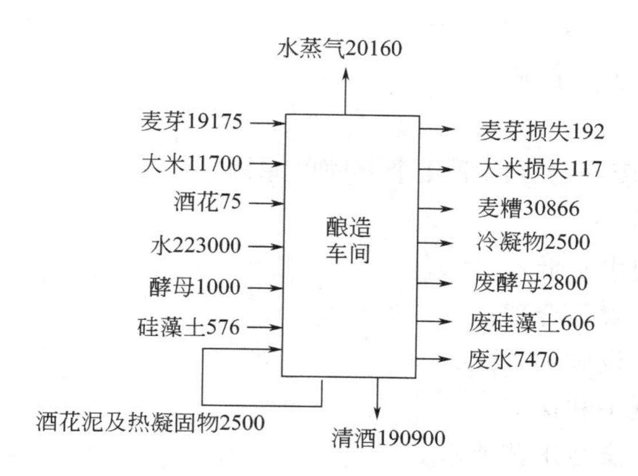

图 2-9　审核重点物料平衡（单位：千克/天）

却之用。在这种情况下，当审核重点的耗水量较大时，为了了解耗水过程，寻找减少水耗的方法，应另外编制水平衡图。有些情况下，审核重点的水平衡图并不能全面反映问题或水耗在全厂占有的重要地位，可考虑全厂编制一个平衡图。

3. 阐述物料平衡结果

在实测输入、输出物流及物料平衡的基础上，寻找废弃物及其产生部位，阐述物料平衡结果，对审核重点的生产过程作出评估。主要内容如下：①物料平衡的偏差；②实际原料利用率；③物料流失部位（无组织排放）及其他废弃物产生环节；④废弃物（包括流失的物料）的种类、数量和所占比例以及对生产和环境的影响部位。

（四）分析废物产生的原因

针对每一个物料流失和废弃物产生的部位的每一种物料和废弃物进行分析，找出它们产生的原因。分析可从影响生产过程的八个方面来进行。

1. 原辅料和能源

原辅料指生产中主要原料和辅助用料（包括添加剂、催化剂、水等）；能源指维持正常生产所用的动力源（包括电、煤、蒸汽、油等）。因原辅料及能源而导致产生废弃物主要有以下几个方面的原因：

① 原辅料不纯或（和）未净化；

② 原辅料贮存、发运、运输的流失；

③ 原辅料的投入量或（和）配比的不合理；

④ 原辅料及能源的超定额消耗；

⑤ 有毒、有害原辅料的使用；

⑥ 未利用清洁能源和二次能源。

2. 技术工艺

因技术工艺落后而导致产生废弃物有以下几个方面：

① 技术工艺落后，原料转化率低；

② 设备布置不合理、无效传输线路过长；

③ 反应及转化步骤过长；

④ 连续生产能力差；

⑤ 工艺条件要求过严；

⑥ 生产稳定性差；
⑦ 需使用对环境有害的物料。

3. 设备

因设备而导致产生废弃物有以下几个方面的原因：
① 设备破旧、漏损；
② 设备自动化控制水平低；
③ 有关设备之间配置不合理；
④ 主体设备和公用设施不匹配；
⑤ 设备缺乏有效维护和保养；
⑥ 设备的功能不能满足工艺要求。

4. 过程控制

因过程控制而导致产生废弃物有以下几个方面的原因：
① 计量检测分析仪表或监测精度达不到要求；
② 某些工艺参数（例如温度、压力、流量、浓度等）未能得到有效控制；
③ 过程控制水平不能满足技术工艺要求。

5. 产品

产品包括审核重点内生产的产品、中间产品、副产品和循环利用物。因产品而导致产生废弃物有以下几个方面的原因：
① 产品贮存和搬运中的破损、漏失；
② 产品的转化率低于国内外先进水平；
③ 不利于环境的产品规格和包装。

6. 废弃物

因废弃物本身具有的特性而未加利用导致产生废弃物有以下几个方面的原因：
① 对可利用废弃物未进行再用和循环使用；
② 废弃物的物理化学性状不利于后续处理和处置；
③ 单位产品废弃物产生量高于国内外先进水平。

7. 管理

因管理而导致产生废弃物有以下几个方面的原因：
① 有利于清洁生产管理的条例、岗位操作规程等未能得到有效的执行。
② 现行管理制度不能满足清洁生产的需要：
a. 岗位操作规程不够严格；
b. 生产记录（包括原料、产品和废物）不完整；
c. 信息交换不畅；
d. 缺乏有效的奖惩方法。

8. 员工

因员工而导致产生废弃物有以下几个方面的原因：
① 员工素质不能满足生产需要
a. 缺乏优秀管理人员；
b. 缺乏专业技术人员；

c. 缺乏熟练人员；

d. 员工的技能不能满足本岗位的要求。

② 缺乏对员工主动参与清洁生产的激励措施。

（五）提出与实施无/低费方案

主要针对审核重点，根据废弃物产生原因分析，提出并实施无/低费方案。同样，对无/低费方案，应采取边审核边实施原则。

四、方案产生和筛选

方案产生和筛选是企业进行清洁生产审核工作的第四个阶段。本阶段的目的是通过方案的产生、筛选、研制，为下一阶段的可行性分析提供足够的中/高费清洁生产方案。本阶段的工作重点是根据审核阶段的结果，制订审核重点的清洁生产方案；在分类汇总基础上（包括已产生的非审核重点的清洁生产方案，主要是无/低费方案），经过筛选确定出两个以上中/高费方案，供下一阶段进行可行性分析；同时对已实施的无/低费方案进行实施效果核定与汇总；最后编写清洁生产中期审核报告。方案产生和筛选阶段工作流程如图 2-10。

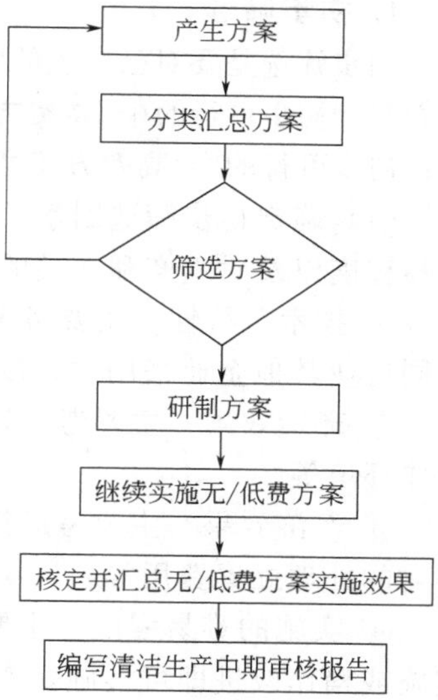

产生方案
分类汇总方案
筛选方案
研制方案
继续实施无/低费方案
核定并汇总无/低费方案实施效果
编写清洁生产中期审核报告

图 2-10 方案产生和筛选阶段工作流程

（一）产生方案

清洁生产方案的数量、质量和可实施性直接关系到企业清洁生产审核的成效，是审核过程的一个关键环节，因而应广泛发动群众征集、产生各类方案。

1. 广泛采集创新思路

在全厂范围内利用各种渠道和多种形式，进行宣传动员，鼓励全体员工提出清洁生产方案或合理化建议。通过实例教育，克服思想障碍，制订奖励措施以鼓励创造思想和方案的产生。

2. 根据物料平衡和针对废弃物产生原因分析产生方案

进行物料平衡和废弃物产生原因分析的目的就是要为清洁生产方案的产生提供依据。因而方案的产生要紧密结合这些结果，只有这样才能使所产生的方案具有针对性。

3. 广泛收集国内外同行业先进技术

类比是产生方案的一种快捷、有效的方法。应组织工程技术人员广泛收集国内外同行业的先进技术，并以此为基础，结合本企业的实际情况，制订清洁生产方案。

4. 组织行业专家进行技术咨询

当企业利用本身的力量难以完成某些方案的产生时，可以借助于外部力量，组织行业专家进行技术咨询，这对启发思路、畅通信息将会很有帮助。

5. 全面系统地产生方案

清洁生产涉及企业生产和管理的各个方面，虽然物料平衡和废弃物产生原因分析将有助于方案的产生，但是在其他方面可能也存在着一些清洁生产的机会，因而可以从影响生产过程的原辅材料和能源、技术工艺、设备、过程控制、管理、产品、废物、职工八个方面全面系统地产生方案。

（二）分类汇总方案

对所有的清洁生产方案，不论已实施的还是未实施的，不论是属于审核重点的还是不属于审核重点的，均按原辅材料和能源替代、技术工艺改造、设备维护和更新、过程优化控制、产品更换或改进、废弃物回收利用和循环使用、加强管理、员工素质的提高以及积极性的激励等八个方面列表简述其原理和实施后的预期效果。

（三）筛选方案

在进行方案筛选时可采用两种方法：一是比较简单的方法进行初步筛选；二是采用权重综合计分排序法进行筛选和排序。

1. 初步筛选

初步筛选是要对已产生的所有清洁生产方案进行简单检查和评估，从而分出可行的无/低费方案、初步可行的中/高费方案和不可行方案三大类。其中，可行的无/低费方案可立即实施；初步可行的中/高费方案可供下一阶段进行研制和进一步筛选；不可行的方案则搁置或否定。

(1) 确定初步筛选因素　初步筛选因素可考虑技术可行性、环境效果、经济效益、实施难易程度以及对生产和产品的影响等几个方面。

① 技术可行性　主要考虑该方案的成熟程度，例如是否已在企业内部其他部门采用过或同行业其他企业采用过，以及采用的条件是否基本一致等。

② 环境效果　主要考虑该方案是否可以减少废弃物的数量和毒性，是否能改善工人的操作环境等。

③ 经济效果　主要考虑投资和运行费用能否承受得起，是否有经济效益，能否减少废弃物的处理处置费用等。

④ 实施的难易程度　主要考虑是否在现有的场地、公用设施、技术人员等条件下即可实施或稍作改进即可实施，实施的时间长短等。

⑤ 对生产和产品的影响　主要考虑方案的实施过程中对企业正常生产的影响程度以及方案实施后对产量、质量的影响。

(2) 进行初步筛选　在进行方案的初步筛选时，可采用简易筛选法，即组织企业领导和工程技术人员进行讨论来决策。方案的简易筛选方法基本步骤如下：

① 参照前述筛选因素的确定方法，结合本企业的实际情况确定筛选因素；

② 确定每个方案与这些因素之间的关系，若是正面影响关系，则打“√”，若是反面影响关系则打“×”；

③ 综合评价，得出结论。

具体参照表 2-9。

表 2-9　方案简易筛选法

筛选因素	方案编号			
	F_1	F_2	F_3	$F_4 \cdots F_n$
技术可行性				
环境效果				
经济效果				
实施的难易程度				
对生产和产品的影响				
……				
结论				

2. 权重总和计分排序法筛选

权重总和计分排序法适合于处理方案数量较多或指标较多相互比较有困难的情况，一般仅用于中/高费方案筛选和排序。

方案的权重总和计分排序法基本同审核重点的权重总和计分排序法，只是权重因素和权重值可能有些不同。权重因素和权重值的选取可参照以下执行。

① 环境效果，权重值 W 为 8～10。主要考虑是否减少对环境有害物质的排放量及其毒性；是否减少了对工人安全和健康的危害；是否能够达到环境标准等。

② 经济可行性，权重值 W 为 7～10。主要考虑费用效益比是否合理。

③ 技术可行性，权重值 W 为 6～8。主要考虑技术是否成熟、先进；能否找到有经验的技术人员；国内外同行业是否有成功的先例；是否易于操作、维护等。

④ 可实施性，权重值 W 为 4～6。主要考虑方案实施过程中对生产的影响大小；施工难度，施工周期；工人是否易于接受等。

具体方法参见表 2-10。

表 2-10　方案的权重总和计分排序法

权重因素	权重值（W）	得分								
		方案 1		方案 2		方案 3		……	方案 n	
		R	RW	R	RW	R	RW		R	RW
环境效果										
经济可行性										
技术可行性										
可实施性										
总分 $\sum RW$										
排序										

3. 汇总筛选结果

按可行的无/低费方案、初步可行的中/高费方案和不可行方案列表汇总方案的筛选结果。

（四）研制方案

经过筛选得出的初步可行的中/高费清洁生产方案，因为投资额较大，而且一般对生产工艺过程有一定程度的影响，因而需要进一步研制，主要是进行一些工程化分析，从而提供两个以上方案，供下一阶段做可行性分析。

1. 内容

方案的研制内容包括以下四个方面：①方案的工艺流程；②方案的主要设备；③方案的费用和效益估算；④编写方案说明，对每一个初步可行的中/高费清洁生产方案均应编写方案说明，主要包括技术原理、主要设备、主要的技术及经济指标、可能的环境影响等。

2. 原则

一般来说，筛选出来的每一个中/高费方案进行研制和细化时都应考虑以下几个原则。

(1) 系统性 考察每个单元操作在一个新的生产工艺流程中所处的层次、地位和作用，以及与其他单元操作的关系，从而确定新方案对其他生产过程的影响，并综合考虑经济效益和环境效果。

(2) 闭合性 尽量使工艺流程对生产过程中的载体，例如水、溶剂等，实现闭路循环。

(3) 无害性 清洁生产工艺应该是无害（或至少是少害）的生态工艺，要求不污染（或轻污染）空气、水体和地表土壤；不危害操作工人和附近居民的健康；不损坏风景区、休憩地的美学价值；生产的产品要提高其环保性，使用可降解原材料和包装材料。

(4) 合理性 合理性旨在合理利用原料，优化产品的设计和结构，降低能耗和物耗，减少劳动量和劳动强度等。

（五）继续实施无/低费方案

实施经筛选确定的可行的无/低费方案。

（六）核定并汇总无/低费方案实施效果

对已实施的无/低费方案，包括在预审核和审核阶段所实施的无/低费方案，应及时核定其效果并进行汇总分析。核定及汇总内容包括方案序号、名称、实施时间、投资、运行费、经济效益和环境效果。

（七）编写清洁生产中期审核报告

清洁生产中期审核报告在方案产生和筛选工作完成之后进行，是对前面所有工作的总结。

五、可行性分析

可行性分析是企业进行清洁审核工作的第五个阶段。本阶段的目的是对筛选出来的中/高费生产方案进行分析和评估，以选择最佳的、可实施的清洁生产方案。本阶段的工作重点是在结合市场调查和收集一定资料的基础上，进行方案的技术、环境、经济的可行性分析和比较，从中选择和推荐最佳的方案。

进行市场调查 → 进行技术评估 → 进行环境评估 → 进行经济评估 → 推荐可实施方案

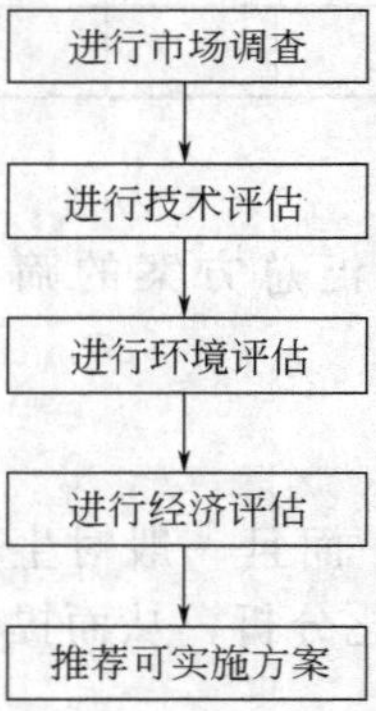

图 2-11 可行性分析阶段工作流程

最佳的可行方案是指该项投资方案在技术上先进适用、在经济上合理有利、又能保护环境的最优方案。本阶段工作流程如图 2-11。

（一）进行市场调查

清洁生产方案涉及拟对产品结构进行调整、有新的产品（或副产品）、将得到用于其他生产过程的原材料等情况时，需要首先进行市场调查，为方案的技术与经济可行性分析奠定基础。

1. 调查市场需求

① 国内外同类产品的价格、市场总需求量；

② 当前同类产品的总共产量；

③ 产品进入国际市场的能力；

④ 产品的销售对象（地区或部门）；

⑤ 市场对产品的改进意见。

2. 预测市场需求

① 国内市场发展趋势预测；

② 国际市场发展趋势分析；

③ 产品开发生产销售周期与市场发展的关系。

3. 确定方案的技术途径

通过市场调查和市场需求预测，对原来方案中的技术途径和生产规模可能会作相应调整。在进行技术、环境、经济评估之前，要最后确定方案的技术途径。每一方案中应包括2～3种不同的技术途径，以供选择，其内容应包括以下几个方面：

① 方案技术工艺流程图；

② 方案实施途径及要点；

③ 主要设备清单及配套设施要求；

④ 方案所达到的技术经济指标；

⑤ 可产生的环境、经济效益预测；

⑥ 方案的投资总费用。

（二）进行技术评估

技术评估的目的是研究项目在预定条件下，为达到投资目的而采用的工程是否可行。技术评估应着重评价以下几方面：

① 方案设计中采用的工艺路线、技术设备在经济合理的条件下的先进性、适用性；

② 与国家有关的技术政策和能源政策的相对性；

③ 技术引进或设备进口符合我国国情、引进技术后要有消化吸收能力；

④ 资源的利用率和技术途径合理；

⑤ 技术设备操作上安全可靠；

⑥ 技术成熟（例如国内有实施的先例）。

（三）进行环境评估

任何一种清洁生产方案都应有显著的环境效益，环境评估是方案可行性分析的核心。环境评估应包括以下内容：

① 资源的消耗与资源可永续利用要求的关系；

② 生产中废弃物排放量的变化；

③ 污染物组分的毒性及其降解情况；

④ 污染物的二次污染；

⑤ 操作环境对人员健康的影响；

⑥ 废弃物的复用、循环利用和再生回收。

（四）进行经济评估

本阶段所致的经济评估是从企业的角度，按照国内现行市场价格，计算出方案实施后在财务上的获利能力和清偿能力。

经济评估的基本目标是要说明资源利用的优势。它以项目投资所能产生的效益为评价内容，通过分析比较，选择效益最佳的方案，为投资决策提供依据。

1. 清洁生产经济效益的统计方法

清洁生产既有直接的经济效益也有间接的经济效益，要完善清洁生产经济效益的统计方法，独立建账，明细分类。

清洁生产的经济效益包括几方面的收益，如图 2-12。

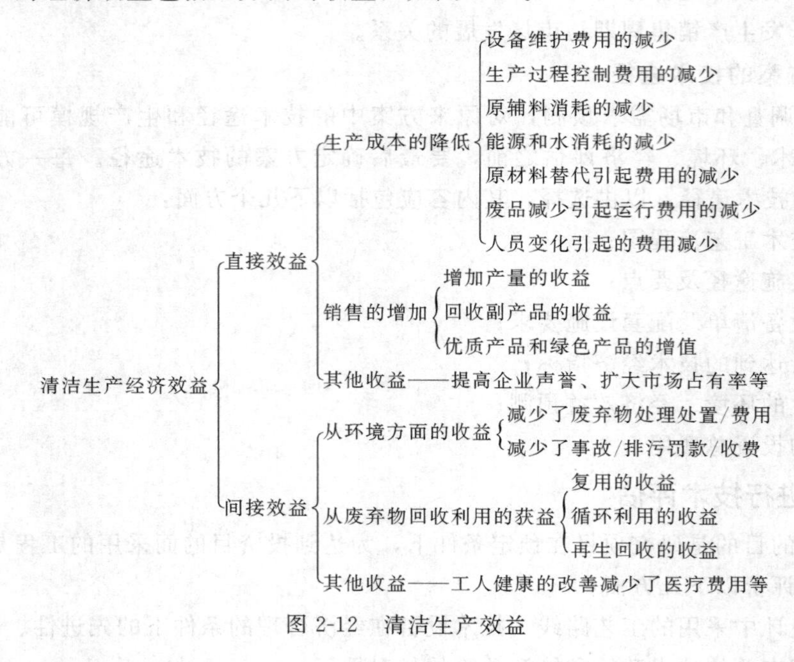

图 2-12　清洁生产效益

2. 经济评估方法

经济评估主要采用现金流量分析和财务动态获利性分析方法。

主要经济评估指标如图 2-13。

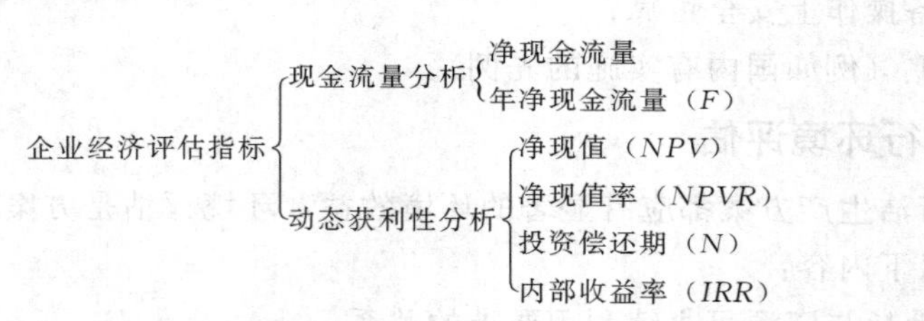

图 2-13　清洁生产主要经济评估指标

3. 经济评估指标及其计算

（1）总投资费用（I）

$$总投资费用（I）=总投资-补贴$$

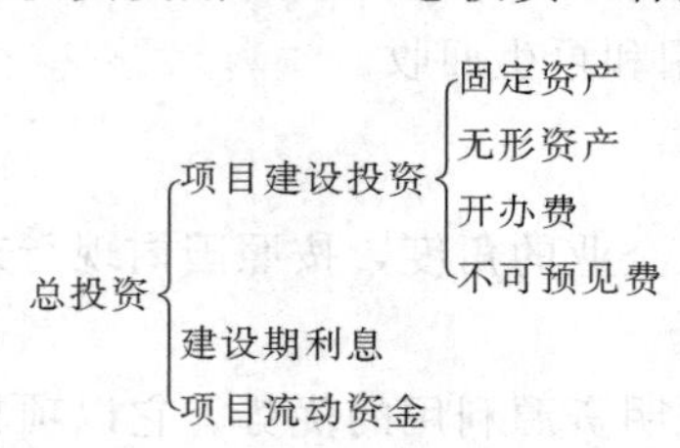

（2）年净现金流量（F）　从企业角度出发，企业的经营成本、工商税和其他税金，以及利息支付都是现金流出。销售收入是现金流入，企业从建设投资中提取的折旧费可由企业用于偿还贷款，故也是企业现金流入的一部分。

净现金流量是现金流入和现金流出之差额，年净现金流量就是一年内现金流入和现金流出的代数和。

年净现金流量（F）＝销售收入－经营成本－各类税＋年折旧费

＝年净利润＋年折旧费

（3）投资偿还期（N）　投资偿还期（年）是指项目投产后，以项目获得的年净现金流量来回收建设总投资所需的年限。

$$N=I/F$$

式中　I——总投资费用；

F——年净现金流量。

（4）净现值（NPV）　净现值是指在项目经济寿命期内（或折旧年限内）将每年的净现金流量按规定的贴现率折现到计算期初的基年（一般为投资初期）现值之和。净现值是动态获利性分析指标之一。

$$NPV=\sum_{j=1}^{n}\frac{F}{(1+i)^{j}}-I$$

式中　i——贴现率；

n——项目寿命周期；

j——年份。

（5）净现值率（$NPVR$）　净现值率为单位投资额所得到的净收益现值。如果两个项目投资方案的净现值相同，而投资额不同时，则应以单位投资能得到的净现值进行比较，即以净现值率进行选择。

$$NPVR=\frac{NPV}{I}\times 100\%$$

净现值和净现值率均按实际规定的贴现率进行计算确定，它们还不能体现出项目本身内在的实际投资收益率。因此，还需要采用内部收益率指标来判断项目的真实收益水平。

（6）内部收益率（IRR）　项目的内部收益率（IRR）是在整个经济寿命期内（或折旧年限内）累积逐年现金流入的总额等于现金流出的总额，即在投资项目计算期内，使净现值为零的贴现率。

$$NPV=\sum_{j=1}^{n}\frac{F}{(1+IRR)^{j}}-I=0$$

$$IRR=i_1+\frac{NPV_1(i_2-i_1)}{NPV_1+|NPV_2|}$$

式中　i_1——当净现值 NPV_1 为接近零的正值时的贴现率；

i_2——当净现值 NPV_2 为接近零的负值时的贴现率；

NPV_1，NPV_2——试算贴现率 i_1 和 i_2 时，对应的净现值。

i_1 和 i_2 可查表获得（见附录二），i_1 和 i_2 的差值不应当超过 1%～2%。

4. 经济评估准则

① 投资偿还期（N）应小于定额投资偿还期（视项目不同而定）。定额投资偿还期一般由各个工业部门结合企业生产特点，在总结过去建设经验统计资料的基础上，统一确定的回收期限，有的也是根据贷款条件而定。一般：

中费项目　　$N<3$ 年

较高费项目　　$N<5$ 年

高费项目　　$N<10$ 年

投资偿还期小于定额偿还期，项目投资方案可接受。

② 净现值为正值：$NPV\geqslant 0$。当项目的净现值大于或等于零时（即为正值）则认为此项目投资可行；如净现值为负值，就说明该项目投资收益率低于贴现率，则应放弃此项目投资；在两个以上投资方案进行选择时，则应选择净现值为最大的方案。

③ 净现值率为最大。在比较两个以上投资方案时，不仅要考虑项目的净现值大小，而且要求选择净现值率为最大的方案。

④ 内部收益率（IRR）应大于基准收益率或银行贷款利率：$IRR\geqslant i_0$。

内部收益率（IRR）是项目投资的最高盈利率，也是项目投资所能支付贷款的最高临界利率，如果贷款利率高于内部收益率，则项目投资就会造成亏损。因此，内部收益率反映了实际投资效益，可用以确定能接受投资方案的最低条件。

【例题】 某电厂一车间，通过清洁生产审核提出了电除尘器仪表改造，实现自动控制等若干个清洁生产方案。经过筛选，确定电除尘器仪表改造方案在技术上可行，现需要进行经济可行性分析。

该项目总投资费用（I）为 73.82 万元，年运行费用总节省额（P）为 28.20 万元，年净增加现金流量（F）为 21.50 万元，设备折旧期 $n=10$ 年，银行贷款利率 $i=12\%$。试计算该项目的投资偿还期（N），净现值（NPV），内部收益率（IRR）。

【解】

$$N=\frac{I}{F}=\frac{73.82}{21.50}=3.4\text{（年）}$$

由附录二查得在设备折旧期 n 为 10 年，利率 i 为 12%时，贴现系数为 5.650，则：

$$NPV=\sum_{j}^{n}\frac{F}{(1+i)^{j}}-I=F\times\text{贴现系数}-I$$

$$=21.50\times 5.650-73.82=47.66\text{（万元）}$$

当 $i_1=26\%$时，$NPV_1=21.5\times 3.465-73.82=0.68$（万元）

当 $i_2=27\%$时，$NPV_2=21.5\times 3.364-73.82=-1.49$（万元）

$$IRR=i_1+\frac{NPV_1(i_2-i_1)}{NPV_1+|NPV_2|}=26\%+\frac{0.68\times(27\%-26\%)}{0.68+1.49}=26.31\%$$

（五）推荐可实施方案

比较各方案的技术、环境和经济评估结果，从而确定最佳可行的推荐方案。

六、方案实施

方案实施是企业清洁生产审核的第六个阶段。目的是通过推荐方案（经分析可行的中/高费最佳可行方案）实施，使企业实现技术进步，获得显著的经济和环境效益；通过评估已实施的清洁生产方案成果，激励企业推行清洁生产。本阶段的工作重点是：总结前几个阶段已实施清洁生产方案的成果；统筹规划推荐方案的实施。其工作流程如图 2-14。

（一）组织方案实施

推荐方案经过可行性分析，在具体实施前还需要周密准备。

1. 统筹规划

需要筹划的内容有：筹措资金；设计；征地；申请施工许可；兴建厂房；设备选型、调研、设计、加工或订货；落实配套公共设施；设备安装；组织操作、维修、管理班子；制定各项规程；人员培训；原辅材料；应急计划（突发情况或障碍）；施工与企业正常生产的协调；试运行与验收；正常与生产。

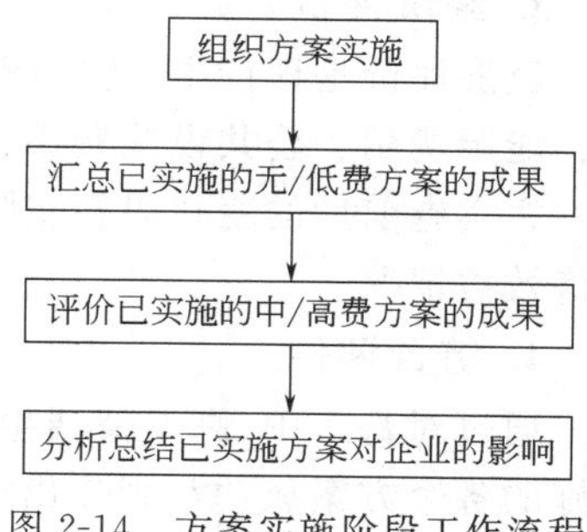

图 2-14　方案实施阶段工作流程

统筹规划时建议采用甘特图形式，制订实施进度表。

2. 筹措资金

（1）资金来源　资金的来源有两个渠道：一是企业内部自筹资金，包括现有资金和通过实施清洁生产无/低费方案，逐步积累资金，为实施中/高费方案做好准备。二是企业外部资金，包括国内借贷资金，如国内银行贷款等；国外借贷资金，如世界银行贷款等；其他资金来源，如国际合作项目赠款、环保资金返回款、政府财政专项拨款、发行股票和债券融资等。

（2）合理安排有限资金　若同时有数个方案需要投资实施时，则要考虑如何合理有效地利用有限资金。

在方案可分别实施且不影响生产条件下，可以对方案实施顺序进行优化，先实施某个或某几个方案，然后利用方案实施后的收益作为其他方案的启动资金，使方案滚动实施。

3. 实施方案

推荐方案的立项、设计、施工、验收等，按照国家、地方或部门的有关规定执行。无/低费方案的实施过程也要符合企业的管理和项目的组织、实施程序。

（二）汇总已实施的无/低费方案的成果

已实施的无/低费方案的成果有两个主要方面：环境效益和经济效益。通过调研、实测和计算，分别对比各项环境指标，包括物耗、水耗、电耗等资源消耗指标以及废水量、废气量、固体废物量等废物产生指标在方案实施前后的变化，从而获得无/低费方案实施后的环境效果；分别对比产值、原材料费用、能源费用、公共设施费用、水费、污染控制费用、维修费、税金以及净利润等经济指标在方案实施前后的变化，从而获得无/低费方案实施后的经济效益，最后对本轮清洁生产审核中无/低费方案实施的情况作一阶段性总结。

（三）评价已实施的中/高费方案的成果

对已实施的中/高费方案成果，进行技术、环境、经济和综合评价。

1. 技术评价

主要评价各项技术指标是否达到原设计要求，若没有达到要求，如何改进等。

2. 环境评价

环境评价主要对中/高费方案实施前后各项环境指标进行追踪与方案的设计值相比较，考察方案的环境效果以及企业环境形象的改善。

通过方案实施前后的统计，可以获得方案的环境效益，又通过方案的设计值与方案实施后的实际值的对比，即方案理论值与实际值进行对比，可以分析两者差距，相应地可对方案进行完善。

3. 经济评价

经济评价是评价中/高费清洁生产方案实施效果的重要手段。分别对比产值、原材料费用、能源费用、公共设施费用、水费、污染控制费用、维修费、税金以及净利润等经济指标在方案实施前后的变化以及实际值与设计值的差距，从而获得中/高费方案实施后所产生的经济效益情况。

4. 综合评价

通过对每一中/高费清洁生产方案进行技术、环境、经济三方面的分别评价，可以对已实施的各个方案成功与否作出综合、全面的评价结论。

（四）分析总结已实施方案对企业的影响

无/低费和中/高费清洁生产方案经征集、设计、实施等环节，使企业面貌有了改观，有必要进行阶段性总结，以巩固清洁生产成果。

1. 汇总环境效益

将已实施的无/低费和中/高费清洁生产方案成果汇总成表，内容包括实施时间、投资运行费、经济效益和环境效果，并进行分析。

2. 对比各项单位产品指标

虽然可以定性地从技术工艺水平、过程控制水平、企业管理水平、员工素质等众多方面考察清洁生产带给企业的变化，但最有说服力、最能体现清洁生产效益的是考察审核前后企业各项单位产品指标的变化情况。

通过定性、定量分析，企业一方面可以从中体会清洁生产的优势，总结经验以利于在企业内推行清洁生产；另一方面也要利用以上方法，从定性、定量两方面与行业清洁生产标准、行业清洁生产指标体系、国内外同类型企业的先进水平以及企业自身历年最好水平进行对比，寻找差距，分析原因以利改进，从而在深层次上发现清洁生产机会。

在本轮清洁生产审核结束时，将审核后企业生产指标与行业清洁生产标准、行业清洁生产评价指标体系、国内外同行业指标等要求进行对比，判定审核后企业所处清洁生产水平。

3. 宣传清洁生产成果

在总结已实施的无/低费和中/高费清洁生产成果的基础上，组织宣传材料，在企业内广为宣传，为继续推行清洁生产打好基础。

七、持续清洁生产

持续清洁生产是企业清洁生产审核的最后一个阶段。目的是使清洁生产工作在企业内长期、持续地推行下去。本阶段的工作重点是建立推行和管理清洁生产工作的组织机构，建立促进实施清洁生产的管理制度，制订持续清洁生产计划以及编写清洁生产审核报告。

（一）建立和完善清洁生产组织

清洁生产是一个动态的、相对的概念，是一个连续的过程，因而需要有一个固定的机构、稳定的工作人员来组织和协调这方面工作，以巩固已取得的清洁生产成果，并使清洁生产工作持续开展下去。

1. 明确任务

企业清洁生产组织机构的任务包括组织协调并监督实施本次审核提出的清洁生产方案；经常性地组织对企业职工的清洁生产教育和培训；选择下一轮清洁生产审核重点，并启动新的清洁生产审核；负责清洁生产活动的日常管理。

2. 落实归属

清洁生产机构要想起到应有的作用，及时完成任务，必须落实其归属问题。企业的规模、类型和现有机构等千差万别，因而清洁生产机构的归属也有多种形式，各企业可根据自身的实际情况具体掌握。可考虑的形式包括单独设立清洁生产办公室，直接归属厂长领导；在环保部门中设立清洁生产机构；在管理部门或技术部门中设立清洁生产机构。

不论是以何种形式设立的清洁生产机构，企业的高层领导要有专人直接领导该机构的工作，因为清洁生产涉及生产、环保、技术、管理等各个部门，必须有高层的协调才能有效地开展工作。

3. 确定专人负责

为避免清洁生产机构流于形式，确定专人负责是很有必要的。该职员须具备一定的能力，包括熟练掌握清洁生产审核知识；熟悉企业的环保情况；了解企业的生产和技术情况；较强的工作协调能力；较强的工作责任心和敬业精神。

（二）建立和完善清洁生产管理制度

清洁生产管理制度包括把审核成果纳入企业的日常管理轨道、建立激励机制和保证稳定的清洁生产资金来源。

1. 把审核成果纳入企业的日常管理

把清洁生产的审核成果及时纳入企业的日常管理轨道，是巩固清洁生产成效、防止走过场的重要手段，特别是通过清洁生产审核产生的一些无/低费方案，如何使它们形成制度显得尤为重要。

（1）把清洁生产审核提出的加强管理的措施文件化，形成制度；

（2）把清洁生产审核提出的岗位操作改进措施，写入岗位的操作规程，并要求严格遵照执行；

（3）把清洁生产审核提出的工艺过程控制的改进措施，写入企业的技术规范。

2. 建立和完善清洁生产激励机制

在奖金、工资分配、提升、降级、上岗、下岗、表彰、批评等诸多方面，充分与清洁生产挂钩，建立清洁生产激励机制，以调动全体职工参与清洁生产的积极性。

3. 保证稳定的清洁生产资金来源

清洁生产的资金来源可以有多种渠道，例如贷款、集资等，但是清洁生产管理制度的一项重要作用是保证实施清洁生产所产生的经济效益，全部或部分地用于清洁生产和清洁生产审核，以持续滚动地推进清洁生产。建议企业财务对清洁生产的投资和效益单独建账。

（三）制订持续清洁生产计划

清洁生产并非一朝一夕就可完成，因而应制订持续清洁生产计划，使清洁生产有组织、有计划地在企业中进行下去。持续清洁生产计划应包括如下内容。

1. 清洁生产审核工作计划

清洁生产审核工作计划指下一轮的清洁生产审核。新一轮清洁生产审核的启动并非一定要等到本轮审核的所有方案都实施后才进行，只要大部分可行的无/低费方案得到实施，取得初步的清洁生产成效，并在总结已取得的清洁生产经验的基础上，即可开始新一轮审核。

2. 清洁生产方案实施计划

清洁生产方案实施计划指经本轮审核提出的可行的无/低费方案和通过可行性分析的中/高费方案。

3. 清洁生产新技术的研究与开发计划

根据本轮审核发现的问题，研究与开发新的清洁生产技术。

4. 企业职工的清洁生产培训计划

第三节　清洁生产审核报告与评估验收

一、清洁生产审核报告

一个完整的企业清洁生产审核过程应完成两个审核报告，即清洁生产中期审核报告和清洁生产审核报告。

（一）清洁生产中期审核报告

编写清洁生产中期审核报告的时间是在方案的产生和筛选工作完成之后，部分无/低费方案已实施的情况下编写，其目的是汇总分析筹划与组织、预审核、审核及方案产生和筛选这四个阶段的清洁生产审核工作成果，及时总结经验和发现问题，为在以后阶段的改进和继续工作打好基础。

（二）清洁生产审核报告

编写清洁生产审核报告是在本轮审核完成之时进行，目的是总结本轮企业清洁生产审核成果，汇总分析各项调查、实测结果，寻找废物产生原因和清洁生产机会，实施并评估清洁生产方案，建立和完善持续推行清洁生产机制。本部分简述清洁生产审核报告基本内容。

1. 审核报告书的基本要求

清洁生产审核报告书应全面、概括地反映清洁生产审核的全部工作，文字应简洁、准确，并尽量采用图表和照片，以使提出的资料清楚，论点明确，利于阅读和审查。原始数据、全部计算过程等不必在报告书中列出，必要时可编入附录。所参考的主要文献应按其发表的时间次序由近至远列出目录。审核内容较多的报告书，其重点审核项目可另编分项报告书；主要的技术问题可另编专题技术报告。

2. 企业清洁生产审核报告内容框架

(1) 前言

(2) 企业概况

① 企业基本情况；

② 组织机构。

(3) 审核准备

① 审核小组；

② 审核工作计划；

③ 宣传和教育。

(4) 预审核

① 企业生产概况　包括：企业概况；企业生产现状；企业近三年原辅材料和能源消耗；

主要设备一览表。

② 企业环境保护状况 给出企业的环境管理现状，包括环境管理机构人员设置，相关环境管理制度设置和执行情况，企业环境影响评价制度和“三同时”制度等执行状况等；给出企业污染物种类、产排现状、污染物浓度和总量达标状况以及污染物治理方式和防控措施等。

③ 企业清洁生产水平评估 与行业清洁生产标准比较；行业没有清洁生产标准的，可以与行业准入条件、行业清洁生产评价指标体系、产业政策等比较；如果行业暂无上述任何一项标准，可以与行业内先进企业指标进行比较分析评估，给出企业清洁生产问题的汇总状况。

④ 确定审核重点。

⑤ 设置清洁生产目标。

⑥ 提出和实施明显易见方案。

(5) 审核

① 审核重点概况，审核重点工艺流程。

② 输入输出物流（能流）的测定。

③ 物料平衡（包括物料、水、污染因子、能源分析）。

④ 能耗、物耗以及污染物产排现状原因分析。

(6) 方案的产生与筛选

① 方案汇总；

② 方案筛选；

③ 方案研制。

(7) 方案的确定

① 技术评估；

② 环境评估；

③ 经济评估。

(8) 方案的实施

① 已实施方案评估 汇总已实施的无/低费方案的成果；评价已实施的中/高费方案的成果；分析总结已实施方案对企业的影响。

② 拟实施方案评估 汇总拟实施方案计划；拟实施方案筹措资金；汇总拟实施的无/低费方案的成果；评价拟实施的中/高费方案的成果；分析总结拟实施方案对企业的影响。

③ 全部方案实施后评估 汇总全部方案实施后的成果；分析总结全部方案实施后对企业的影响。

(9) 持续清洁生产

① 建立和完善清洁生产组织；

② 建立和完善清洁生产制度；

③ 持续清洁生产计划。

(10) 结论

二、清洁生产审核评估与验收

（一）清洁生产审核评估

清洁生产审核评估是指按照一定程序对企业清洁生产审核过程的规范性，审核报告的真实性，以及清洁生产方案的科学性、合理性、有效性等进行评估。

1. 申请清洁生产审核评估的企业必须具备的条件

① 完成清洁生产审核过程，编制了清洁生产审核报告。

② 基本完成清洁生产无/低费方案。

③ 技术装备符合国家产业结构调整和行业政策要求。

④ 清洁生产审核期间，未发生重大及特别重大污染事故。

2. 申请清洁生产审核评估的企业需提交的材料

① 企业申请清洁生产审核评估的报告。

② 清洁生产审核报告。

③ 有相应资质的环境监测站出具的清洁生产审核后的环境监测报告。

④ 协助企业开展清洁生产审核工作的咨询服务机构资质证明及参加审核人员的技术资质证明材料复印件。

3. 企业清洁生产审核评估过程

① 阅审企业清洁生产审核报告等有关文字资料。

② 召开评估会议，企业主管领导介绍企业基本情况、清洁生产审核初步成果、无/低费方案实施情况、中/高费方案实施情况及计划等；企业清洁生产审核主要人员介绍清洁生产审核过程、清洁生产审核报告书主要内容等。

③ 资料查询及现场考察，主要内容为无/低费和已实施中/高费方案实施情况，现场问询，查看工艺流程、企业资源能源消耗、污染物排放记录、环境监测报告、清洁生产培训记录等。

④ 专家质询，针对清洁生产审核报告及现场考察过程中发现的问题进行质询。

4. 企业清洁生产审核评估标准和内容

① 领导重视、机构健全、全员参与，进行了系统的清洁生产培训。

② 根据源头削减、全过程控制原则进行了规范、完整的清洁生产审核，审核过程规范、真实、有效，方法合理。

③ 审核重点的选择反映了企业的主要问题，不存在审核重点设置错误，清洁生产目标的制定科学、合理，具有时限性、前瞻性。

④ 提交了完整、翔实、质量合格的清洁生产审核报告，审核报告如实反映了企业的基本情况，对企业能源资源消耗、产排污现状、各主要产品生产工艺和设备运行状况以及末端治理和环境管理现状进行了全面的分析，不存在物料平衡、水平衡、能源平衡、污染因子平衡和数据等方面的错误。

⑤ 企业在清洁生产审核过程中按照边审核、边实施、边见效的要求，及时落实了清洁生产无/低费方案。

⑥ 清洁生产中/高费方案科学、合理、有效，通过实施清洁生产中/高费方案，预期效果能使企业在规定的期限内达到国家或地方的污染物排放标准、核定的主要污染物总量控制指标、污染物减排指标；对于已经发布清洁生产标准的行业，企业能够达到相关行业清洁生产标准的三级或三级以上指标的要求。

⑦ 企业按国家规定淘汰明令禁止的生产技术、工艺、设备以及产品。

5. 清洁生产审核评估结果

评估结果分为“通过”和“不通过”两种。对满足“评估标准和内容”全部要求的企业，其评估结果为“通过”。有下列情况之一的，评估不通过：

① 不满足“评估标准和内容”要求中的任何一条。

② 清洁生产审核报告质量上存在重大问题，主要指：

a. 审核重点设置错误或清洁生产目标设置不合理；

b. 没有对本次审核范围做全面的清洁生产潜力分析；

c. 数据存在重大错误，包括相关数据与环境统计数据偏差较大情况。

③ 企业没有按国家规定淘汰明令禁止的生产技术、工艺、设备以及产品。

④ 在清洁生产审核过程中弄虚作假。

（二）清洁生产审核验收

清洁生产审核验收是指企业通过清洁生产审核评估后，对清洁生产中/高费方案实施情况和效果进行验证，并做出结论性意见。

1. 申请清洁生产审核验收的企业必须具备的条件

① 通过清洁生产审核评估后按照评估意见所规定的验收时间，综合考虑当地政府、环保部门时限要求提出验收申请（一般不超过两年）。

② 通过清洁生产审核评估之后，继续实施清洁生产中/高费方案，建设项目竣工环保验收合格3个月后，稳定达到国家或地方的污染物排放标准、核定的主要污染物总量控制指标、污染物减排指标。

2. 企业清洁生产审核验收过程

① 审阅申请验收企业《清洁生产审核验收申请表》、清洁生产审核报告、环境监测报告、清洁生产审核评估意见、清洁生产审核验收工作报告等有关文件资料。

② 资料查询及现场考察，查验、对比企业相关历史统计报表（企业台账、物料使用、能源消耗等基本生产信息）等，对清洁生产方案的实施效果进行评估并验证，提出最终验收意见。

3. 企业清洁生产审核验收标准和内容

① 清洁生产审核验收工作报告如实反映了企业清洁生产审核评估之后的清洁生产工作。企业持续实施了清洁生产无/低费方案，并认真、及时地组织实施了清洁生产中/高费方案，达到了“节能、降耗、减污、增效”的目的。

② 根据源头削减、全过程控制原则实施了清洁生产方案，并对各清洁生产方案的经济和环境绩效进行了翔实统计和测算，其结果证明企业通过清洁生产审核达到了预期的清洁生产目标。

③ 有资质的环境监测站出具的监测报告证明自清洁生产中/高费方案实施后，企业稳定达到国家或地方的污染物排放标准、核定的主要污染物总量控制指标、污染物减排指标。对于已经发布清洁生产标准的行业，企业达到相关行业清洁生产标准的三级或三级以上指标的要求。

④ 企业生产现场不存在明显的“跑、冒、滴、漏”等现象。

⑤ 报告中体现的已实施的清洁生产方案纳入了企业正常的生产过程。

4. 清洁生产审核验收结果

验收结果分为“通过”和“不通过”两种。对满足“验收标准和内容”全部要求的企业，其验收结果为“通过”。有下列情况之一的，验收不通过：

① 不满足“验收标准和内容”中的任何一条。

② 企业在方案实施过程中弄虚作假，虚报环境和经济效益的，包括相关数据与环境统计数据偏差较大情况。

第四节 清洁生产审核案例

一、企业概况

某面业公司2000年1月正式投产，投资总额5000万美元。公司引进国外小麦粉生产线，年加工小麦35万吨。公司于2011年进行挂面厂建设，并于2012年5月进行挂面生产。

公司本着“诚信、团队、专业、创新”的企业理念，不断优化产品结构，提升产品内涵和服务水平，公司顺利通过了ISO 14001环境管理体系认证、ISO 9001质量管理体系认证、ISO 22000食品安全管理体系认证。

二、审核准备

1. 组建审核小组

公司领导非常重视本轮清洁生产审核活动，为切实有效推进清洁生产审核，公司成立了以总经理为组长的清洁生产审核领导小组，领导小组负责组建清洁生产审核工作小组，制定清洁生产管理制度，决定中/高费方案的实施，筹集清洁生产方案实施资金，提供清洁生产所需的必要资源，考核公司清洁生产审核绩效等。

在清洁生产审核领导小组的支持下，公司建立了清洁生产审核工作小组，组长由公司副总经理担任，副组长由安环部经理担任，成员来自于公司行政人事部、产品管理部、研发部、采购部、销售部、安全环境部、财务部、面粉厂、挂面厂、机修厂、储运办公室等职能部门和生产部门。在清洁生产审核小组的领导下，由安全环境部具体落实清洁生产各项工作的开展，按照审核计划推进清洁生产审核工作。

2. 制订审核工作计划

为确保审核工作能有效开展，清洁生产审核小组根据清洁生产要求和特点，结合公司生产实际情况，制订了清洁生产审核工作计划。

3. 宣传教育

① 清洁生产审核小组培训 组长召集并主持针对清洁生产审核小组的培训活动。由咨询机构专家对公司清洁生产审核工作小组成员及生产、技术骨干等人员进行了清洁生产及清洁生产审核培训。通过培训活动，审核小组成员初步掌握了清洁生产审核工作的要点，明确了在清洁生产审核过程中各自的任务，并对公司清洁生产审核工作的工作计划和安排有了全面的了解。

行业专家结合国内面粉加工和挂面生产工艺、指标等进行了介绍，并对公司生产过程中存在的部分问题（如面粉加工、挂面生产过程中的能耗、节能途径、粉料输送等）进行分析，对本轮清洁生产方案的产生和提出，起到了积极的促进作用。

② 全员培训。

③ 在咨询机构专家的协助下，公司对员工开展了全员清洁生产培训。通过培训，使员工了解了清洁生产的概念、意义，以及员工参与企业清洁生产的途径，提高了员工参与清洁生产工作的积极性，有利于全员参与企业清洁生产。

三、预审核

（一）企业生产概况

公司主要从事面粉、挂面的生产加工，2013 年公司面粉厂加工小麦 32.4 万吨，生产面粉 25.8 万吨；挂面厂生产挂面 12876 吨。企业近三年主要产品如表 2-11。

表 2-11　企业近三年主要产品情况

产品名称	生产车间	近三年年产量/吨			近三年年产值/万元		
		2011 年	2012 年	2013 年	2011 年	2012 年	2013 年
面粉	面粉厂	254362	240535	258323	9362	9389	10207
挂面	挂面厂	—	4281	12876	—	1220	3997

1. 面粉厂生产工艺、原料及产品

（1）生产工艺　面粉厂以小麦为原料进行面粉的生产加工，生产过程包括筒库工段、制粉工段以及打包工段。面粉厂生产工艺及排污节点如图 2-15 所示。

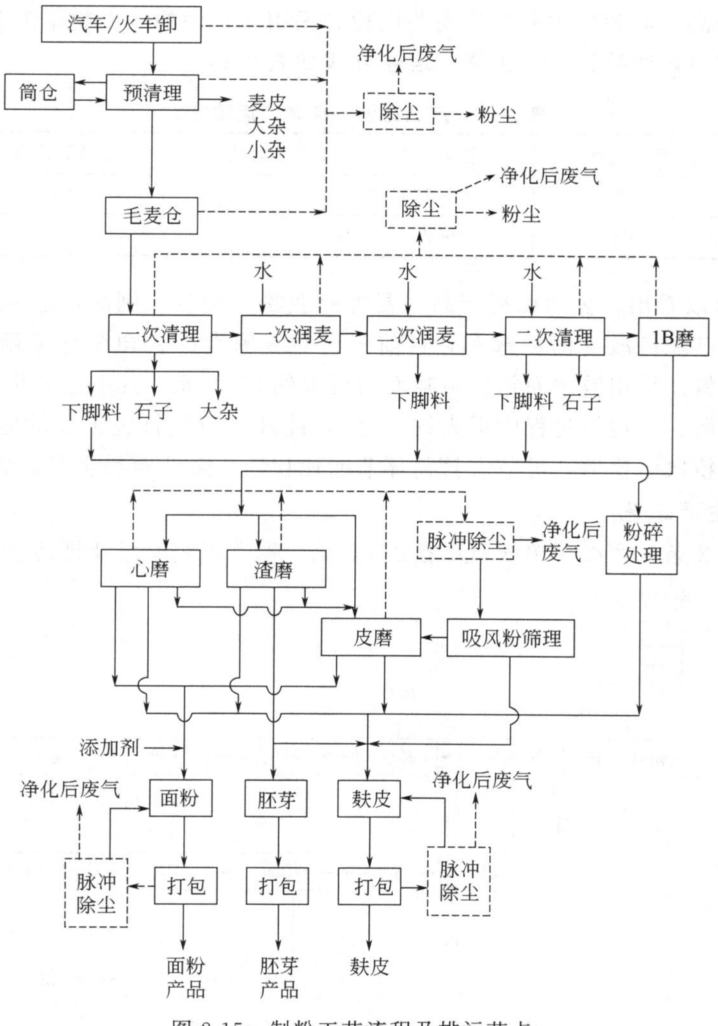

图 2-15　制粉工艺流程及排污节点

面粉厂主要排污节点如下。

① 含尘废气产生点　筒库工段卸料、预清理工序，制粉工段一次清理、二次清理及1B磨工序，心磨、渣磨、皮磨工序，以及打包工段面粉、麸皮、胚芽打包工序。各产尘点产生的废气收集后，经脉冲袋式除尘器处理，达标排放。

② 固体废物产生点　固体废物主要为大杂、石子、粉尘等废物，产生点主要为预清理、一次清理、二次清理工序，以及筒库工段、清理工段除尘器环节等。

（2）原料及产品

① 小麦原料　面粉厂生产加工的小麦包括国产小麦和进口小麦，小麦来源、运输方式如表2-12。

表2-12　小麦来源及运输方式

类别	主要来源	运输方式
国产小麦	河北、山东、江苏、东北	火车、汽车
进口小麦	美国、澳大利亚、加拿大	火车、汽车、轮船

② 面粉厂产品　面粉厂主要生产商业用粉和民用粉，面粉厂出粉率为74.4%～74.8%，其中好粉率为68%，产品比例、包装、运输方式如表2-13。

表2-13　产品比例、包装、运输方式

产品类型	产量比例	包装形式	袋装比例	散装比例	运输方式
商业用粉	90%	袋装、散装	90%	10%	火车、汽车
民用粉	10%	袋装	100%	无	火车、汽车

由表2-13可以看出，公司面粉产品主要为商业粉，袋装比例高，达90%。在面粉产品运输方面，公司已配备散装面粉罐车，目前公司对3家食品公司全部采用罐车散装运输面粉。根据有关资料，采用散装面粉，每吨面粉可节约50多元，其中包装袋费用40元，面粉打包、堆包、搬运、出包等过程中损失约10元，此外，节约打包工段的电耗、人工费等开支。因此提高面粉散装比例，可节省打包环节能耗物耗，降低面粉生产的成本。

2. 挂面厂生产工艺

挂面厂现有2条生产线，单线日产挂面66吨。生产工艺流程及排污节点如图2-16。

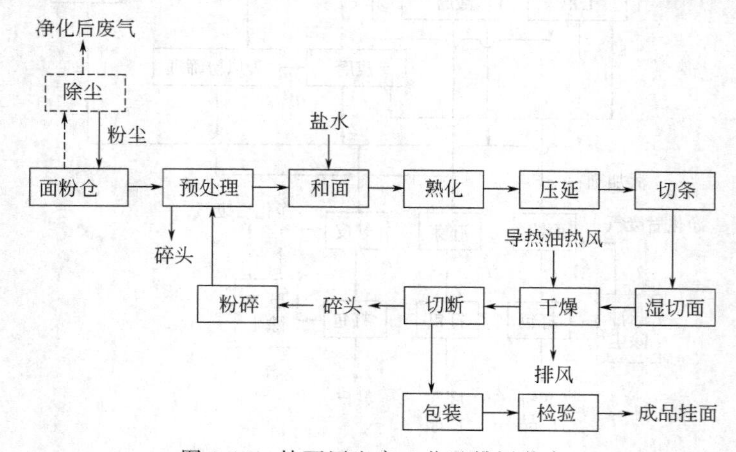

图2-16　挂面厂生产工艺及排污节点

挂面生产过程排污节点如下。

① 含尘废气产生点 面粉仓供粉环节；产生的废气经脉冲袋式除尘器进行处理，净化后废气达标排放。

② 固体废物产生点 预处理环节；固体废物主要为碎头，出售给养殖场。

3. 原辅材料和能源消耗

公司生产使用原辅材料包括小麦、面粉、添加剂、盐、水等，使用能源包括电、煤。公司近三年原辅材料和能源消耗如表2-14。

表2-14 公司近三年原辅材料和能源消耗

主要原辅料和能源	使用部位	近三年年消耗量		
		2011年	2012年	2013年
电/万千瓦时	公司	2301.3	2304.5	2517.5
	面粉厂	2178.9	2130.8	2286.2
	挂面厂	—	47	112
水/立方米	公司	38613	33788	37231
	面粉厂	18555	16197	18498
	挂面厂	—	1414	4148
煤/吨	挂面厂	—	535.65	895.3
原小麦/吨	面粉厂	328165	306329	324147
面粉/吨	挂面厂	—	4299.44	12860.9
添加剂/吨	面粉厂	1714	3482	4807
盐/吨	挂面厂	—	40.67	120.8

公司主要耗电部位用电如图2-17，公司主要耗电环节在面粉厂，占公司总电耗的90.8%，其次为挂面厂，占公司总电耗的4.4%。

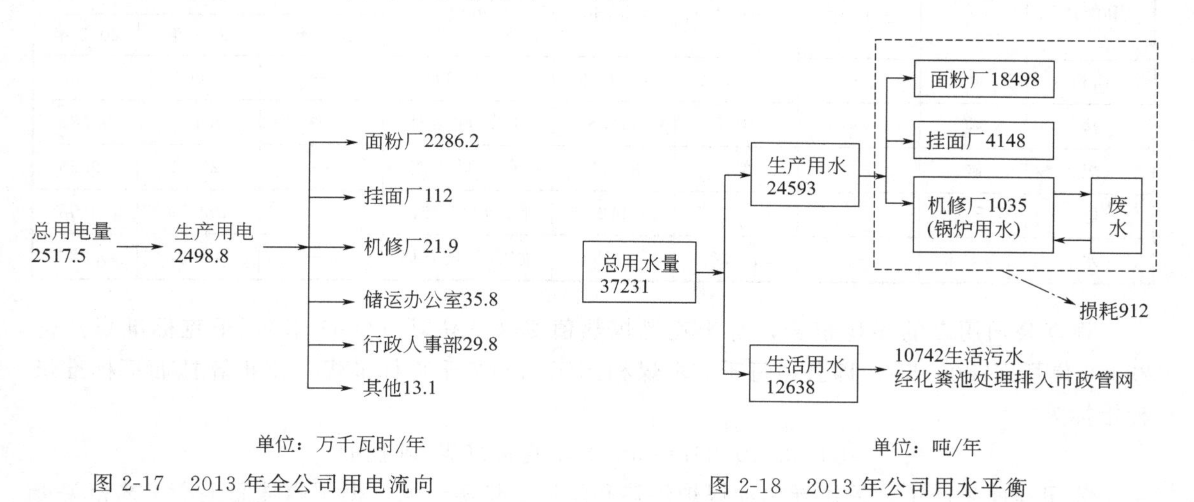

图2-17 2013年全公司用电流向

图2-18 2013年公司用水平衡

公司用水平衡如图2-18。对于生产用水，面粉厂用水量最大，其次为挂面厂，但面粉厂和挂面厂不产生废水，机修厂锅炉在使用过程中产生离子交换树脂再生废水、锅炉排废水，年产生量约为240吨，该废水回用于锅炉烟气处理、炉渣加湿环节，不排放生产废水。

公司生活污水经化粪池处理后，排入市政管网。

面粉厂主要原辅材料消耗、能耗如表2-15，面粉厂各工段电耗比例如表2-16。

表2-15 面粉厂主要原辅材料消耗、能耗

主要原辅料和能源	单位	近三年年消耗量			近三年单位产品消耗量			
					单位	实耗		
		2011年	2012年	2013年		2011年	2012年	2013年
小麦	吨	328165	306329	324147	吨/吨面粉	1.290	1.274	1.255
水	立方米	38613	33788	37231	立方米/吨面粉	0.152	0.141	0.144
电	万千瓦时	2178.9	2130.8	2286.2	千瓦时/吨面粉	85.66	88.59	88.50
添加剂	吨	1714	3482	4807	千克/吨面粉	6.74	14.47	18.61

表2-16 面粉厂各工段电耗

工段名称		能耗比例	吨粉电耗
筒库工段		4.37%	3.87千瓦时/吨面粉
制粉工段	清理工序	11.39%	10.08千瓦时/吨面粉
	磨粉工序	72.2%	63.9千瓦时/吨面粉
打包工段		12.04%	10.65千瓦时/吨面粉

表2-15表明，面粉厂每吨面粉小麦消耗逐年降低，每吨面粉电耗逐年升高；根据表2-16，面粉厂主要耗能环节在制粉、打包工段，其中制粉工段的电耗为73.98千瓦时/吨面粉。

挂面厂主要原辅材料消耗、能耗如表2-17。

表2-17 挂面厂主要原辅材料消耗、能耗

主要原辅料和能源	单位	近三年年消耗量			近三年单位产品消耗量			
					单位	实耗		
		2011年	2012年	2013年		2011年	2012年	2013年
面粉	吨	—	4299.44	12860.9	吨/吨挂面	—	1.004	0.999
盐	吨	—	40.7	120.8	千克/吨挂面	—	9.497	9.382
煤	吨	—	535.6	895.3	千克/吨挂面	—	125.12	69.53
电	万千瓦时	—	47	112	千瓦时/吨挂面	—	109.79	86.98
水	立方米	—	1413.62	4148	立方米/吨挂面	—	0.33	0.322

根据公司用煤的煤检报告，每千克燃煤热值25360焦耳（6067卡），千克标准煤热值29306焦耳（7000卡），即公司每千克燃煤相当于0.867千克标准煤，则折算挂面厂标准煤耗指标为：

$$69.53\times0.867=60.28\text{千克标准煤/吨挂面}$$

公司挂面生产工艺采用导热油锅炉供热和隧道式烘房干燥，据国内挂面生产工艺相关资料表明，该工艺具有比蒸汽锅炉供热和索道式烘房节能的优点。

4. 主要设备一览表

（1）面粉厂主要设备 面粉厂主要设备如表2-18。

表 2-18　面粉厂主要设备

设备名称	数量/台(套)	功率/千瓦	设备名称	数量/台(套)	功率/千瓦
磁选	2	0.55	松粉机	20	4
风选	5	0.18	打麸机	14	5.5
空压机	1	22	脉冲除尘器	3	36
振动筛	4	1.5	皮磨系统	11	53
风选器	4	2.75	心磨系统	15	20
去石机	2	19.35	渣磨系统	3	35
打麦机	6	5.5	罗茨风机	1	37
精选机	3	6.55	撞击磨	1	30
着水机	1	7.5	高方筛	4	11
高方筛	6	10.5	高方筛	1	5.5
清粉机	7	0.36	罗茨风机	1	11
打包吸风脉冲	1	15			

(2) 挂面厂主要设备　挂面厂主要设备如表 2-19。

表 2-19　挂面厂主要设备

设备名称	数量/台(套)	功率/千瓦	设备名称	数量/台(套)	功率/千瓦
粉碎机	2	15	提料脉冲风机	2	11
和面机	2	4	复合机	2	7.5
均质机	2	13	连续压延	2	4
导热油锅炉 YLW-1400MA	1				

通过比对《高耗能落后机电设备（产品）淘汰目录（第一批）》、《高耗能落后机电设备（产品）淘汰目录（第二批）》、《高耗能落后机电设备（产品）淘汰目录（第三批）》以及《部分工业行业淘汰落后生产工艺装备和产品指导目录》(2010 年)，公司生产过程中使用耗能设备符合国家相关要求。

(二) 企业环境保护状况

1. 环境管理现状

(1) 环境管理机构及制度　公司环保由总经理负责，安全环境部负责公司环保制度的执行和落实，确保公司环境行为符合法律法规要求。公司通过了 ISO 14001：2004 环境管理体系认证，对重要环境因素进行有效控制，制定了环境污染事故应急预案。环保设备完好，严格按作业指导书执行；生产区内各种标识明显，所有岗位均经过严格培训后上岗。

(2) 环境评价及“三同时”执行情况　公司历经了面粉项目、挂面项目的生产建设，各项目环境评价审批及验收情况如表 2-20。

表 2-20　公司建设项目环境评价情况

工程项目	审批时间及单位	验收时间及单位
面粉项目	1993 年 10 月，市环保局	1999 年 12 月，市环保局
挂面项目	2011 年 11 月，开发区环境保护局	2012 年 5 月，省环保厅

依据排污许可证，根据开发区环境监测站《环境监测报告》，公司污染物排放总量符合排污许可要求。

2. 产排污现状、治理及达标情况

（1）废气产生、治理及达标情况　公司废气包括面粉厂、挂面厂生产过程中产生的含尘废气，以及锅炉使用过程中产生的烟气。面粉厂含尘废气处理设施如表 2-21，挂面厂含尘废气处理设施如表 2-22。

表 2-21　面粉厂含尘废气处理设施

部位	除尘设备	数量	排气方式
卸料、预清理	脉冲袋式除尘	2	50 米排气筒排放
一次、二次清理、B1 磨	脉冲袋式除尘	2	35 米排气筒排放
心磨、渣磨、皮磨	脉冲袋式除尘	4	35 米排气筒排放
面粉打包	脉冲袋式除尘	3	40 米排气筒排放
麸皮打包	脉冲袋式除尘	1	22 米排气筒排放

表 2-22　挂面厂含尘废气处理设施

部位	除尘设备	数量	排气方式
面粉仓	脉冲布袋除尘器	2	排气筒

锅炉烟气废气处理设施如表 2-23。

表 2-23　导热油锅炉除尘脱硫环保设施状况

污染物名称	实际处理量	入口浓度/(毫克/立方米)			出口浓度/(毫克/立方米)		
	平均值	平均值	最高值	最低值	平均值	最高值	最低值
废气量	840 立方米/小时	—	—	—	—	—	—
粉尘	—	137.75	141.74	135.28	71.4	71.2	71.6
SO_2	—	329.4	329.4	329.4	183	183	183

工艺流程简图

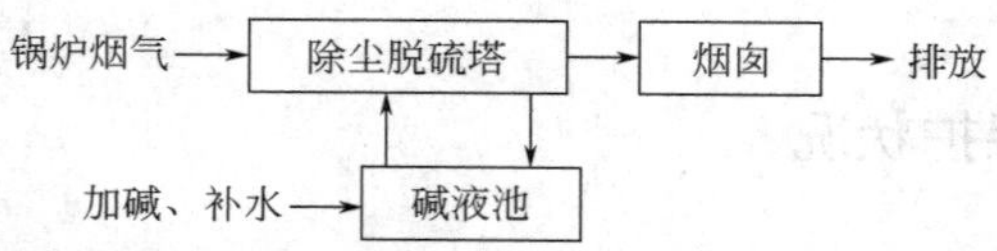

锅炉烟气→除尘脱硫塔→烟囱→排放

加碱、补水→碱液池（与除尘脱硫塔循环）

工业含尘废气经处理后，执行《大气污染物综合排放标准》（GB 16297—2004）；锅炉烟气经处理后，通过一座高 43 米烟囱排放，执行《锅炉大气污染物排放标准》（GB 13271—2001）。

根据《环境监测报告》，公司废气排放情况如表 2-24。

表 2-24　公司废气监测结果　　单位：毫克/立方米

监测点位	监测项目	监测结果	标准值	达标情况
1 号除尘	工业粉尘	13.2	120	达标
2 号除尘	工业粉尘	17.6	120	达标
3 号除尘	工业粉尘	18.5	120	达标

续表

监测点位	监测项目	监测结果	标准值	达标情况
4 号除尘	工业粉尘	16.1	120	达标
5 号除尘	工业粉尘	24.9	120	达标
6 号除尘	工业粉尘	12.1	120	达标
锅炉	烟尘	72.5	100	达标
	二氧化硫	183	900	达标
	氮氧化物	260	400	达标
供粉系统	工业粉尘	36.6	120	达标

(2) 废水产生、治理及达标情况　公司废水包括生活废水和锅炉使用过程中产生的废水，锅炉使用过程中产生的废水全部回用于烟气处理和炉渣加湿，不外排，因此公司外排废水为生活污水。公司生活污水收集后，经由化粪池处理，排入市政污水管网。

(3) 固体废物产生、治理及达标情况　公司产生的固体废物包括工业废物和生活垃圾。工业废物有面粉厂生产过程中产生的粉尘、石子、大杂等，大杂出售给饲料厂；挂面厂生产过程中产生的碎头，收集后出售给饲料厂；锅炉在使用过程中产生的炉渣，出售给制砖厂进行利用；生活垃圾由环卫部门收集处理。

(4) 噪声产生、治理及达标情况　公司主要噪声源为生产设备如斗提机、振动筛、撞粉机、高方筛、罗茨风机、打包机、空压机等的运转噪声，源强为75～85分贝。公司通过对设备的合理布局，采用减震、消音、建筑物隔声等措施对噪声产生点和设备进行控制，公司厂界噪声满足《工业企业厂界环境噪声排放标准》(GB 12348—2008) 相关标准要求。

根据《环境监测报告》，公司噪声监测情况如表2-25。

表 2-25　厂界噪声监测结果

测点编号	检测结果(昼间)		检测结果(夜间)	
	Leq/分贝	执行标准	Leq/分贝	执行标准
1 东	58.3	GB 12348—2008 65 分贝	52.1	GB 12348—2008 55 分贝
2 南	57.3		50.6	
2 西	59.2		51.4	
4 北	56.1		51.0	

公司近三年“三废”排放如表2-26。

表 2-26　公司近三年“三废”排放情况

类别	名　称		近三年年排放量		
			2011 年	2012 年	2013 年
废水	生活废水量/立方米		20890	17951	18260
废气	锅炉烟气量/万立方米		918	1141	1361
	工业废气量/立方米	公司	5.2×10^{8}	5.3×10^{8}	5.4×10^{8}
		面粉厂	5.2×10^{8}	5.2×10^{8}	5.2×10^{8}
		挂面厂	—	0.1×10^{8}	0.2×10^{8}

续表

类别	名　称	近三年年排放量		
		2011 年	2012 年	2013 年
固体废物/吨	炉渣	175	284	300
	粉尘	489	370	788
	石子	167	155.4	155.1

3. 企业管理

公司通过“自上而下的引导、自下而上的推动”的方式，在公司开展5S现场管理法、TPM全员管理活动，进一步提升公司清洁生产水平。公司先后进行了变频节能、LED灯替代普通白炽灯等生产过程改造和改进，减少电耗，降低成本。

4. 企业清洁生产水平评估

（1）产业政策符合性　公司为面粉生产及加工企业，公司生产过程中没有使用国家明令淘汰的耗能设备，生产工艺符合国家的产业政策。具体情况如表 2-27。

表 2-27　公司生产工艺与国家产业政策对比

类别	《产业结构调整指导目录(2011 年本)2013 年修正版》	某面业公司
鼓励类	第十九项：轻工 第 31 条：营养健康型大米、小麦粉（食品专用米、发芽糙米、留胚米、食品专用粉、全麦粉及营养强化产品等）及制品的开发生产；传统主食工业化生产	面粉生产及加工企业 产品为：面粉、挂面
限制类		无
淘汰类		无

（2）污染物排放情况　公司生产过程排放的污染物包括含尘废气、锅炉烟气、生活污水、炉渣、粉尘、石子等，污染物排放满足相关排放标准要求，具体如下。

① 工业含尘废气经袋式除尘器处理后，通过排气筒排放，满足《大气污染物综合排放标准》（GB 16297—2004）的要求。

② 锅炉使用过程中产生的烟气，经湿式除尘脱硫设备处理后，通过 43 米高烟囱排放，满足《锅炉大气污染物排放标准》（GB 13271—2001）排放要求。

③ 公司生活污水收集后，经化粪池处理，排入市政污水管网，满足《污水综合排放标准》（GB 8978—2002）的要求。

④ 公司噪声经监测，厂界噪声满足《工业企业厂界环境噪声排放标准》（GB 12348—2008）要求。

⑤ 公司排放固体废物主要为炉渣、石子、粉尘、大杂、碎头。大杂、碎头出售给饲料厂进行利用；炉渣出售给制砖厂进行利用；石子、粉尘与生活垃圾一起，由市政环卫部门收集处理。

⑥ 公司污染物排放总量符合其排污许可证的许可要求。

（3）能耗　公司面粉厂 2011 年、2012 年、2013 年单位产品电耗分别为 85.66 千瓦时/吨面粉、88.59 千瓦时/吨面粉、88.50 千瓦时/吨面粉，公司面粉出粉率为 74.4%～74.8%。2013 年面粉厂制粉工段（清理和磨粉工序）电耗为 73.98 千瓦时/吨面粉。全国面粉行业按出粉率 74%～75%，据清理和制粉两个环节统计，单位面粉耗电能在 55～90 千瓦时/吨面粉之间。采用步长 $\Delta=5$ 千瓦时/吨面粉，对吨面粉电耗区间进行划分，则各区段吨面粉电耗如表 2-28。

表 2-28 面粉行业电耗区段划分 单位：千瓦时/吨面粉

区段	1	2	3	4	5	6	7
吨粉电耗	55～60	61～65	66～70	71～75	76～80	81～85	86～90

由表 2-28 可以看出，公司面粉厂吨面粉电耗为全国同行业平均水平。

挂面厂采用导热油锅炉供热和隧道式烘房干燥，挂面厂吨挂面标准煤耗指标 60.28 千克标准煤/吨挂面。根据有关资料，国内挂面厂标准煤耗水平为 120 千克/吨挂面，在采用导热油锅炉供热时，吨产品标准煤耗约为 63 千克/吨挂面，因此挂面厂吨挂面标准煤耗居于同行业先进水平。

(4) 环境管理水平　公司遵守国家和地方有关环境法律、法规，污染物排放达到国家和地方排放标准、总量控制管理要求。公司通过了 ISO 14001 环境管理体系认证、ISO 9001 质量管理体系认证以及 ISO 22000 食品安全管理体系认证，三个认证体系提升了公司环境管理制度的完善和管理水平的提高。

(5) 结论　目前国家尚未发布面粉和挂面生产行业清洁生产标准和清洁生产评价指标体系，因此，依据国内同行业相关指标，与公司生产指标比较，进行公司清洁生产水平评估。

根据面粉厂原辅材料消耗，面粉厂近三年吨面粉小麦、水的消耗较稳定，吨面粉电耗升高，2013 年面粉厂清理和制粉环节电耗为 73.98 千瓦时/吨面粉，为全国同行业平均水平。

根据挂面厂原辅材料消耗，2013 年吨挂面煤耗、电耗指标较 2012 年有较大幅度下降，2013 年吨挂面煤耗为 60.28 千克标准煤/吨挂面，优于采用导热油锅炉供热时约 63 千克标准煤/吨挂面的国内指标。

结合公司产业政策符合性、污染物排放情况、能耗、环境管理水平等方面的分析，某面业公司面粉生产加工和挂面生产加工过程处于国内较好水平，但公司面粉生产过程存在电耗高的问题。

因小麦粉生产线采用“布勒”工艺，面粉厂电耗高有工艺自身的原因，如该类工艺生产线负压提料系统单位动力为 45 千瓦/(100 吨・天)，国内面粉厂设计负压提料系统单位动力为 27.5 千瓦/(100 吨・天)，公司面粉厂负压提料系统配备的单位动力为 44 千瓦/(100 吨・天)。基于公司面粉厂现有生产工艺，降低面粉生产过程电耗是公司本轮清洁生产的主要任务。

5. 确定审核重点

公司清洁生产备选审核重点包括面粉厂、挂面厂、机修厂（锅炉房）。依据审核重点的确定原则，根据公司能耗、物耗指标，结合公司确定的降低生产过程电耗作为本轮清洁生产的主要目标，因此确定面粉厂为本轮清洁生产审核重点。

6. 设置清洁生产目标

根据国内面粉行业电耗指标和公司面粉类型结构现状，结合公司的管理目标，确定了面粉产品好粉率及吨面粉电耗作为本轮清洁生产审核的考核指标，并制定了相应的目标值。具体情况如表 2-29。

表 2-29 清洁生产目标一览表

序号	项目名称	现状	近期目标		中期目标	
			绝对量	相对量/%	绝对量	相对量/%
1	好粉率/%	68	70	102.9	—	—
2	吨面粉电耗/(千瓦时/吨面粉)	88.50	87	98.3	86	97.2

7. 提出和实施明显易见方案

本阶段产生的无/低费方案如表 2-30。依据边审核边实施原则，对 8 个无/低费方案全部进行了实施。

表 2-30 预审核阶段无/低费方案

编号	方案名称	方案简介	预计投资	预计效果	
				环境效益	经济效益
1	大杂玉米粒的利用	将含有玉米粒、黄豆较多的大杂回到下脚仓，并打入麸皮	—	年减少下脚	增加效益
2	高方筛密封毡条长度的优化	优化密封毡条长度	—	提高维修效率，节省毛毡条消耗	节约成本
3	降低全麦面包用粉回机量	在打包配粉环节，合理调配，优化计划，生产高包时，在粉仓内留存基粉；同时利用废旧、干净或普包的包装物将高包粉接出	—	减少了面粉二次搬运及异物回机风险	节约成本
4	降低挂面包装废膜率	通过设备改进以及人员操作水平培训，将挂面包装废膜率降低	2000 元	降低挂面包装膜消耗	节约成本
5	去除面屑落入面带而产生次品	将感应器的检测位置调整在合理状态，减少压辊与面片间的摩擦，减少面屑的产生，降低次品率	—	减少次品产生量	提高效益
6	减少包装碎头回机量	制作接料盘和规范员工操作方法，降低包装成品回机碎头的产生	6000 元	减少落地面，即减少废面产生	提高效益
7	减少制面半成品湿面数量	通过制作上架处接料盘，规范员工操作方法，改善每天上架系统减少掉条现象，降低制面半成品废品率，减少湿面回机量	—	降低湿面回机量	提高效益
8	改变碎头回机方式节约电能	通过改变原有的生产碎头在线回机操作方案，变为先收集生产碎头，再分时间段集中回机，降低电耗	—	降低电耗	提高效益

四、审核

（一） 审核重点概况

1. 生产工艺

面粉厂包括筒库工段、制粉工段及打包工段三个生产工段，制粉工段有 A、B 两条生产线，其中 A 线处理量 750 吨/天，B 线处理量 400 吨/天；A 线清理工序采用“二筛二打二去石四风选”工艺；B 线清理工序采用“二筛三打二去石五风选”工艺，面粉厂生产工艺流程如图 2-15 所示。

2. 单元操作及功能

根据面粉厂生产工艺流程，分为筒库储存、制粉、产品打包三个单元操作。具体如表 2-31。

表 2-31　面粉厂单元操作功能说明表

单元操作名称	功　　能
筒库储存	对小麦进行预清理，并进行储存。在储存期间进行严密监控，发现异常进行处理，确保储存小麦完好；根据生产需要量供入到制粉车间进行下步处理
制粉	按生产要求将不同小麦进行搭配，去除小麦中大杂、小杂、轻杂、石子等杂质，然后根据方案进行加水润麦，为后续加工做好基础工作 将清理完成的小麦按方案要求进行加工，将麸皮和胚乳分离，生产满足客户需要的不同品质的产品
产品打包	按客户不同要求，将生产出的面粉、麸皮进行打包，并将打包的成品输送到相应库房进行保存或发货

（二）输入输出物流的测定

1. 实测准备

为利用物料平衡发现审核重点的清洁生产机会，对生产线进行物料平衡实测。依据所设定监测和监测项目，选择三个批次小麦对面粉厂生产过程进行物料测定。生产过程采用脉冲袋式除尘器进行含尘废气的处理，除尘效率高、稳定，进行实测时，忽略净化后废气排放所带出的粉尘量。面粉厂生产过程各实测点布置如图 2-19，面粉厂物料实测准备如表 2-32。

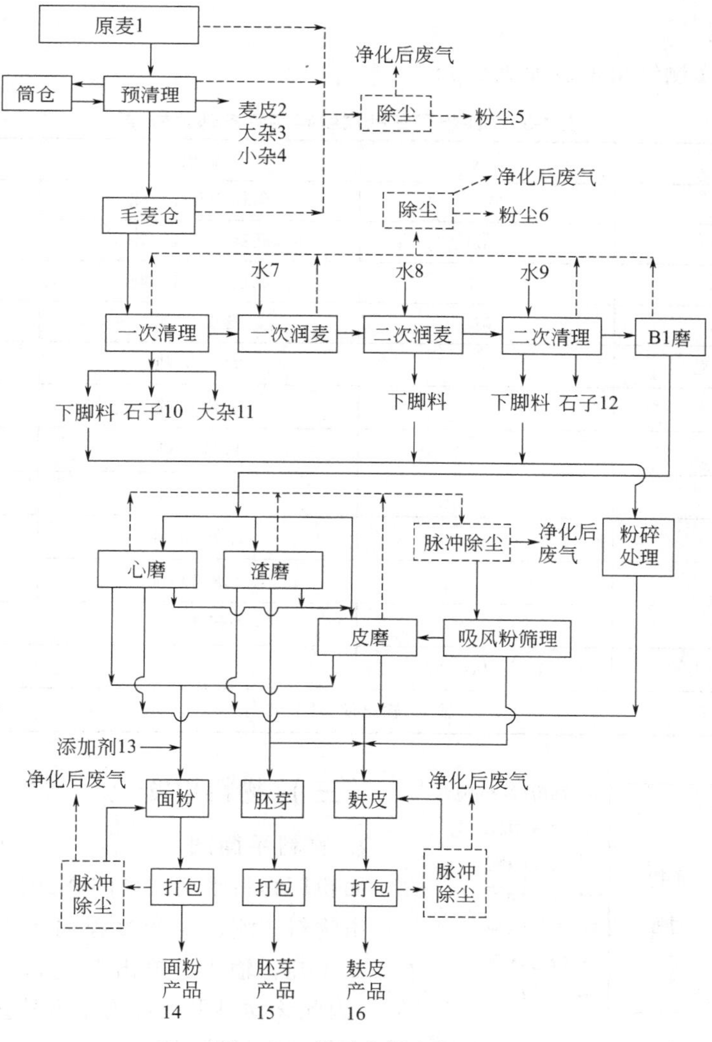

图 2-19　物料实测点布置

表 2-32　物料实测准备

实测部位		实测项目	实测方法	实测频率
输入	原麦	重量	自动流量秤	每批次一次
	水	重量	水量表	每批次一次
	添加剂	重量	电子秤	每批次一次
输出	面粉产品	重量	自动流量秤	每批次一次
	胚芽产品	重量	自动流量秤	每批次一次
	麸皮产品	重量	自动流量秤	每批次一次
	麦皮	重量	地磅	每批次一次
	大杂	重量	地磅	每批次一次
	小杂	重量	地磅	每批次一次
	石子	重量	地磅	每批次一次
	粉尘	重量	地磅	每批次一次

2. 实测数据

三批次物料实测结果汇总如表 2-33。

表 2-33　面粉厂三批次物料实测各部位数据

输入	数量	输出	数量
原麦 1/吨	4209.7	面粉产品 14/吨	3248.4
水 7/立方米	173.6	胚芽产品 15/吨	0
水 8/立方米	63.7	麸皮产品 16/吨	1021.5
水 9/立方米	0	麦皮 2/吨	1.1
添加剂 13/千克	0	大杂 3/吨	2.1
		小杂 4/吨	3.4
		粉尘 5/吨	2.8
		粉尘 6/吨	3.8
		石子 10/吨	1.6
		大杂 11/吨	2.3
		石子 12/吨	0.6
合计	输入:4447 吨		输出:4287.6 吨
输入、输出偏差:3.59%			

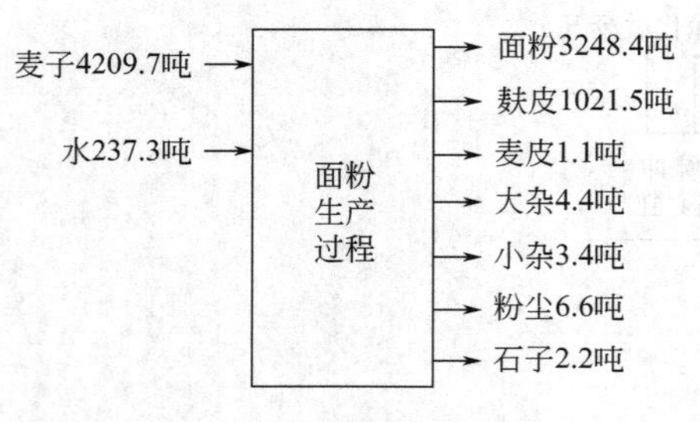

图 2-20　面粉厂物料平衡

（三）物料平衡

1. 物料平衡图

面粉厂物料平衡图如图 2-20。

由物料实测，生产过程输入、输出的总质量相差 159.4 吨，输入、输出偏差 3.59%，其偏差小于 5%，因此该物料平衡可用于审核重点的物耗、能耗及污染物产生量的原因分析。

2. 物料流程图

面粉厂物料流程如图 2-21。

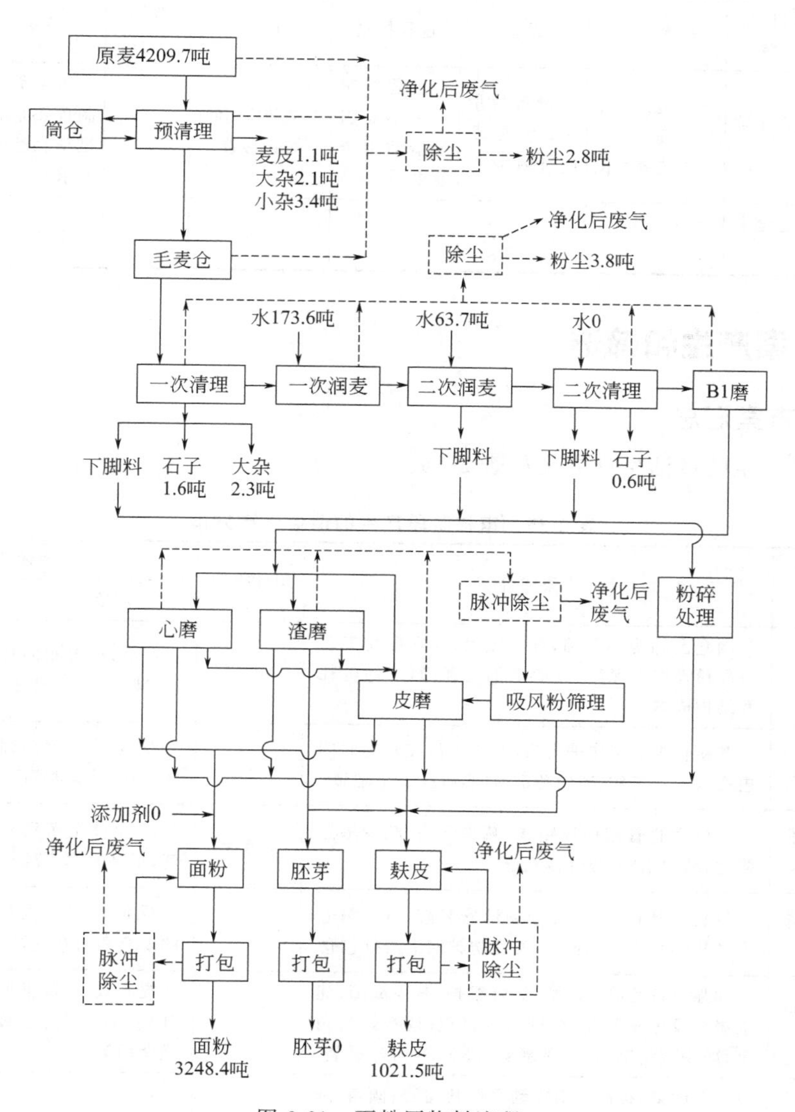

图 2-21 面粉厂物料流程

通过物料平衡和三批次的实测数据可以看出，生产过程较为稳定，面粉加工过程电耗高的主要原因在于工艺流程长、设备多，负压提料系统动力配备高等原因，因此提高生产过程的加工处理量，降低吨面粉单耗，是面粉厂降低电耗的重要途径。

面粉生产过程中的粉尘、石子等废物，产生于筒库工段和制粉工段清理工序，主要来自于原料小麦，因此控制小麦原料质量，是降低粉尘、石子等废物的产生量的关键因素。

（四）能耗、物耗以及污染物产排现状原因分析

审核小组针对各个主要废弃物产生源，从原辅材料和能源、技术工艺、设备、过程控制、产品、废弃物特性、管理和员工等几个方面分析主要存在问题的产生原因，具体见表 2-34。

表 2-34 电耗、物耗、污染物产生原因分析汇总

主要问题	原因分类							
	原辅材料及能源	技术工艺	设备	过程控制	产品	废物特征	管理	员工
电耗高	小麦含杂率高	工艺动力配备高；工艺流程长	设备数量多，存在功能过剩	过程控制水平不能满足清洁生产要求	散装比例低；搬运破袋	—	现有管理制度不能满足清洁生产要求	缺乏激励员工主动参与清洁生产的措施
粉尘石子	小麦含杂率高	—	—	—	—	—	—	—

五、方案产生和筛选

（一）方案汇总

审核阶段产生的清洁生产方案如表 2-35。

表 2-35 审核阶段产生的清洁生产方案

方案名称	方案简介	预计投资	预计效果	
			环境效益	经济效益
取消倒仓圆筛	倒仓圆筛为冲孔筛，筛孔较大，且在配粉工艺有配粉筛作为保障，故取消倒仓圆筛，节约电耗和维护成本	200 元	节电，改善车间环境，减轻员工工作量	节约成本
基粉仓下开门	基粉仓重新制作进出门，方便人员在较短时间内进入仓下工作，节约劳动时间，减少安全隐患	300 元	减少员工劳动强度，节约劳动时间	—
B线倒仓线路改造	改变倒仓管路铺设路线，减少弯头，减少输送阻力，减少堵料，提升倒仓能力	1 万元	减少员工劳动强度，提高效率，节能	—
改变打包仓清仓方式	打包仓开检查门，在仓内部安装防护网，清仓人员从侧面进入打包仓，站在防护网上清打包仓	0.8 万元	保证了清仓人员的安全和清仓效果	节约成本
提高机械手的使用效率	加强设备的清洁润滑，做好维护，减少故障；建立激励及考核制度；合理安排打包；调整抓齿角度，减少破袋率，破袋率原来 0.3%，现杜绝破袋		提高效率，降低搬到费、人工费、包装袋费用等	节约成本
A线工艺改造	工艺改造，提高二清振动筛倾角，提高倾角、降低振幅；固定筛面；增加倾角；增加研磨和筛理面积，达到细化分级，提高产量，降低电耗，提升产品质量	266 万元	增加好粉出粉率，节电	增加经济效益
取消松粉机，改善提料方式	将松粉机进料口与提料管连接，物料不经过松粉机直接进入提料管，提料管弯头减少，提料能力上升	—	节约电耗	节约成本
改善吸风网，平衡风压	增加可调节风量阀门 12 个；风道封闭 2 个，平衡风网风压，改善车间环境	420 元	降低员工的劳动强度	

从原辅材料管理、技术工艺改造、加强生产管理、过程优化控制、工艺设备改造、员工素质的提高以及积极性的激励、废弃物回收和循环利用、产品八个方面，方案汇总结果见表 2-36。

表 2-36 方案汇总结果

编号	类型	方案名称	方案简介	预计投资	预计效果	
					环境效益	经济效益
1	G	大杂玉米粒的利用	将含有玉米粒、黄豆较多的大杂回到下脚仓，并打入麸皮	—	减少下脚	增加效益
2	E	高方筛密封毡条长度的优化	优化密封毡条长度	—	提高维修效率，节省毛毡条消耗	节约成本
3	H	降低全麦面包用粉回机量	在打包配粉环节，合理调配，优化计划，生产高包时，在粉仓内留存基粉；同时利用废旧、干净或普包的包装物将高包粉接出	—	减少了面粉二次搬运及异物回机风险	节约成本
4	G	降低挂面包装废膜率	通过设备改进以及人员操作水平培训，将挂面包装废膜率降低	2000元	降低挂面包装膜消耗	节约成本
5	D	去除面屑落入面带而产生次品	将感应器的检测位置调整在合理状态，减少压辊与面片间的摩擦，减少面屑的产生，降低次品率	—	减少次品产生量	提高效益
6	C	减少包装碎头回机量	制作接料盘和规范员工操作方法，降低包装成品回机碎头的产生	6000元	减少落地面，即减少废面产生	提高效益
7	C	减少制面半成品湿面数量	通过制作上架处接料盘，规范员工操作方法，改善每天上架系统减少掉条现象，降低制面半成品废品率，减少湿面回机量	—	降低湿面回机量	提高效益
8	C	改变碎头回机方式节约电能	通过改变原有的生产碎头在线回机操作方案，变为先收集生产碎头，再分时间段集中回机，降低电耗	—	降低电耗	提高效益
9	B	取消倒仓圆筛	倒仓圆筛为冲孔筛，筛孔较大，且在配粉工艺有配粉筛作为保障，故取消倒仓圆筛，节约电耗和维护成本	200元	节电，改善车间环境，减轻员工工作量	节约成本
10	C	基粉仓下开门	基粉仓重新制作进出门，方便人员在较短时间内进入仓下工作，节约劳动时间，减少安全隐患	300元	减少员工劳动强度，节约劳动时间	—
11	B	B线倒仓线路改造	改变倒仓管路铺设路线，减少弯头，减少输送阻力，减少堵料，提升倒仓能力	1万元	减少员工劳动强度，提高效率，节能	—
12	C	改变打包仓清仓方式	打包仓开检查门，在仓内部安装防护网，清仓人员从侧面进入打包仓，站在防护网上清打包仓	8000元	保证了清仓人员的安全和清仓效果	节约成本
13	C	提高机械手的使用效率	加强设备的清洁润滑，做好维护，减少故障；建立激励及考核制度；合理安排打包；调整抓齿角度，减少破袋率，破袋率原来0.3%，现基本杜绝破袋		提高效率，降低搬到费、人工费、包装袋费用等	节约成本
14	B	A线工艺改造	工艺改造，提高二清振动筛倾角，提高倾角、降低振幅；固定筛面；增加倾角；增加研磨和筛理面积，达到细化分级，提高产量，降低电耗，提升产品质量	266万元	增加好粉出粉率，节电	增加经济效益

续表

编号	类型	方案名称	方案简介	预计投资	预计效果	
					环境效益	经济效益
15	E	取消松粉机，改善提料方式	将松粉机进料口与提料管连接，物料不经过松粉机直接进入提料管，提料管弯头减少，提料能力上升	—	节约电耗	节约成本
16	D	改善吸风网，平衡风压	增加可调节风量阀门 12 个；风道封闭 2 个，平衡风网风压，改善车间环境	420 元	降低员工的劳动强度	

注：A—原辅材料和能源替代；B—技术工艺；C—管理；D—过程控制；E—设备；F—员工；G—废弃物；H—产品。

（二）方案筛选

审核小组从技术可行性、环境效益、经济效益、可操作的难易程度等四个方面来进行方案筛选，结果如表 2-37。按照企业清洁生产的要求，将投资 10 万元以上方案定为高费方案，投资 10 万元以下、5 万元以上为中费方案，5 万元以下为无低费方案。经筛选，全部 16 项方案中，无低费方案 15 项，中费方案 0 项，高费方案 1 项。具体见表 2-38。

表 2-37　方案简易筛选方法

编号	方案名称	筛选因素				结论
		技术可行性	环境效果	经济效果	可操作性	
1	大杂玉米粒的利用	√	√	√	√	√
2	高方筛密封毡条长度的优化	√	√	√	√	√
3	降低全麦面包用粉回机量	√	√	√	√	√
4	降低挂面包装废膜率	√	√	√	√	√
5	去除面屑落入面带而产生次品	√	—	√	√	√
6	减少包装碎头回机量	√	—	√	√	√
7	减少制面半成品湿面数量	√	—	√	√	√
8	改变碎头回机方式节约电能	√	√	√	√	√
9	取消倒仓圆筛	√	√	√	√	√
10	基粉仓下开门	√	—	√	√	√
11	B 线倒仓线路改造	√	√	√	√	√
12	改变打包仓清仓方式	√		√	√	√
13	提高机械手的使用效率	√	√	√	√	√
14	A 线工艺改造	√	√	√	√	√
15	取消松粉机，改善 DIV1（再筛）提料方式	√	√	√	√	√
16	改善吸风网，平衡风压	√	—	√	√	√

表 2-38 方案简易筛选结果汇总表

方案可行性	方案费用类别	方案编号	方案名称
可行方案	无费	1	大杂玉米粒的利用
		2	高方筛密封毡条长度的优化
		3	降低全麦面包用粉回机量
		5	去除面屑落入面带而产生次品
		7	减少制面半成品湿面数量
		8	改变碎头回机方式节约电能
		13	提高机械手的使用效率
		15	取消松粉机,改善提料方式
	低费	4	降低挂面包装废膜率
		6	减少包装碎头回机量
		9	取消倒仓圆筛
		10	基粉仓下开门
		11	B线倒仓线路改造
		12	改变打包仓清仓方式
		16	改善吸风网,平衡风压
	中费	—	—
	高费	14	A线工艺改造

(三) 方案研制

经筛选确定初步可行的高费方案1项，清洁生产审核小组从方案的技术原理、主要设备、可能的环境影响等方面对其进行深入分析，编制了方案说明表，如表2-39。

表 2-39 方案 14 说明表

方案编号及名称	14. A线工艺改造
要点	由于A线工艺前路出粉率低、粉色差,与竞品比较有很大的差距,因此为提高前路粉的质量及出率,同时增加生产流程的处理能力,对A线制粉工艺进行改造 主要措施:提高振动筛倾角,降低振幅;固定筛面;增加研磨和筛理面积;达到细化分级,提高处理量和好粉出粉率,改善面粉品质及降低电耗的目的 增加磨粉机,将原来的B1/B2磨粉机调整为B2磨粉机,以增加造芯、造渣数量;增加高方筛,处理增加B1磨粉机的物料;增加清粉机,提纯麦芯物料
主要设备	磨粉机3台,高方筛1台;清粉机3台,脉冲除尘器2台
主要技术经济指标(包括费用及效益)	设备购买、安装总投资费用为266万元;年经济效益增加113.1万元
可能的环境影响	方案功率增加140千瓦;好粉出粉率增加2%;年综合节电约14万千瓦时

六、方案确定

（一）技术评估

随着面粉行业产品细化，面粉细度、白度和操作性要求的日趋提高，A线工艺配置不足，清理工艺缺少一道打麦工序，导致入磨1B小麦灰分偏高；制粉工艺磨辊接触长度短、筛理面积低，前路皮磨剥刮率高，面粉加工不能做到轻研细磨，面粉灰分高，白度低，面粉竞争力差。

方案14通过提高振动筛倾角，降低振幅，固定筛面，增加磨粉机3台，增加研磨，增加高方筛1台，增加筛理面积，达到细化分级，提高处理量和好粉出粉率，改善面粉品质及降低电耗的目的；同时增设清粉机3台、脉冲除尘器2台。

该工艺技术可行、成熟可靠，设备操作安全可靠。

（二）环境评估

方案14 A线工艺改造，粉料输送能力可由现在的30t/h提高到31t/h，实现A线达产；同时降低物料输送故障。

由于增加研磨和筛理面积，面粉厂好粉出粉率可由现在的68%提升到70%左右，改善面粉品质。

因增加磨粉机、高方筛、清粉机、脉冲除尘器、绞龙、斗提等设备，新增加功率140千瓦/小时；由于粉料输送能力由30吨/小时提高到31吨/小时，在同样产能条件下，A线生产每天可缩短设备运行0.8小时，方案可年综合节电约14万千瓦时。

（三）经济评估

方案14投入设备购置费、安装费266万元，年增加效益113.1万元，设备折旧年限10年，设备残值取5%，则年折旧费为：

$$\frac{266\times(1-5\%)}{10}=25.27\text{（万元）}$$

应税利润：　　$113.1-25.27=87.83$（万元）

年净利润：　　$87.83\times(1-25\%)=65.87$（万元）

年净现金流量（F）：　　$65.87+25.27=91.14$（万元）

投资偿还期（N）：

$$N=\frac{266}{91.14}=2.92\text{（年）}$$

折旧期为10年，贴现率为6.15%（取银行同期贷款利率）时，贴现系数为7.31，则净现值（NPV）：

$$NPV=\sum_{j=1}^{n}\frac{F}{(1+i)^{j}}-I=91.14\times7.31-266=400\text{(万元)}$$

净现值率（$NPVR$）：

$$NPVR=\frac{NPV}{I}=\frac{400}{266}=1.5$$

内部收益率（IRR）：

当 $i_1=32\%$ 时，$NPV_1=91.14\times2.93-266=1.04$（万元）

当 $i_2=33\%$ 时，$NPV_2=91.14\times2.855-266=-5.8$（万元）

$$IRR=32\%+\frac{1.04\times(33\%-32\%)}{1.04+5.8}=32.15\%$$

由经济可行性分析结果，该方案经济可行。

通过以上技术可行性、环境可行性和经济可行性分析，推荐该方案予以实施。

七、方案实施

在公司领导的大力支持下，审核小组和公司各相关部门对本轮清洁生产审核的 15 个无/低费方案和推荐的 1 项高费方案实施，并及时核实方案产生的经济效益和环境效益。

（一）实施方案的进度计划

依据公司的安排，审核小组牵头，组织相关部门人员进行高费方案的实施工作，并拟订方案的实施进行计划。方案 14 实施计划如表 2-40。

表 2-40　方案 14 A 线工艺改造

内容	2014 年						负责部门
	05 月	06 月	07 月	08 月	09 月	10 月	
1. 方案策划审批	■						审核小组
2. 供方选定		■					审核小组、采购部
3. 设备安装			■	■			面粉厂、机修厂
4. 调试、投入使用				■	■		面粉厂、机修厂

（二）汇总已实施的无/低费方案的成果

无/低费方案实施成果如表 2-41。

表 2-41　无/低费方案成果汇总

编号	方案名称	投资	取得效果	
			环境效益	经济效益
1	大杂玉米粒的利用	—	年减少下脚料约 24 吨	年增加 3.6 万元
2	高方筛密封毡条长度的优化	—	提高维修效率，年节省 2000 米毛毡条	年节约 0.43 万元
3	降低全麦面包用粉回机量	—	减少了面粉二次搬运及异物回机风险，节约了包装物、合格证材料的消耗	年节约 6.5 万元
4	降低挂面包装废膜率	2000 元	年降低膜消耗 2420 千克	年节约 6.3 万元
5	去除面屑落入面带而产生次品	—	减少次品产生量 29.54 吨	年增加 2.95 万元
6	减少包装碎头回机量	6300 元	年减少落地面 16.2 吨，即减少废面 16.2 吨	年增加 3.4 万元
7	减少制面半成品湿面数量	—	年降低湿面回机量 120 吨	年增加 5.1 万元
8	改变碎头回机方式节约电能	—	年节电 60000 千瓦时	年节约 3 万元

续表

编号	方案名称	投资	取得效果	
			环境效益	经济效益
9	取消倒仓圆筛	200元	年节电7.5万度；为改善车间环境，减轻员工工作量	年节约4.1万元
10	基粉仓下开门	300元	减少员工劳动强度，节约劳动时间	—
11	B线倒仓线路改造	1万元	减少员工劳动强度，提高效率，节能	—
12	改变打包仓清仓方式	8000元	保证了清仓人员安全和清仓效果，节约成本	年节约6.6万元
13	提高机械手的使用效率	—	提高效率，降低搬到费、人工费、包装袋费用等	年节约4.86万元
15	取消松粉机，改善DIV1（再筛）提料方式	—	节约电耗17.8万千瓦时	年节约9.8万元
16	改善吸风网，平衡风压	420元	降低员工的劳动强度	—
	合计	2.72万元		56.64万元

无/低费方案中具有明显节电效益方案汇总如表2-42。

表2-42 无/低费方案节电效果汇总

方案编号	方案名称	投资（元）	环境效益	经济效益
			节电	
8	改变碎头回机方式节约电能		年节约6万千瓦时	年节约3万元
9	取消倒仓圆筛		年节约7.5万千瓦时	年节约4.1万元
15	取消松粉机，改善提料方式		年节约17.8万千瓦时	年节约9.79万元
合计	公司		年节约31.3万千瓦时	年节约16.89万元
	面粉厂		年节约25.3万千瓦时	

（三）评价已实施的中/高费方案的成果

高费方案实施成果如表2-43。

表2-43 高费方案成果汇总

编号	方案名称	投资	取得效果	
			环境效益	经济效益
14	A线工艺改造	266万元	好粉出粉率增加2%；年综合节电14.2万千瓦时；降低物料输送故障；此处堵料再未发生	经济效益增加113.1万元

（四）全部方案实施后评估

完成清洁生产审核后，对本轮审核过程中方案实施取得的经济效益、环境效益和废物减排的情况进行了统计，如表2-44。

表 2-44 全部已实施清洁生产方案经济效益及环境效益汇总

类别	投资/万元	实施时间	节电/(万千瓦时/年)	减少毛毡条消耗/(米/年)	减少膜消耗/(千克/年)	好粉率	经济效益/(万元/年)
无/低费方案	2.7	3～11月	31.3	2000	2420		56.64
中/高费方案	266	5～9月	14.2			提高2%	113.1
合计	268.7		45.5	2000	2420	提高2%	169.74

面粉厂A生产线的处理能力提高，由30吨/小时提高到31吨/小时；由于处理能力的提高，设备运行时间缩短，与研磨、筛理等新增功率相比，综合节电0.55千瓦时/吨面粉；同时降低物料输送故障。

在全部方案实施后，面粉厂好粉率由审核前的68%提高到70%，吨面粉电耗由审核前的88.5千瓦时/吨面粉，降低到86.97千瓦时/吨面粉，其中面粉厂清理和制粉环节电耗由审核前的73.98千瓦时/吨面粉，降低到72.45千瓦时/吨面粉；面粉厂的破袋率审核前为0.3%，审核后杜绝破袋。具体见表2-45。

表 2-45 审核前后相关指标对比

序号	指标名称	审核前	审核后	差值
1	好粉率/%	68	70	2
2	吨面粉电耗/(千瓦时/吨面粉)	88.50	86.97	1.53
3	制粉环节吨面粉电耗/(千瓦时/吨面粉)	73.98	72.45	—

八、持续清洁生产

为将清洁生产工作在以后的工作中持续进行下去，公司从清洁生产组织机构、持续清洁生产计划、清洁生产管理制度等几方面保障清洁生产在公司的持续开展。

（一）建立和完善清洁生产组织

为使清洁生产工作持续稳定地开展下去，公司成立了清洁生产办公室，设于安全环境部，作为清洁生产工作组织和协调机构，负责组织协调并监督实施清洁生产审核提出的清洁生产方案，经常性地组织对职工的清洁生产教育和培训，选择下一轮清洁生产审核重点。清洁生产办公室主任由环保技术员担任，负责清洁生产办公室日常工作。

（二）建立和完善清洁生产制度

1. 完善清洁生产管理制度

根据生产变化，不断完善公司清洁生产管理制度。将已实施的清洁生产方案全部纳入正常生产管理范围，并形成操作规程在生产过程中完全执行。

为了将本轮审核中取得的成果进行固化，对已实施的无/低费和高费清洁生产方案，经过一段时间后，证明确实有环境效果和经济效果的改进措施和做法，将纳入企业日常管理。

2. 完善清洁生产奖励制度

在本轮清洁生产审核的基础上，公司制订了在全公司范围内推进清洁生产的相应的奖惩办法，有利于清洁生产持续改善方案的执行和推广应用。对提出的效果良好的建议，为企业创效的方案提出人员，公司根据该方案实施后实际创效的大小按一定比例进行合理奖励。

3. 确保专项清洁生产资金的稳定来源

公司实施清洁生产方案的资金来源以自筹资金为主。为使清洁生产持续不断地开展下去，资金主要有以下两个方面的来源：一是企业从实施上一轮清洁生产审核所取得的效益中，按一定比例提取资金，累积作为下一轮清洁生产审核的资金；二是从公司年度技改大修费用中列支。

（三）持续清洁生产计划

制订了持续清洁生产计划，具体内容见表 2-46。

表 2-46 持续清洁生产计划

阶段任务	主要内容	开始时间	结束时间	负责部门
逐步建立、健全企业清洁生产指标管理考核办法	1. 继续征集清洁生产无/低费、中/高费方案 2. 建立"清洁生产"工作方针目标，清洁生产岗位责任制，清洁生产奖惩制度，保证清洁生产工作持续有效开展	2015 年 1 月	2015 年 12 月	清洁生产办公室、行政部
继续组织实施本轮审核方案的实施计划	1. 继续实施确定可行的无/低费方案，并将方案的一些措施制度化 2. 继续加强清洁生产的宣传与全员培训	2015 年 1 月	2015 年 12 月	清洁生产办公室、各有关单位
持续清洁生产的审核方向、重点	1. 工艺、设备的改进作为下一步清洁生产的方向 2. 继续降低吨面粉电耗，优化工艺流程、提高好粉出粉率和散装粉比例，作为下一轮清洁生产的审核重点	2015 年 6 月	2016 年 12 月	清洁生产办公室、各有关单位

九、结论

通过本轮清洁生产审核，提高公司好粉出粉率，降低了吨面粉电耗，完成了既定的清洁生产审核目标。清洁生产目标完成情况如表 2-47。

表 2-47 清洁生产目标完成情况

序号	项目	现状	预定目标		目标实际完成		目标完成情况/%
			绝对量	相对量/%	绝对量	相对量/%	
1	好粉率/%	68	70	102.9	70	102.9	100
2	吨面粉电耗/(千瓦时/吨面粉)	88.50	87	98.3	86.97	98.27	99.97

本轮清洁生产审核完成投资共计 268.7 万元，其中无/低费方案投资 2.7 万元，高费方案投资 266 万元，可获得经济收益 169.74 万元/年，其中无/低费方案获得经济效益 56.64 万元/年，高费方案年可获得收益 113.1 万元/年。

通过本轮清洁生产审核，公司好粉出粉率由审核前的 68%提高到 70%，面粉厂破袋率审核前为 0.3%，审核后杜绝破袋；公司年节电 45.5 万千瓦时，面粉厂年节约毛毡条 2000 米，挂面厂年减少膜消耗 2420 千克。

清洁生产审核后，公司制粉环节电耗为 72.45 千瓦时/吨面粉。

根据面粉、挂面行业国内生产工艺水平、能耗、污染物排放情况以及环境管理的水平等指标，参照公司平均指标水平，某面业公司属于国内清洁生产企业水平。

思考题

1. 什么是清洁生产审核？ 试述清洁生产审核的目的。
2. 简述清洁生产审核的原则及实施强制审核的条件。
3. 试述清洁生产审核的思路。
4. 清洁生产审核包含哪些阶段？ 试述各阶段的主要工作内容。
5. 筹划与组织阶段，谈谈如何建立审核小组及制订审核工作计划。
6. 谈谈如何进行废物产生原因分析。
7. 简述清洁生产审核报告的基本内容。
8. 选择一企业为例，开展清洁生产审核，编写清洁生产审核报告。

第三章 环境管理体系

第一节 环境管理体系概述

一、环境管理体系的产生

（一）产生背景

1972 年，联合国在瑞典斯德哥尔摩召开了人类环境大会。大会成立了一个独立的委员会，即“世界环境与发展委员会”。该委员会承担重新评估环境与发展关系的调查研究任务，历时若干年，在考证了大量素材后，于 1987 年出版了《我们共同的未来》报告，这篇报告首次提出“持续发展”的概念，并敦促工业界建立有效的环境管理体系。这份报告一颁布就得到了 50 多个国家领导人的支持，他们联合呼吁召开世界性会议专题讨论和制定行动纲领。

从 20 世纪 80 年代起，美国和西欧的一些公司为了响应持续发展的号召，减少污染，提高在公众中的形象以获得商品经营支持，开始建立各自的环境管理方式，这是环境管理体系的雏形。1985 年荷兰率先提出建立企业环境管理体系的概念，1988 年试行实施，1990 年进入标准化和许可证制度，1990 年欧盟在慕尼黑的环境圆桌会议上专门讨论了环境审核问题。英国也在质量体系标准（BS 5750）基础上，制定了环境管理体系（BS 7750）。英国的 BS 7750 和欧盟的环境审核实施后，欧洲的许多国家纷纷开展认证活动，由第三方予以证明企业的环境表现（行为）。这些实践活动奠定了 ISO 14000 系列标准的基础。

1992 年联合国在巴西里约热内卢召开了“世界环境与发展”大会，183 个国家和 70 多个国际组织出席会议，并通过了《21 世纪议程》《气候变化框架公约》《生物多样性公约》等文件。这次大会的召开，标志着人类已经认识到，在此之前人类的发展模式——工业文明时代的发展模式是不可持续的，人类社会应当走可持续发展之路。要实现可持续发展的目标，就必须改变工业污染控制的战略，从加强环境管理入手，建立污染预防（清洁生产）的新观念。通过企业的“自我决策、自我控制、自我管理”方式，把环境管理融于企业全面管理之中。

为此，中国国家标准化组织（ISO）于 1993 年 6 月成立了环境管理技术委员会（ISO/TC 207），正式开展环境管理系列标准的制定工作，以规范企业和社会团体等所有组织的活动、产品和服务的环境行为，以支持全球的环境保护工作。

（二）环境管理体系标准制定的基础

欧美一些大公司在20世纪80年代就开始自发制定公司的环境政策，委托外部的环境咨询公司来调查他们的环境表现（行为），并对外公布调查结果（这可以认为是环境审核的前身）。以此来证明他们优良的环境管理和引为自豪的环境表现（行为）。他们的做法得到了公众对公司的理解，并赢得广泛认可，公司也相应地获得经济与环境效益。为了推行这种做法，到1990年，欧洲制定了两个有关计划，为公司提供环境管理的方法，使它们不必为证明其良好的环境表现（行为）而各自采取单独行动。一个计划是BS 7750，由英国标准所制定；另一个计划是欧盟的《环境管理审核计划》（EMAS），其大部分内容来源于BS 7750。很多公司试用这些标准后，取得了较好的环境效益和经济效益。这两个标准在欧洲得到较好的推广和实施。

同时，世界上其他国家也开始按照BS 7750和EMAS的条款，并参照本国的法规和标准，建立环境管理体系。

另外一项具有基础性意义的行动则是1987年ISO颁布的世界上第一套管理系列标准——ISO 9000《质量管理与质量保证》取得了成功。许多国家和地区对ISO 9000族标准极为重视，积极建立企业质量管理体系并获得第三方认证，以此作为国际贸易进入国际市场的优势条件之一，ISO 9000的成功经验证明国际标准中设立管理系列标准的可行性和巨大进步意义。因此，ISO在成功制定ISO 9000族的基础上，开始着手制定标准序号为14000的系列环境管理标准。因此可以说欧洲发达国家积极推行BS 7750、EMAS以及ISO制定9000的成功经验是ISO 14000系列标准的基础。

（三）环境管理体系在中国的推行

1996年9月，国际标准化组织（ISO）颁布首批ISO 14000系列标准。从1996年开始，到1998年下半年，原国家环保总局在企业自愿的基础上，在全国范围内开展了环境管理体系认证试点工作。试点企业涉及机械、轻工、石化、冶金、建材、煤炭、电子等多种行业及各种经济类型。

1997年5月，国务院办公厅批准成立了中国环境管理体系认证指导委员会，负责指导并统一管理ISO 14000系列标准在我国的实施工作。指导委员会下设中国环境管理体系认证机构认可委员会（简称环认委）和中国认证人员国家注册委员会环境管理专业委员会（简称环注委），分别负责对环境管理体系认证机构的认可和对环境管理体系认证人员及培训课程的注册工作。随后，环认委、环注委依国际标准化组织和国际电工委员会（ISO/IEC）的有关导则制定了一系列认可规定，并于1997年底全面启动了环境审核员注册、审核员培训机构和认证机构认可工作。

1997年4月，原国家技术监督局将ISO 14000系列标准中已颁布的前5项标准等同转化为我国国家标准，标准文号为GB/T 24000-ISO 14000。

（四）实施环境管理体系的作用和意义

1. 帮助组织改善环境绩效

（1）增强环境意识、促进组织减少污染　通过建立环境管理体系，使组织对环境保护和环境的内在价值有了进一步的了解，增强了组织在生产活动和服务中对环境保护的责任感，摸清了组织自身的环境状况。

（2）提高组织的管理水平　环境管理体系标准是融合世界上许多发达国家在环境管理方面的经验于一身，而形成的一套完整的、操作性强的体系标准。作为一个有效的手段和方法，该标准在组织原有管理机制的基础上建立一个系统的管理机制，这个新的管理机制不但提高环境管理水平，而且还可以促进组织整体管理水平。

（3）促进组织建立环境自律机制　环境管理体系帮助组织制定并实施以预防为主、从源头抓起、全过程控制的环境管理措施，为解决环境问题提高了一套同依法治理相辅相成的科学管理工具，为人类社会解决环境问题开辟了新的思路。

2. 有利于组织节能降耗、降低成本

环境管理体系要求对组织生产过程进行有效控制，体现清洁生产的思想，从最初的设计到最终的产品及服务，都考虑了减少污染物的产生、排放，并通过设定目标、指标、管理方案以及运行控制对重要的环境因素进行控制，可以有效地促进减少污染，节约资源和能源，有效地利用原辅材料和回收利用废旧物资，减少各项环境费用（投资、运行费、赔罚款、排污款）。从而明显地降低成本，不但获得环境效益，而且可获得显著的经济效益。

3. 有利于组织良性和长期发展

组织通过 ISO 14001 标准，不但顺应国际和国内在环境方面越来越高的要求，不受国内外在环保方面的制约，而且可以优先享受国内外在环保方面的优惠政策和待遇，有效地促进组织环境与经济的协调和持续发展。

二、ISO 14000 系列标准构成和特点

ISO 14000 环境管理系列标准（以下简称 ISO 14000 系列标准）是国际标准化组织（ISO）第 207 技术委员会（ISO/TC 207）组织制定的环境管理体系标准，其标准号从 14001 至 14100，共 100 个标准号，统称为 ISO 14000 系列标准。这一系列标准包括了诸如环境标志、生命周期评价、环境表现（行为）评价、环境审核及环境管理体系若干标准组，为各类组织实行有效的环境管理提供了全面的帮助。

（一）ISO 14000 系列标准的指导思想和关键原则

1. 指导思想

ISO/TC 207 在起草 ISO 14000 系列标准时确定了以下指导思想：

① ISO 14000 系列标准应不增加并消除贸易壁垒；

② ISO 14000 系列标准可用于各国对内对外认证、注册；

③ ISO 14000 系列标准必须摒弃对改善环境无帮助的任何行政干预。

2. 关键原则

根据以上指导思想，并考虑到发展中国家和发达国家之间的差异，ISO/TC 207 在制定 ISO 14000 系列标准时确定了以下七条原则，以确保标准公正、合理和实用：

① ISO 14000 系列标准应真实和非欺骗性；

② 产品和服务的环境影响评价方法和信息应有意义、准确和可验证；

③ 评价方法、实验方法不能采用非标准方法，而必须采用国际标准、地区标准、国家标准或技术上能保证再现性的试验方法；

④ 应具有公开性和透明度，但不应损害商业机密信息；

⑤ 非歧视性；

⑥ 能进行特殊的有效的信息传递和教育培训；

⑦ 应不产生贸易障碍，对国内、国外应一致。

从以上的指导思想和原则可以看出，ISO/TC 207 努力使 ISO 14000 系列标准具有公正性、合理性和广泛的适应性，目的是使这套标准能真正地帮助和促进改善环境。

（二）ISO 14000 系列标准的构成及相互关系

1. 标准的构成

ISO 14000 环境管理系列标准包括环境管理体系、环境审核、环境标志、生命周期评价等国际领域内的许多焦点问题，旨在指导各类组织（企业、公司）取得和表现正确的环境表现（行为）。ISO 给 14000 系列标准预留了 100 个标准号，编号为 ISO 14001～ISO 14100。根据 1993 年 ISO/TC 207 的各分技术委员会的分工，将这 100 个标准号分配如表 3-1。

表 3-1 ISO 14000 系列标准号分配

分技术委员会	任务	标准号
SC1	环境管理体系(EMS)	14001～14009
SC2	环境审核(EA)	14010～14019
SC3	环境标志(EL)	14020～14029
SC4	环境表现(行为)评价(EPE)	14030～14039
SC5	生命周期评价(LCA)	14040～14049
SC6	术语和定义(T&D)	14050～14059
WG1	产品标准中的环境因素	14060
	(备用)	14061～14100

注：ISO 14010～14012 已被 ISO 19011：2002 替代。

根据国际标准化组织的资料，已颁布的 ISO 14000 系列标准如表 3-2 所示。

表 3-2 ISO 14000 系列标准

标准号	标准名称	发布时间
ISO 14001:2015	环境管理体系——规范及使用指南	2015 年 9 月 15 日
ISO 14004:2004	环境管理体系——原则、体系与支持技术指南	2004 年 11 月 15 日
ISO 14015	现场和组织的环境评价(EASO)	2004 年 11 月 15 日
ISO 19011	质量和/或环境管理体系审核指南	2002 年 10 月 1 日
ISO 14020	环境标志和声明——通用原则(第二版)	2000 年 9 月 15 日
ISO 14021	环境标志和声明——自我环境声明(Ⅱ型环境标志)	1999 年 9 月 15 日
ISO 14024	环境标志和声明——Ⅰ型环境标志——原则和程序	1999 年 4 月 1 日
ISO/TR 14025	环境标志和声明——Ⅱ型环境标志——原则和程序	2000 年 3 月 15 日
ISO 14025(修订)	环境标志和声明——Ⅲ型环境标志(CD3 阶段)	2006 年
ISO 14031	环境表现评价——指南	1999 年 11 月 15 日
ISO/TR 14032	环境表现评价——ISO 14031 应用案例	2004 年 11 月 15 日
ISO 14040	生命周期评价——原则与框架	1997 年 6 月 15 日

续表

标准号	标准名称	发布时间
ISO 14041	生命周期评价——目的与范围的确定和清单分析	1998年10月1日
ISO 14042	生命周期评价——生命周期影响评价	2000年3月1日
ISO 14043	生命周期评价——生命周期解释	2000年3月1日
ISO/TR 14047	生命周期评价——ISO 14042应用示例	2003年10月13日
ISO/TR 14048	生命周期评价——生命周期评价数据文件格式	2002年4月1日
ISO/TR 14049	生命周期评价——ISO 14041应用示例	2000年3月15日
ISO 14050	环境管理 术语和定义(第二版)	2002年5月20日
ISO/Guide 64	产品标准中对环境因素的考虑指南	1997年3月5日
ISO/TR 14061	ISO 14001/14004在林业企业的应用指南与信息	1998年12月15日
ISO/TR 14062	产品开发中对环境因素的考虑(DFE)	2002年11月1日
ISO 14063	环境交流 指南与示例(DID阶段)	2005年
ISO 14064-1	第1部分 温室气体 对组织排放和减排的量化、监测和报告规范(CD2阶段)	2005年
ISO 14064-2	第2部分 温室气体 对项目排放和减排的量化、监测和报告规范(CD2阶段)	2005年
ISO 14064-3	第3部分 温室气体 确认和验证规范和指南	2005年
ISO 14065	(WD阶段、CD2阶段)	2007年

这一系列标准是以ISO 14001为核心，针对组织的产品、服务、活动逐渐展开，形成全面、完整的评价方法。这一系列标准向各国及组织的环境管理提供了一整套现实科学管理，体现了市场条件下“环境”管理的思路和方法。

2. 标准之间的关系

ISO 14000系列是个庞大的标准系统，是由若干子系统构成，这些系统可以按标准的性质和功能来区分。

(1) 按标准的性质区分

① 基础标准子系统 其中包含SC6分技术委员会制定的环境管理方面的术语与定义。

② 基本标准子系统 包含由SC1分技术委员会制定的环境管理体系标准，及WG1的产品标准的环境指标。

③ 技术支持子系统 包含由SC2分技术委员会制定的环境审核标准；SC3分技术委员会制定的环境标志的标准；SC4分技术委员会制定的环境表现（行为）评价的标准；SC5分技术委员会制定的生命周期评价的标准。

(2) 按标准的功能区分

① 评估组织的标准 分为环境管理体系的标准；环境审核的标准；环境表现（行为）评价的标准。

② 评估产品的标准 分为环境标志的标准；生命周期评价的标准；产品标准中的环境指标标准。

其相互关系如图3-1。

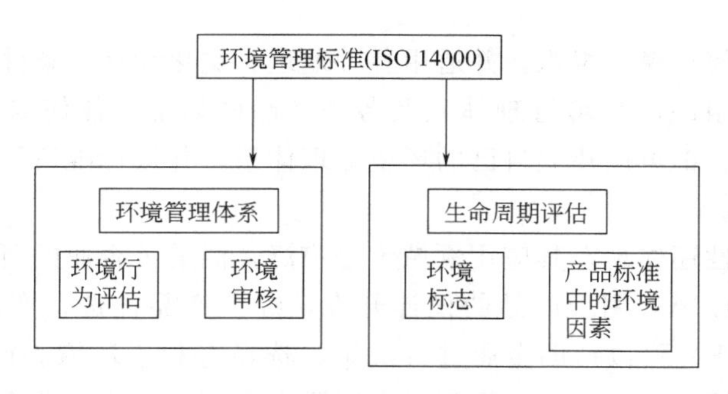

图 3-1 ISO 14000 系列标准功能结构

（三）ISO 14000 系列标准的特点

ISO 14000 系列标准以极其广泛的内涵和普遍的适用性，在国际上引起了极大的反响，它同以往的环境排放标准和产品的技术标准等不同，其特点如下。

1. 以市场准入原则为推动力

以往各国政府是根据科学研究成果和环境质量的变化，制定了大量强制性法规、标准，用法律手段来迫使企业进行环境保护工作。但随着环境意识的不断提高，人们逐渐认识到，环境问题的最终根源在于不合理的生产方式和生活方式。

近年来，各国政府的环境管理也逐渐由对污染源的控制延伸到对产品的指导，由末端治理转向对生产的全过程控制；由产品的环境标志进而采用生命周期评价方法，实施清洁生产，推广绿色产品。目前环境保护已逐渐由政府的强制手段转化为社会的需求、相关方的要求及市场的压力。国外的研究表明：同样性能、质量的产品，人们会更愿意购买具有环境标志的产品；同样企业在选择原料供应商、运输公司、服务公司、承包方时，不仅要提出服务、产品质量、规格、性能等方面的要求，也会要求合同方承担相应的环境责任；企业在选择产品开发方向时，也会考虑到人们消费观念的生态环境原则，这在客观上就减少了产品开发生产的环境影响。

ISO 14000 标准正是为适应这一情况，传达出组织活动、产品、服务中所含有的环境信息，表达一个产品或组织对环境的影响，扩大市场，增加贸易。

2. 自愿性原则

ISO 14000 系列标准是为了满足企业环境管理的需要而设计和制定的标准，这些标准是通过与企业相关的委员会制定的，以改进企业的环境管理体系，而不是由政府制定和强加于它们的，因此，ISO 14000 系列标准是自愿标准，组织可根据自己的经济、技术等条件选择采用。

3. 灵活性原则

希望参与 ISO 14000 标准的组织范围广泛，他们的环境和经济条件不同，因此灵活性是 ISO 14000 系列标准的必然特点。实施 ISO 14000 标准的目的是帮助组织实施或改进其环境管理体系。该标准没有建立环境表现（行为）标准，它们仅提供了系统地建立并管理行为承诺的方法。也就是说它们关心的是“如何”实现目标，而不注重目标应该是“什么”。标准将建立环境表现（行为）标准的工作留给了组织自己，而仅要求组织在建立环境管理体系时必须遵守国家的法律法规和相关的承诺。

4. 广泛适用性

该体系适用于任何规模的组织，并适用各种地理、文化和社会条件。标准的内容十分广泛，可以适用于各类组织的环境管理体系及各类产品的认证。任何组织，无论其规模、性质、所处的行业领域，都可以建立自己的环境管理体系，并按标准所要求的内容实施，也可向认证机构申请认证。

标准的广泛适用性还体现在其应用领域十分广泛，涵盖了企业的所有管理层次，可以将生命周期评价方法（LCA）用于产品的设计开发，绿色产品优选，产品包装设计；环境表现（行为）评价（EPE）可以帮助企业进行决策，选择有利于环境和市场风险更小的方案，避免决策的失误等，因此 ISO 14000 系列标准实际上全面地构成了整个企业的管理框架，对产品开发决策评价，现场管理各方面都作出了相关的规定。

5. 预防性

这一系列标准为各类组织提供的是完整的管理体系，强调管理，正是预防环境问题的重要手段和措施。所有环境污染中有相当大的一部分是由于管理不善造成的。环境管理体系（ISO 14000）强调的是加强企业生产现场的环境因素管理，建立严格的操作控制程序，保护企业环境目标的实现。

标准的预防性与国际环境保护领域的发展趋势相同，强调以预防为主，强调从污染的源头削减，强调全过程污染控制。

（四）ISO 14001 环境管理体系——规范及使用指南

ISO 14001 是 ISO 14000 系列标准中的主体标准。它规定了组织建立环境管理体系的要求，明确了环境管理体系的诸要素，根据组织确定的环境方针目标、活动性质和运行条件把本标准的所有要求纳入组织的环境管理体系中。该项标准向组织提供的体系要素或要求，适用于任何类型和规模的组织。

1. ISO 14001 实施与应用遵循自愿原则，并不增加或改变组织的法律责任

各类组织是否实施 ISO 14000 标准，是否建立和保持环境管理体系，是否进行环境管理体系审核认证都取决于组织本身，是自愿的，而不能以行政或其他方式要求或迫使组织实施，实施过程中也不改变组织的法律责任。

ISO/TC 207 制定 ISO 14001 环境管理体系标准的目的在于规定并运用有效的管理机制，帮助组织实现其目标，而不是制造非关税贸易壁垒，也不增加或改变组织的法律责任。这就要求各组织在实施标准时基于原有的国家、地方、行业法律法规，各审核认证机构在进行 ISO 14001 认证审核时也应以各国、各地方的环境保护法律法规为准绳实施认证。

2. ISO 14001 标准是认证审核的依据

这一标准提出了对组织环境管理体系进行认证/注册和（或）自我声名的要求，它和原来为组织实施或改进环境管理体系提供一般性帮助的非认证性指南有重要差别。ISO 14001 标准是进行环境管理体系建立和环境管理体系审核的最终依据，各国认可和认证机构都以此为根据开展认证工作。它不仅包括了那些用于认证、注册为目的的，可进行客观审核的要求。因而，ISO 14001 是 ISO 14000 标准中最关键、最核心和最基本的标准之一。

3. 标准并未对组织的环境绩效提出绝对的要求

ISO 14001 标准除了要求在环境方针中对遵守有关法律法规和持续改进做出承诺外，没有提出组织环境绩效的决定要求，不包含任何环境质量与污染治理技术与水平的内容。因此，两个从事类似活动的组织，具有不同的环境绩效的组织，可能都满足标准的要求。

另一方面，实施环境管理体系标准能够帮助组织加强、优化管理机制、明确各职能与层次的管理要求，从改善组织及其对所有相关方的环境绩效；但标准的实施与使用也并不能保证最优结果的取得。组织在经济条款许可的情况下，可采用最佳实用技术，并充分考虑采用该技术成本与效益。

各类组织实施ISO 14001环境管理体系时，则可根据自身的经济技术能力和管理水平提出环境绩效的指标要求。而标准本身也着重于系统地采用和实施一系列管理手段，并未提出改进的具体措施与方法要求。因此采用ISO 14001标准有利于提高组织的环境绩效，但环境绩效不同的组织都可能满足了本标准的要求。

4. ISO 14001环境管理体系不排斥其他管理体系

ISO 14001标准与ISO 9000标准遵循着共同的管理体系原则，一些管理体系要素的要求与ISO 9000标准较为相似。组织可选择一个与ISO 9000相符的管理体系作为实施环境管理体系的基础，各体系要素不必独立于现行的管理要求，可进行必要的修改与调整，以适合本标准的要求。管理体系的各要素会因不同的目的和不同的相关方有较大的差异，质量体系针对顾客的要求，环境管理体系则服务于众多的相关方。

环境管理体系中并不专门涉及职业安全与卫生管理方面的内容，但也不限制组织将这方面的要求纳入管理体系中。

5. ISO 14001具有广泛的适用性

ISO/TC 207在制定ISO 14000标准时考虑：标准适用于任何类型与规模的组织，并使用于各种地理、文化和社会条件。在标准的第一章中明确阐述："本标准适用于任何有下列愿望的组织：

① 建立、实施、保持和改进环境管理体系；

② 使用自己确信能符合所声名的环境方针；

③ 通过下列方式证实对本标准的符合：进行自我评价和自我声明；寻求组织的相关方（如顾客）对其符合性的确认；寻求外部对其自我声明的确认；寻求外部组织对其环境管理体系进行认证（或注册）。"

凡具有上述愿望的组织均可实施ISO 14001标准，这就意味着任何类型和规模的组织，处于不同的地理、文化和社会条件的组织均可采用标准，因而这一标准具有最广泛的适用范围。

6. 实施ISO 14001要坚持持续改进和污染预防

ISO 14001标准的总目的是支持环境保护和污染预防，协调它们与社会需求和经济需求的关系。为此，ISO 14001标准中包括了丰富的污染预防思想，并提出了组织环境绩效的持续改进要求。这些要求的提出并不是一个空洞的口号，而体现在具体的环境管理体系要素，要求在环境管理的各个环节中控制环境因素、减少环境影响，将污染预防的思想和方法贯穿用于环境管理体系的建立与运行之中。

持续改进的要求符合社会环境保护发展的要求。ISO 14001要求组织持续改进其环境绩效，反映了组织对改善实施标准对环境保护的实际贡献。

（五）ISO 14004环境管理体系——原则、体系和支持技术通用指南

ISO 14004简述了环境管理体系要素，为建立和实施环境管理体系，加强环境管理体系

与其他管理体系的协调提供可操作的建议和指导。它同时也向组织提供了如何有效地改进或保持的建议，使组织通过资源配置，职责分配以及对操作惯例、程序和过程的不断评价（评审或审核）来有序地处理环境事务，从而确保组织确定并实现其环境目标，达到持续满足国家或国际要求的能力。

指南不是一项规范标准，只作为内部管理工具，不适用于环境管理体系认证和注册。

环境管理体系是组织全部管理体系的必要组成部分。环境管理体系的建立始终是一个不断发展、不断完善的过程，它采用系统的方法，坚持持续改进。

三、ISO 14001：2015 的颁布

2014 年，国际标准化组织（ISO）和国际电工委员会（IEC）联合发布管理体系标准的高阶架构（High Level Structure），为所有的管理体系标准明确了共同的架构，为组织整合所有管理体系，建立简单有效的一体化管理体系，提供了极大的便利。ISO 14001 首先采用了管理体系标准的高阶架构。

ISO 14001：2015 采用统一的管理体系高阶结构，引入先进的管理理念和方法（如风险管理、生命周期管理等），在内容方面具有前瞻性。ISO 14001：2015 为未来 10 年的环境管理指明了方向，是 ISO 14001 发展史上一个重要里程碑。

2015 年 9 月 15 日，国际标准化组织颁布了 ISO 14001：2015 标准，新标准的主要变化有：

① 采用所有管理体系标准新的统一的结构、通用的术语、定义、标题和正文，以便在实施多个管理体系时实现轻松整合；贯彻 P-D-C-A 循环模式。

② 实现战略性环境管理，增加理解组织及其背景和相关方的需要及期望的要求；引入了“风险和机会管理”的概念。

③ 加强了高层管理者的领导作用和承诺，在组织的商业策略中贯彻环境管理体系的要求，确保将环境管理纳入核心业务流程，以确保环境管理体系获得其预期成果。

④ 追求保护环境，提高环境因素的管理绩效，通过改善环境，减少浪费、降低能耗、提高效率。

⑤ 生命周期的环境管理思想，组织施加影响的环境因素范围从获取资源开始，扩大到整个产品生命周期。但并不要求组织进行生命周期评价。

⑥ 提出文件化的信息，减少了强制性的文件和记录要求，建立适合本组织环境体系运行所需的文件化信息，把更多选择权给了标准的采用者。

⑦ 其他变化：更加关注组织对外部沟通交流的合规义务；更加关注合规性评价与绩效评估；不再直接要求任命管理者代表；“意识”作为单独的子条款；独立的“预防措施”条款不再存在等。

第二节 环境管理体系要求（ISO 14001：2015）

一、范围

组织可以建立实施的环境管理体系，以提高其环境绩效的要求。标准的目的是使组织寻求管理其环境责任的系统化的方式，提供有助于可持续发展的环境框架。

标准帮助组织实现其环境管理体系的预期结果，它为环境、组织本身和相关方提供了价值。与组织的环境方针相一致，环境管理体系的预期结果包括：提高环境绩效；履行合规义务；实现环境目标。

标准适用于任何组织，无论大小、类型和性质，并适用于从生命周期的角度考虑控制或影响组织的活动、产品和服务的环境影响。标准不对环境绩效做具体要求。

标准可用于整体或部分地改善环境管理。它的所有要求都被纳入组织的环境管理体系，才可以声称符合本标准。

二、主要术语

（1）相关方　能够影响决策或活动、受决策或活动影响，或感觉自身受到决策或活动影响的个人或组织。相关方可包括顾客、社区、供方、监管部门、非政府组织、投资方和员工。

（2）环境　组织运行的周围事物，包括空气、水、土地、自然资源、植物、动物、人，以及它们之间的相互关系。外部存在可能从组织内延伸到当地、区域和全球系统。外部存在可能用生物多样性、生态系统、气候或其他特征来描述。

（3）环境因素　一个组织的活动、产品和服务中与或能与环境发生相互作用的要素。一项环境因素可能产生一种或多种环境影响。重要环境因素是指具有或能够产生一种或多种重大环境影响的环境因素。重要环境因素是由组织运用一个或多个准则确定的。环境因素的描述（污染物排放、资源能源消耗）：名词＋动词，如：噪声排放；扬尘排放；污水排放；固废排放；电能消耗；钢材消耗。

（4）环境影响　全部或部分地由组织的环境因素给环境造成的有害或有益的变化。

（5）风险　不确定性的影响。影响指对预期的偏离——正面的或负面的。风险通常以事件后果（包括环境的变化）与相关的事件发生的“可能性”的组合来表示。

（6）风险和机遇　潜在的有害影响（威胁）和潜在的有益影响（机会）。

（7）环境目标　组织依据其环境方针制定的目标。

（8）参数　对运行、管理或状况的条件或状态的可度量的表述。

（9）环境绩效　与环境因素的管理有关的绩效。对于一个环境管理体系，可能依据组织的环境方针、环境目标或其他准则，运用参数来测量结果。例如：环境方针为降低噪声排放；环境目标为噪声排放达标；环境指标为：昼间≤70dB，夜间≤55dB。

（10）合规义务　组织必须遵守的法律法规要求，以及组织必须遵守或选择遵守的其他要求。合规义务是与环境管理体系相关的。合规义务可能来自于强制性要求，例如适用的法律和法规，或来自于自愿性承诺，例如组织的和行业的标准、合同规定、操作规程、与社团或非政府组织间的协议。

（11）生命周期　产品（或服务）系统中前后衔接的一系列阶段，从自然界或从自然资源中获取原材料，直至最终处置。生命周期阶段包括原材料获取、设计、生产、运输和（或）交付、使用、寿命结束后处理和最终处置。

（12）环境保护　国家采取有利于节约和循环利用资源、保护和改善环境、促进人与自然和谐的经济、技术政策和措施，使经济社会发展与环境保护相协调。环境保护坚持保护优先、预防为主、综合治理、公众参与、损害担责的原则。

（13）绿色建筑　是指为人们提供健康、舒适、安全的居住、工作和活动的空间，同时实现高效率地利用资源（节能、节地、节水、节材）、最低限度地影响环境的建筑物。绿色建筑是实现“以人为本”、“人·建筑·自然”三者和谐统一的重要途径，也是我国实施可持续发展战略的重要组成部分。

（14）组织　具有职责、权限和相互关系的一个人或一组人，以实现其目标。组织的概念包括，但不限于单位、公司、企业、权威、伙伴关系、慈善机构，或部分或组合，无论是否合并，公共或私人。

（15）环境管理体系　组织管理体系的一部分，用于管理环境方面的管理体系，以履行合规义务，并解决风险和机遇。

（16）文件化的信息　组织需控制或维持的信息及其载体。文件化的信息可以是任何形式或载体，并任何来源。文件化信息可能涉及：环境管理体系，包括其相关的过程；用于组织运行的信息（文件）；所达成结果的证据（记录）。

三、组织所处的环境

（一）理解组织及其所处的环境

1. 标准要求

组织应确定与其宗旨相关并影响其实现环境管理体系预期结果的能力的外部和内部问题。这些问题应包括受组织影响的或能够影响组织的环境状况。

2. 理解要点

组织在建立环境管理体系之前做好充分的准备，建立个性化的体系，以尽可能达到环境管理“预期结果”的目的。环境管理体系的预期结果是为环境、组织、相关方提供价值。

环境管理体系的“预期结果”包括三个方面：增强组织环境绩效、遵守法律法规的合规义务、实现组织的环境目标。为此，组织的内外部问题可从这三个方面考虑。

增强环境绩效是建立环境管理体系最主要的预期结果。环境绩效通常体现在预防污染、降低污染、治理污染、节能降耗等方面。

（二）理解相关方的需求和期望

1. 标准要求

组织应确定：与环境管理体系有关的相关方；这些相关方的有关需求和期望（即要求）；这些需求和期望中哪些将成为其合规义务。

2. 理解要点

环境利益相关方包括两方面：从组织的环境管理活动中获得利益，比如社区的邻居；另一类相关方会对组织的环境管理活动产生影响，比如行政监管。

组织环境管理涉及的相关方：顾客；股东、投资者；员工；外部供应商；政府监管机构；非政府环保组织；银行；社区邻居等。

不同相关方的需求和期望：

① 股东、投资者：管理影响投资收益的风险和机会；

② 客户、供方：共同面对环境问题和环境利益寻求合作；

③ 员工：安全、有益健康的工作环境；

④ 对外部供应商施加的环境保护影响；

⑤ 政府：良好的合规表现、良好的环境绩效；

⑥ 非政府组织：为实现 NGO 环境目标，寻求支持与合作；

⑦ 银行出于社会责任对组织要求；

⑧ 社区：可接受的环境表现，真实诚信的环境信息等。

（三）确定环境管理体系的范围

1. 标准要求

组织应确定环境管理体系的边界和适用性，以界定其范围。确定范围时组织应考虑：

① 内、外部问题；

② 合规义务；

③ 组织单元、职能和物理边界；

④ 活动、产品和服务；

⑤ 实施控制与施加影响的权限和能力。

范围一经确定，在该范围内组织的所有活动、产品和服务均须纳入环境管理体系。应保持范围的文件化信息，并可为相关方获取。

2. 理解要点

组织需建立有关的准则，评价并判定这些信息，对组织环境绩效或决策的潜在影响、利益相关方产生风险及机遇的能力、被组织决策或活动影响的能力等。一旦利益相关方认为自己的利益受到组织的决策和活动相关的环境绩效影响时，组织应充分考虑。

利益相关方的要求不是组织必须遵守的要求，除法律法规等强制要求外，由组织决定自愿接受或采纳。

环境管理体系范围界定一般需要考虑：

① 组织的行政办公区域（含组织各层次）；

② 生产、辅助生产、生活区域；

③ 组织单元（职能管理部门）、活动场所；

④ 组织可控制和可施加影响的；

⑤ 过程、产品和服务活动全生命周期。

（四）环境管理体系

1. 标准要求

为实现组织的预期结果，包括提高其环境绩效，组织应根据本标准的要求建立、实施、保持并持续改进环境管理体系，包括所需的过程及其相互作用。组织建立并保持环境管理体系时，应考虑组织获得的知识。

2. 理解要点

组织应根据实际情况，建立、实施、保持、改进环境管理体系。组织自主决定如何满足环境管理体系要求。建立一个和多个过程，包括过程之间的相互作用，以实现期望的结果。

组织应将环境管理体系融入各项业务活动，如设计和开发、采购、人力资源、生产、市场、销售、服务等。

四、领导作用

（一）领导作用与承诺

1. 标准要求

最高管理者应证实其在环境管理体系方面的领导作用和承诺，通过：

① 对环境管理体系的有效性负责；
② 确保建立环境方针和环境目标，并确保其与组织的战略方向及所处的环境相一致；
③ 确保将环境管理体系要求融入组织的业务过程；
④ 确保可获得环境管理体系所需的资源和领导作用；
⑤ 就有效环境管理的重要性和符合环境管理体系要求的重要性进行沟通；
⑥ 确保环境管理体系实现其预期结果；
⑦ 指导并支持员工对环境管理体系的有效性做出贡献；
⑧ 促进持续改进；
⑨ 支持其他相关管理人员在其职责范围内证实其领导作用。

2. 理解要点

标准对最高管理者共提出了9个方面的职责的要求。这些要求中有的要亲自参加，有的可委派授权，当委派授权时要保留确保这些活动得以实施的责任。

（二）环境方针

1. 标准要求

在确定的环境管理体系范围内，最高管理者应建立、实施并保持环境方针，方针应：
① 适合于组织的宗旨和所处环境，包括其活动、产品与服务的性质，规模和环境影响；
② 为制定环境目标提供框架；
③ 包括一项或多项保护环境的承诺，其中包含污染预防和其他与组织所处环境相关的特殊承诺；
④ 包括履行合规性义务的承诺；
⑤ 包括持续改进环境管理体系以提高环境绩效的承诺。

组织应对所确定的内外部利益相关方的需求有一总体了解。考虑其中的合规性义务和对有关知识的需求。

环境方针应作为文件化信息予以保持，在组织内得到交流，可为相关方获取。

2. 理解要点

环境方针由最高管理者制定，是组织在环境管理方面的宗旨和方向。三个承诺中，合规性义务承诺最为重要。方针的有关具体承诺应与组织所处的环境有关，包括地区的环境状况。

（三）组织的作用、职责和权限

1. 标准要求

最高管理者应确保为相关的岗位分配职责和权限，并在组织内沟通。最高管理者应为下述事项分配职责和权限：
① 确保环境管理体系符合本标准要求；
② 向最高管理者报告环境管理体系绩效，包括环境绩效。

2. 理解要点

最高管理者应确保组织内环境管理体系的有关职责和权限得到分配规定，并沟通职责之间的相互关系，尤其对环境有重要影响的岗位。

环境管理体系特定岗位的职责：
① 确保环境管理体系符合本标准要求；

② 向最高管理者报告环境管理体系的绩效。

可以指定“管理者代表”或委派给某一高层管理者或几个人共同承担。标准没有特定的对管理者代表的要求。

五、策划

（一）应对风险和机遇的措施

1. 总则

（1）标准要求　组织应建立、实施并保持满足要求所需的过程。策划环境管理体系时，组织应考虑：组织环境与需求提及的问题和要求；其环境管理体系的范围；并且，应确定与环境因素、合规义务、组织环境与需求中识别的其他问题和要求相关的需要应对的风险和机遇，以：

① 确保环境管理体系能够实现其预期结果；

② 预防或减少不期望的影响，包括外部环境状况对组织的潜在影响；

③ 实现持续改进。

组织应确定其环境管理体系范围内的潜在紧急情况，特别是那些可能具有环境影响的潜在紧急情况。

组织应保持：需要应对的风险和机遇的文件化信息；策划过程的文件化信息，其程度应足以确信这些过程按策划实施。

（2）理解要点　标准新增了风险管理要求，要求企业在实施环境管理时，应建立主动保护环境的意识，预防负面环境事件的出现。

强调了组织进行环境管理体系策划时，使用基于风险和机会的理念，通过考虑组织外部和内部对环境的要求，以及相关方对组织环境管理的需求和期望，来识别、确定组织环境管理体系的风险和机会。

与质量管理体系不同的是在识别风险和机会时，要考虑环境因素和合规性义务所带来的风险和机会。

紧急情况是非预期的或突发的事件，需要采取特殊应对能力、资源或过程加以预防或减轻其实际或潜在后果。紧急情况可能导致有害环境影响或对组织造成其他影响。

确定和应对风险和机遇不要求组织进行正式的风险管理或文件化的风险管理过程。组织自己确定选择用于确定风险和机会的方法。方法可涉及简单的定性过程或完整的定量评价，这取决于组织运行所处的环境。

识别出的风险是策划控制措施和确定目标输入的依据。在识别确定风险和机会后，组织应策划控制风险和利用机会的措施，并将措施纳入环境管理体系过程。

组织应根据自身情况确定应对风险和机会的文件化信息要求，并确保策划的安排有效实施。

2. 环境因素

（1）标准要求　在确定的环境管理体系范围内，组织应从生命周期的观点考虑，确定其活动，产品及服务中能够控制和影响的环境因素及相关的环境影响。确定环境因素时，组织应考虑：

① 变化，包括已计划的或新开发的、新的或修改的活动、产品和服务；

② 异常状况和可合理预见的紧急情况。

组织应采用已建立的准则确定具有或可能具有重大环境影响的因素，即重要环境因素。适当时，组织应在各层次和职能间沟通其重要环境因素。组织应保持以下内容的文件化信息：

① 环境因素及相关的环境影响；

② 用于确定其重要环境因素的准则；

③ 重要环境因素。

(2) 理解要点　该过程是建立环境管理体系的基础；对重要环境因素运行活动的控制是环境管理体系的主要内容、对重要环境因素控制的有效性是评价环境管理体系绩效的重要依据。

① 组织应从生命周期的观点考虑，充分识别环境因素及相关环境影响，并动态管理；

② 组织应建立判定重要环境因素的准则，确保重要环境因素确定的科学合理，有关信息在组织内进行沟通；

③ 保持标准要求的文件化信息。

从识别出的环境因素中评价出对环境具有或可能具有重大环境影响的因素，即重要环境因素，以确定解决环境问题的优先顺序。

识别环境因素时应要考虑现有的和潜在的环境因素，并从环境的多个角度进行考查，不能缺漏。一般而言，识别环境因素应考虑：三种状态、三种时态和六种类型。三种状态是正常、异常和紧急状态。三种时态是过去、现在和将来。八种类型包括：

① 向大气的排放　以粉尘、烟尘、有毒有害气体等污染因子形式排入大气；

② 向水体的排放　生活污水和工业废水的产生和排放对天然水体的污染和破坏等；

③ 废物或副产品　工业废物，特别是危险和有害废物的产生、收集、运输和处置；生活、办公废物的产生和排放及组织非预期产品的处理；

④ 向土地排放　化学物质（农药、化肥）、有害废物、重金属对土壤的污染；

⑤ 原材料与自然资源的使用　原材料的消耗、浪费，特别是不可再生物质的使用；

⑥ 释放的能量　如热、辐射、振动等；

⑦ 物理属性　如大小、形状、颜色、外观（视觉环境影响，与周围环境和自然环境的协调）；

⑧ 能源使用　煤、电、油、气的使用。

3. 合规义务

(1) 标准要求　组织应：

① 确定并获取与其环境因素有关的合规义务；

② 确定如何将这些合规义务应用于组织；

③ 在建立、实施、保持和持续改进其环境管理体系时必须考虑这些合规义务。

组织应保持其合规义务的文件化信息。

(2) 理解要点　合规义务包括组织须遵守的法律法规要求，及组织须遵守的或选择遵守的其他要求。识别的法规和其他要求的依据是识别的环境因素。

与组织的环境因素有关的强制性法律义务包括：

① 政府机构和其他相关权力机构的要求；

② 国际、国家和地方的法律法规要求；

③ 许可、执照和其他特许中规定的要求；

④ 管理机构颁发的命令、规定和指令；

⑤ 法院或行政的裁决。

其他要求：

① 与社会团体和非政府组织达成的协议；

② 与公共机构和顾客达成的协议；

③ 组织的要求；

④ 自愿性原则和业务规范；

⑤ 自愿性标志和环境承诺；

⑥ 与组织的合同和协议规定的义务；

⑦ 组织的或行业相关的标准。

4. 措施的策划

（1）标准要求　组织应策划：

① 采取措施管理其重要环境因素、合规义务、所识别的风险和机遇。

② 如何在其环境管理体系过程中或其他业务过程中融入并实施这些措施；评价这些措施的有效性。

当策划这些措施时，组织应考虑其可选技术方案、财务、运行和经营要求。

（2）理解要点　该条款是针对环境管理体系所采取措施的总的策划，应在组织的较高层次考虑，以管理其重要环境因素、合规义务，以及识别的、组织优先考虑的风险和机遇，以实现其环境管理体系的预期结果。

采取的措施可能有：针对重要环境因素建立目标，在体系的具体活动中确定指标绩效，选用适合组织的最佳技术方案，考虑符合法规要求应采取的措施、评价方案，绩效指标的实施效果。

（二）环境目标及其实现的策划

1. 环境目标

（1）标准要求　组织应在相关职能和层次上建立环境目标，此时应考虑重要环境因素及相关的合规性义务，此处还需要考虑组织的风险和机会。环境目标应：

① 与环境方针一致；

② 可测量（可行时）；

③ 被监视；

④ 得到沟通；

⑤ 适时更新。

组织应保留环境目标的文件化信息。

（2）理解要点　最高管理者可从战略层面、战术层面或运行层面来制定环境目标。战略层面包括组织的最高层次，其目标能够适用于整个组织。战术和运行层面可能包括针对组织内具体单元或职能的环境目标，应当与组织的战略方向相一致。即环境目标要在有关职能和层次分解，明确实现目标的责任。应尽可能将目标量化。

环境目标的制定和管理是体系的一项重要活动，目标实现是环境管理体系绩效和有效性的重要标志。制定环境目标和指标时应考虑：与方针一致；法律、法规和其他要求；组织的重要环境因素；经济上可行；相关方的观点；可测量、监控、交流、更新。

2. 策划实现环境目标的措施

（1）标准要求　当策划如何实现环境目标时，组织应确定：要做什么；所需资源；由谁负责；何时完成；如何评价结果，包括监视实现可测量的环境目标的过程所需的参数。

组织应考虑如何将实现环境目标的措施融入组织的业务过程。

(2) 理解要点　为完成组织的环境目标实现环境绩效，组织应策划采取的措施。措施的表现形式可以多样。采取的措施应具有可操作、可检查性。策划的措施应包括方法、资源、职责、时间、评价绩效五个方面的内容。

六、支持

(一) 资源

标准要求：组织应确定并提供建立、实施、保持和持续改进环境管理体系所需的资源。资源包括人力资源和特殊技能，基础设施，技术和财务资源。不同组织环境管理资源差别很大，应结合组织实际考虑。内部资源不足时，可由外部供方补充。

(二) 能力

标准要求：

① 组织应确定在其控制下工作，对组织环境绩效和履行合规义务有影响的人员所需的能力；

② 基于适当的教育、培训或经历，确保这些人员能够胜任工作；

③ 确定与其环境因素和环境管理体系相关的培训需求；

④ 适当时，采取措施以获得所必需的能力，并评价所采取措施的有效性。适当措施可能包括向现有员工提供培训和指导，或重新委派其职务，或聘用、雇佣胜任的人员。

组织应保留适当的文件化信息作为能力的证据。

(三) 意识

(1) 标准要求　组织应确保在组织控制下工作的人员意识到：

① 环境方针；

② 与他们的工作相关的重要环境因素和相关的实际或潜在的环境影响；

③ 他们对环境管理体系有效性的贡献，包括对提高环境绩效的贡献；

④ 不符合环境管理体系要求，包括未履行组织的合规义务的后果。

(2) 理解要点　考虑规定并实施如下活动：

① 基于适当的教育、培训和经验，确定从事具有重大环境影响人员的能力要求，确保其能胜任本岗位工作，如环保员、噪声测量人员、重要环境因素岗位人员等；

② 明确上述特定对象、确定有关的培训需求；

③ 适当时采取措施以使人员具备相应的能力并评价措施的效果。

组织应对与环境绩效和环境管理体系有关的人员，进行保护环境意识和专项技术技能两个方面的培训。

(四) 信息交流

1. 总则

标准要求：组织应建立、实施并保持与环境管理体系有关的内部与外部信息交流所需的过程，包括如下内容。

① 信息交流的内容；

② 何时进行信息交流；

③ 与谁进行信息交流；

④ 如何进行信息交流。

策划信息交流过程时，组织应：

① 考虑其合规性义务；

② 确保所交流的环境信息与环境管理体系内形成的信息一致且真实可信。

组织应对其环境管理体系相关的信息交流做出回应。

适当时，组织应保留文件化信息，作为其信息交流的证据。

2. 内部信息交流

标准要求：组织应在其各职能和层次间就环境管理体系的相关信息进行内部信息交流，适当时，包括交流环境管理体系的变更；确保其信息交流过程能够促使在其控制下工作的人员对持续改进做出贡献。

3. 外部信息交流

(1) 标准要求　组织应按其建立的信息交流过程的规定及其合规义务的要求，就环境管理体系的相关信息进行外部信息交流。

(2) 理解要点　信息交流使组织能够提供并获得与环境管理体系相关的信息，包括与重要环境因素、环境绩效、合规义务和持续改进建议相关的信息。信息交流是一个双向的过程，包括在组织的内部和外部。

环境管理体现的是组织的社会责任。应规定对外部交流的方式，建立报告制度，投诉台账，设立电话、回访、信函等形式，对来自利益相关方的负面感受和意见，组织应做出及时和明确的处理和回复。

（五）文件化信息

1. 总则

(1) 标准要求　组织的环境管理体系应包括：

① 本标准要求的文件化信息；

② 组织确定的为确保环境管理体系的有效性所需的文件化信息。

注：不同组织的环境管理体系文件化信息的复杂程度可能不同，取决于：

a. 组织的规模及其活动、过程、产品和服务的类型；

b. 证明履行其合规义务的需要；

c. 过程的复杂性及其相互作用；

d. 在组织控制下工作的人员的能力。

(2) 理解要点　环境管理体系的文件信息包括：标准要求的文件信息；组织确定的为确保体系有效性所需的文件信息（组织可针对透明性、责任、连续性、一致性、培训，或易于审核等目的，选择创建附加的文件化信息）。

2. 创建和更新

标准要求：在创建和更新文件信息时，组织应确保适当的识别和描述（例如标题、日期、作者或文献编号）、形式（例如语言文字、软件版本、图表）与载体（例如纸质、电子）、评审和批准，以确保适宜性和充分性。

3. 文件化信息的控制

(1) 标准要求　环境管理体系及本标准要求的文件化信息应予以控制，以确保其：

① 在需要的时间和场所均可获得并适用；

② 受到充分的保护（例如防止失密、不当使用或完整性受损）。

为了控制文件化信息，适用时，组织应采取以下措施：

a. 分发、访问、检索和使用；

b. 存储和保护，包括保持易读性；

c. 变更的控制（例如版本控制）；

d. 保留和处置。

组织应识别所确定的对环境管理体系策划和运行所需的来自外部的文件化信息，适当时，应对其予以控制。

（2）理解要点　对环境管理体系文件信息的创建和更新、评审、批准、发放、使用、修订、标识、保存、回收、作废、处置等活动，包括外来文件信息，进行管理。文件信息的作用：传递信息、沟通意图、统一行动；提供完成的活动和达到结果的证据。

七、运行

（一）运行策划和控制

1. 标准要求

组织应建立、实施、控制并保持满足环境管理体系要求以及实施六中（一）、（二）所识别的措施所需的过程，建立过程的运行准则，按照运行准则实施过程控制。

组织应对计划内的变更进行控制，并对非预期性变更的后果予以评审，必要时，应采取措施降低任何有害影响。

组织应确保对外包过程实施控制或施加影响。应在环境管理体系内规定对这些过程实施控制或施加影响的类型与程度。

从生命周期观点出发，组织应：

① 适当时，制定控制措施，确保在产品或服务设计和开发过程中，考虑其生命周期的每一阶段，并提出环境要求；

② 适当时，确定产品和服务采购的环境要求；

③ 与外部供方（包括合同方）沟通其相关环境要求；

④ 考虑提供与产品或服务的运输或交付、使用、寿命结束后处理和最终处置相关的潜在重大环境影响的信息的需求。

组织应保持必要的文件化信息，以确信过程已按策划得到实施。

2. 理解要点

确保保持和使用一定数量的、必要的文件化信息（运行准则、程序），对重要环境因素运行活动进行控制。对重要环境因素运行活动控制的程度和类型取决于：运行活动的特性、涉及的风险和机会、合规性义务。

运行控制的方法可考虑的内容：

① 考虑一个或多个预防失误的措施，以确保有效的结果；

② 使用技术方法（工程措施）预防不利的结果（操作方法、控制手段、法规要求、检测方法等）；

③ 使用有能力的人员确保实现预期的结果；

④ 按规定的运行准则要求实施；

⑤ 对运行活动进行监视和测量，以检验结果。

对于重要环境因素有关的运行活动建立运行准则，确保这些重要环境因素的运行活动得到有效的控制，实现环境管理绩效，减少负面环境影响。

（二）应急准备和响应

1. 标准要求

组织应建立、实施并保持对识别的潜在紧急状况做好准备和作出响应所需的过程。组织应：

① 通过策划措施做好响应的准备，以预防或减轻紧急状况的有害环境影响；

② 对实际发生的紧急状况作出响应；

③ 采取与紧急情况和潜在的环境影响相适应的措施，以预防或减轻紧急状况的后果；

④ 可行时，定期试验所策划的响应措施；

⑤ 定期评审和修改过程和策划的响应措施，特别是紧急情况发生后或试验后；

⑥ 适用时，向利益相关方，包括向在其控制下工作的人员，提供与应急准备和响应相关的信息和培训。

组织应保持必要的文件化信息，以确信过程按策划予以实施。

2. 理解要点

组织应确定应急准备和响应控制过程，识别可能出现的紧急情况，确定相应的控制措施，以预防、减少因事故向大气、水体或土地的污染物排放对环境和生态造成的影响。

应急准备和响应控制的管理流程：

① 确定潜在的事故和紧急情况，制订应急预案，配备资源；

② 紧急情况发生时做出响应，预防减少造成的环境影响；

③ 必要时，特别是事故后，要评审和修订该预案；

④ 可行时，定期演练上述预案。

紧急情况根据其对环境产生影响的严重程度，不同行业有很大不同。如：火灾、爆炸、台风、泄漏、严重环境事故等。

紧急情况是一种特殊类型的事件。应急预案是确定的控制措施失效情况所采取的补救措施和抢救行动，其目的是防止或减少上述情况引发的负面环境问题。

应急预案是可行动的文件，其具有很强的可操作性。组织应保证应急准备和响应所需资源。包括：建立应急组织机构，明确有关人员的职责、作用和权限，配备充足的应急设备设施，定期进行维护和检测，确保其持续有效。

对应急准备和响应人员和员工进行必要的培训，使其具备应急意识和能力。开展定期演习活动，提高人员应急意识和应急专项技能。保持必要的文件化信息，证实该过程的有效性实施。

八、绩效评价

（一）监视、测量、分析和评价

1. 总则

（1）标准要求　组织应监视、测量、分析和评价其环境绩效。组织应确定：

① 需要监视和测量的内容；

② 适用时，监视、测量、分析与评价的方法，以确保有效的结果；

③ 组织评价其环境绩效所依据的准则和适当的参数；

④ 何时应实施监视和测量；

⑤ 何时应分析和评价监视和测量结果。

适当时，组织应确保使用经校准或经验证的监视和测量设备，并对其予以维护。组织应评价其环境绩效和环境管理体系的有效性。

组织应按其建立的信息交流过程的规定及其合规义务的要求，就有关环境绩效的信息进行内部和外部信息交流。组织应保留适当的文件化信息，作为监视、测量、分析和评价结果的证据。

(2) 理解要点　组织应对环境绩效（通常体现在：预防污染、降低污染、治理污染、节能降耗等方面）的监测、分析和评价活动进行策划，包括监测内容、方法、准则（参数）、时机、监测评价人员、频次、记录、分析和评审等活动。

组织通过监测结果的分析和评价，评估组织环境绩效和体系的有效性。监测结果信息应在组织内外部进行沟通。

2. 合规性评价

(1) 标准要求　组织应建立、实施并保持评价其合规义务履行情况所需的过程。组织应：

① 确定实施合规性评价的频次；

② 评价合规性，必要时采取措施；

③ 保持其合规情况的知识和对其合规情况的理解。

组织应保留文件化信息，作为合规性评价结果的证据。

(2) 理解要点　组织可使用多种方法保持其对合规状态的认知和理解，但所有合规义务均需定期（不超过一年）予以评价。

评价应是全面的。评价的内容可有：行政许可的符合性、污染物排放与排放标准的符合性、环境行为的符合性。

如果合规性评价结果表明未遵守法律法规要求，组织则需要确定并采取必要措施以实现合规性，这可能需要与监管部门进行沟通，并就采取一系列措施满足其法律法规要求签订协议。协议一经签订，则成为合规义务。

环境管理体系“合规性评价”的证据可能有：

① 废弃物依法处置记录（建筑垃圾、危险废物）；

② 污染物排放的监测报告（废水、废气、噪声等）；

③ 节能降耗统计记录（万元产值消耗、节电、节水、节能）；

④ 危险化学品及消防管理记录（危化清单及其 MSDS、防火、防爆、防泄漏演习）等。

（二）内部审核

1. 总则

标准要求：组织应按计划的时间间隔实施内部审核，以提供下列环境管理体系的信息。

① 是否符合组织自身环境管理体系的要求和标准的要求；

② 是否得到了有效的实施和保持。

2. 内部审核方案

（1）标准要求　组织应建立、实施并保持一个或多个内部审核方案，包括实施审核的频次、方法、职责、策划要求和内部审核报告。

建立内部审核方案时，组织必须考虑相关过程的环境重要性、影响组织的变化以及以往审核的结果。组织应：

① 规定每次审核的准则和范围；

② 选择审核员并实施审核，确保审核过程的客观性与公正性；

③ 确保向相关管理者报告审核结果。

组织应保留文件化信息，作为审核方案实施和审核结果的证据。

（2）理解要点　组织应按 GB/T 19011 标准的要求和时间间隔进行内部审核，评价环境管理体系的符合性、有效性。

组织应对审核方案进行管理，确定审核的频次、方法、职责、实施要求和报告等活动，对内审活动事先进行策划。

考虑以往的审核结果时，应当考虑：以往识别的不符合及所采取措施的有效性；内外部审核的结果。

内审的目的是通过内审发现体系中的问题，内部审核所识别的不符合应采取适当的纠正措施。

（三）管理评审

（1）标准要求　最高管理者应按计划的时间间隔对组织的环境管理体系进行评审，以确保其持续的适宜性、充分性和有效性。管理评审应包括对下列事项的考虑：

① 以往管理评审所采取措施的状况。

② 以下方面的变化：与环境管理体系相关的内外部问题；相关方的需求和期望，包括合规义务；其重要环境因素；风险和机遇。

③ 环境目标的实现程度。

④ 组织环境绩效方面的信息，包括以下方面的趋势：不符合和纠正措施；监视和测量的结果；其合规义务的履行情况；审核结果。

⑤ 资源的充分性。

⑥ 来自相关方的有关信息交流，包括抱怨。

⑦ 持续改进的机会。

管理评审的输出应包括：

① 对环境管理体系的持续适宜性、充分性和有效性的结论；

② 与持续改进机会相关的决策；

③ 与环境管理体系变更的任何需求相关的决策，包括资源；

④ 环境目标未实现时需要采取的措施；

⑤ 如需要，改进环境管理体系与其他业务过程融合的机遇；

⑥ 任何与组织战略方向相关的结论。

组织应保留文件化信息，作为管理评审结果的证据。

（2）理解要点　管理评审是最高管理者的一项重要职责。管理评审的目的：评价体系的适宜性、充分性、有效性。

“适宜性”指环境管理体系如何适合于组织、运行、文化及业务系统。“充分性”指环境管理体系是否符合标准要求并适当地实施。“有效性”指是否正在实现所预期的结果。

管理评审的输出应包括环境绩效持续改进的决议和任何环境管理体系变更的需求，包括环境方针、目标和指标。

九、改进

（一）总则

标准要求：组织应确定改进机会实施必要的措施以实现环境管理体系的预期结果。组织采取措施改进时应当考虑环境绩效分析和评价、合规性评价、内部审核和管理评审的结果。改进包括纠正措施、持续改进、突破性变更、革新和重组。

（二）不符合与纠正措施

1. 标准要求

发现不符合时，组织应：

① 对不符合做出响应。

② 通过以下方式评价消除不符合原因的措施需求，以防止不符合再次发生或在其他地方发生：评审不符合；确定不符合的原因；确定是否存在或是否可能发生类似的不符合。

③ 实施任何所需的措施。

④ 评审所采取的任何纠正措施的有效性。

⑤ 必要时，对环境管理体系进行变更。

纠正措施应与所发生的不符合造成影响（包括环境影响）的重要程度相适应。

组织应保留文件化信息作为下列事项的证据：

① 不符合的性质和所采取的任何后续措施；

② 任何纠正措施的结果。

2. 理解要点

建立并保持过程，规定有关的职责和权限，对环境不符合进行评审与处置，采取纠正、纠正措施减少由此产生的影响。对出现的环境不符合项进行处置，包括：描述不符合事实、性质、处置方法、处置后的检查。

（三）持续改进

1. 标准要求

组织应该持续改进环境管理体系的适宜性、充分性和有效性，以提升环境绩效。

2. 理解要点

该条款是综合性要求。组织使用有关的管理工具通过环境绩效的监测、环境目标的管理、采取的纠正措施、环境管理体系的审核、管理评审等活动的分析，评价环境管理体系的有效性、效率，寻找体系的改进机会，实施改进措施，不断提高环境绩效。持续改进的范围、层级、时限由组织确定。

第三节　企业环境管理体系建立

一、领导决策与准备

环境管理体系是组织全面管理体系的组成部分，它的建立与实施需要投入人、财、物等各种资源，因此，需要得到最高管理者的明确承诺和支持。最高管理者任命环境管理者代表，授权其负责建立和维护体系，并向其汇报体系情况。组织组建一支精干的环境管理工作组，在管理者代表的领导下，通过国际标准、环境知识、环境法律等培训，建立企业的环境管理体系。

二、初始环境评审

初始环境评审是组织明确环境管理现状的手段，其结论是建立环境管理体系的技术基础和前提条件。管理者代表和工作组应精心策划和实施评审，充分调动发挥各部门的积极性和作用，广泛收集信息资源，编制评审报告。初始环境评审的内容主要包括如下方面。

① 明确组织应遵守的与环境相关的法律法规标准及其他要求，对组织的环境表现进行评价，确定改进的需求和可能性。

② 利用产品生命周期分析的思想，分析组织产品、活动和服务中可以控制和可能施加影响的环境因素，评价出重要环境因素，以作为改进和控制的对象；环境因素评价示例如表 3-3。

表 3-3　某公司环境因素评价

序号	场所（部位）	活动过程	物质（有害成分）	污染类别	现行控制措施	评分结果				
						A	*B*	*C*	*D*	*P*
1	烟囱	发电过程	SO_2 排放	废气	控制燃煤含硫率、脱硫、符合浓度及总量要求	8	9	9	8	5184
2	烟囱	发电过程	烟尘排放	废气	静电除尘、符合浓度及总量要求	8	6	7	6	2016
3	烟囱	发电过程	NO_x 排放	废气	脱硝、符合浓度及总量要求	4	7	9	2	504
4	循环水排水	加氯灭菌	次氯酸钠	废水、废气	根据规定控制加药量	3	4	3	2	72
5	循环水排水	冷凝器热交换	水体温升	热污染	符合环评要求	3	5	8	2	240
6	集控室、巡检室	运行值班	噪声	噪声	双层门窗、增强隔音效果	8	1	2	3	48
7	空气预热器	密封不严、烟气外漏	粉尘	粉尘		8	1	2	2	32

续表

序号	场　所（部位）	活动过程	物质（有害成分）	污染类别	现行控制措施	评分结果				
						A	B	C	D	P
8	安全门	紧急排汽（异常状况）	噪声	噪声	异常情况、尽量避免	8	3	1	8	192
9	燃油泵房	运行中	含油污水	废水	含油污水集中到污水处理站处理	7	1	2	2	28
10	生产场所	转动机械冷却	含油污水、噪声	废水、噪声		7	1	5	2	70
11	空压机房	运行中	含油污水	废水		7	1	3	2	42
12	生产场所	机械设备检修	含油污水	废水		7	1	2	2	28

注：A 为资源消耗，B 为处理费用，C 为废物量，D 为废物毒性，P 为综合值，$P=ABCD$。

③ 收集、分析和评审组织现有与环境相关的管理制度、职责、程序、惯例等信息资源和文件，与 ISO 14001 标准要求对照，确认有益合理成分，以作为环境管理体系的基础。

④ 对以前的环境条件和市场信息进行分析评审，以避免环境风险，争取竞争优势。

三、体系策划与设计

依据评审结论，结合组织战略和实力，组织进行如下策划活动：

① 由最高管理者制定和签署环境方针，环境方针应明确承诺遵守法律法规，承诺持续改进和污染预防，指明总体环境目标指标的架构；

② 制定尽可能量化和分层次的环境目标、指标，同时符合环境方针的承诺，以及考虑重要环境因素、法律法规要求、技术和财务自行性及相关方的要求；

③ 制定确保目标、指标实现的环境管理方案，明确职责、时限和方法措施；

④ 建立和明确环境管理组织机构和职责权限。

四、体系文件编制

环境管理体系遵循如下思路，“写出组织要做的，做组织所写的，记组织已做的”。管理者代表领导和策划环境管理体系文件的编写过程。充分利用初始环境评审的结论，对现有体系及其文件进行彻底的清理，保留有用合理成分（包括 ISO 9000 体系中相关文件的采用），将无用文件予以失效处置。组织采用 ISO 10013 标准推荐的模式编制体系文件。体系文件可分为手册、程序文件、作业文件、报告记录四个层次。除了满足 ISO 14001 标准要求，体系应保障文件的适用性、有效性、可操作性以及文件间及不同活动和职责间的接口关系。通常手册和程序文件由体系工作组草拟，第三层次的作业文件由相关部门的专业人员编制。各类文件应经过文件使用者的充分评审，甚至让使用者代表参与编写过程。

五、体系试运行

环境管理体系试运行与正常运行无本质区别，均按体系文件去实施，并记录运行结果。所不同的是，体系刚建立时需改进的问题相对较多，需要通过体系自身运作完成。体系文件

一旦编制完成，

① 最高管理者亲自启动环境管理体系，各层次管理者策划各部门的体系运作；

② 对各层次的体系文件使用者实施分层次的环境管理体系文件培训；

③ 对 ISO 14001 环境管理体系实施全面运作。

六、体系内部审核和管理评审

环境管理体系经过一段时期试运行，管理者代表组织培训合格的内审员实施内部审核。内审按标准要求有计划、程序化、文件化地进行，审核环境管理体系文件的完整性、一致性，与 ISO 14001 标准的符合性，审核环境管理活动是否满足体系文件有关计划安排和标准要求，审核体系是否得到正确实施和保护，审核结果形成文件并报送最高管理者。环境管理体系内部审核方案、内部质量环境安全管理体系审核计划、审核检查表、内部审核不符合报告单、内部审核报告等示例分别如表 3-4～表 3-8。

表 3-4　某公司环境管理体系内部审核方案

1. 目的

核查本公司环境管理体系能否有效运行。

2. 准则

本次审核遵循的准则包括下列文件：

(1)ISO 14001:2015 环境管理体系标准。

(2)环境管理体系手册及所附文件。

(3)《中华人民共和国食品卫生法》《危险化学品安全管理条例》。

3. 范围

本次环境管理体系内部审核的范围包括：

公司办公大楼；生产场所；食堂；仓库及绿化地带；车队及清洗；废品仓库及处理过程。

4. 时间

环境管理体系内部审核安排在 2016 年 7 月 16 日进行，管理者代表将在 6 月组织审核小组，由审核小组实施审核。

5. 方法

按照《质量、环境、职业健康安全管理体系内部审核程序》文件规定。

编制人：×××　　　　审核人：×××

日期：　　　　日期：

表 3-5　某公司内部质量、环境、安全管理体系审核计划

1. 审核目的

(1)审核各个过程、活动的实际运作是否按照公司体系文件化的程序进行，是否符合 ISO 14001:2015 标准的相关要求，实施是否有效。

(2)跟踪检查认证机构上一次外部审核中发现的问题是否得到改进。

(3)识别的危险源是否能有效地预防安全事故。

2. 审核依据

(1)ISO 14001:2015 环境管理体系标准。

(2)适用的法律、法规，产品质量标准，污染物排放标准。

(3)本公司质量管理体系、环境管理体系和职业健康安全管理体系的文件。

(4)与质量、环境和职业健康安全管理相关的公司其他规定。

续表

3. 审核领域、时间、人员

审核领域	审核时间	审核人员	备注
总经理、人事	3月25日下午	A、B	
研究和开发	3月26日上午	A、B、C	
计划和采购	3月26日下午	A、E	
生产工厂	3月27日上午	B、E、D	
工程部、仓库	3月27日下午	B、C	
品质部	3月28日上午	B、C、E	

注:上午9:00～12:00,下午13:30～16:30

审核组成员:

组长:×××(A)

组员:×××(B)、×××(C)、×××(D)、×××(E)

4. 要求

(1)审核人员事先做好审核准备,准时按计划到受审核领域执行审核任务;

(2)各审核员所在部门安排好工作,使内审员安心审核;

(3)受审核领域的部门负责人应在场接待审核人员

表3-6 某公司污水处理站审核检查

受审核部门:污水站		审核准则:ISO 14001	审核时间:×年×月×日	审核人:×××	
序号	标准要求	检查要点	检查事项及方法	审核结果	备注
1	5.3	环境职责	与污水站负责人交谈,询问其职责		
2	6.1.2	环境因素和重大环境因素	查环境因素和重大环境因素清单,现场确认有无遗漏		
3	6.1.3	法律法规及其他合规义务	询问员工是否清楚有关法律法规,查法规清单是否列入,现场是否有相关文件		
4	6.2	环境目标及其实现的策划	查该站目标指标文件,看内容是否合适,实现情况如何。查管理方案是否合适,是否评审,实施情况如何		
5	7.2、7.3	能力、意识	抽查人员培训记录、了解培训情况,询问部分人员是否了解本岗位的环境因素及控制要求		
6	7.5	文件化信息	抽查现场文件,看是否经过评审,有无无效版本。询问管理程序,确认文件是否按照程序管理,保管是否良好		
7	8.1	运行策划和控制	现场观察、查看运行记录,询问操作程序,确认运行是否按照文件规定操作		
8	8.2	应急准备和响应	查有无文件规定,询问操作人员设备发生故障时如何处理,是否经过应急培训,是否经过应急训练		
9	9.1	监视、测量、分析和评价	询问要对哪些环境因素进行测量,环境因素如何测量?查看文件有无规定,抽查近6个月的监测记录,了解是否有超标排放情况,抽查监测仪器是否经过校准,查看校准记录		
10	9.1.2	合规性评价	查是否对法律法规及其他要求的符合情况进行了评价,查合规性评价的记录		
11	10.2	不符合与纠正措施	查看半年内该污水站的纠正措施报告,了解纠正措施的实施情况,查阅内审报告,内审提出的问题是否采取了纠正措施,效果如何		
12	7.5.3	文件化信息的控制	在抽查记录中,查看记录填写是否完整、正确,字迹是否清楚,记录保管是否完好		

表 3-7 某公司环境管理体系内部审核不符合报告单

<table>
<tr><td>受审核部门：安全质量部</td><td>审核时间：2016 年 7 月 16 日</td></tr>
<tr><td>审核标准：ISO 14001：2015</td><td>审核员：×××</td></tr>
<tr><td colspan="2">不符合事实描述：
本公司《SJW-15—2003 场内噪声监测控制程序》7.6.2 条规定，安全质量部每 10 个月应对振动设备的运行进行例行监测，审核员要求提供三个月来的运行记录，但该部专业负责人不能提供此项监测记录，该部部长也证实未进行过噪声监测。
审核员（签字）：××× 时间：</td></tr>
<tr><td colspan="2">不符合条款：
1. 不符合 ISO 14001：2015《环境管理体系要求及使用指南》中的要求；
2. 环境管理体系文件 SJW-15—2015 条款 7.6.2。
不符合性质：一般
原因分析：
1. 虽然程序文件规定了定期进行噪声监测，但思想上不够重视；
2. 原计划订购的震动监测仪，至今未到货。
拟采取的纠正措施：
1. 安全质量部组织本部门人员学习环境管理体系文件，进一步明确噪声监测要求并制订监测计划；
2. 与后勤部联系，催促振动监测仪到货。
受审核方负责人（签名）：××× 时间：</td></tr>
<tr><td colspan="2">再次审核时对纠正措施的评价：
1. 安全质量部已于 7 月 20 日组织了学习，部长主持，全体人员参加，查证了学习记录；
2. 该部制订了学习计划，确定了监测人员；
3. 震动监测仪已到货，已在 5 月份实施了监测。
经验证有效。
验证人（签名）：××× 时间：</td></tr>
</table>

表 3-8 某公司环境管理体系内部审核报告

<table>
<tr><td>性质</td><td>2016 年第二次审核</td><td>审核日期：</td><td>2016.05.15—2016.05.17</td><td>报告日期：</td><td>2016.05.20</td></tr>
<tr><td colspan="6">1. 审核目的
检查公司环境管理体系自实施以来的运行状况，评价所建立的环境管理体系的符合性、有效性和适宜性，考核方针目标的实现程度，准备迎接认证机构的监督审核。
2. 审核范围
公司管理体系覆盖的发电生产运行、维护、检修的全部过程、部门、车间、场所</td></tr>
<tr><td>3. 审核准则</td><td colspan="5">□ISO 14001：2015 □管理体系文件 □相关法律法规</td></tr>
<tr><td colspan="6">4. 审核概述
本次环境管理体系审核共审核了 7 个部门，12 个分部门及最高管理者。现场采用了抽样审核的方式，查阅了有关文件记录 140 余份，与 20 多位员工进行询问、交谈和现场观察，获取了大量客观证据。对照审核准则，形成审核发现。本次审核共开出一般不符合 4 项，严重不符合 0 项</td></tr>
<tr><td colspan="6">5. 综合评价
公司按照 ISO 4001—2015 标准的要求，积极推进环境管理体系的建立，体系具有火力发电企业的运行特点，有较强的可操作性。公司所识别的环境因素全面、准确，所确定的 6 个重要环境因素通过目标、指标、管理方案、运行、应急预案得到有效控制。员工的环保意识、守法意识得到提高，公司的三重监控机制已初步建立，节能降耗达标，得到市环保局的认可，体系运行有效，已具备外部认证审核的条件</td></tr>
<tr><td colspan="6">6. 存在的问题
（1）部分员工对标准和体系文件学习不够，理解不深
（2）沟通力不够，部分员工对环境方针说不清
（3）环境监测记录不够清晰</td></tr>
</table>

续表

<table>
<tr><td colspan="3">7. 建议和要求
(1)进一步加大对标准和体系文件的学习,保持各项记录
(2)对开出的不符合应该在规定的时间内予以解决</td></tr>
<tr><td>8. 分发范围</td><td colspan="2">各位总经理、管理者代表、各部门</td></tr>
<tr><td>9. 管理者代表(签字)</td><td>×××</td><td>日期:</td></tr>
<tr><td>10. 审核组长(签字)</td><td>×××</td><td>日期:</td></tr>
</table>

最高管理者组织中层管理者对内审结果、目标指标完成情况、环境管理体系改进的可能性和需要等进行评审，以确保环境管理体系持续适用，充分和有效。

至此，环境管理体系已完成一轮 PDCA 循环。组织在实施改善的同时，环境管理体系进入了新一轮循环。环境管理体系建立以后，组织可以委托认证机构实施第三方认证审核。

第四节　环境管理体系审核

一、审核

审核是指为获得审核证据并对其进行客观评价，以确定满足审核准则的程度所进行的系统的、独立的并形成内部文件的过程。

（一）审核类型

根据审核的实施者和目的的不同，管理体系审核可分为第一方审核、第二方审核和第三方审核。

第一方审核又叫内部审核，是组织自己或以组织名义进行的审核。这种审核是组织建立的一种自我检查、自我完善的系统活动，可为管理评审和纠正、预防或改进措施提供信息。用于管理评审和其他内部目的，可作为组织自我合格声明的基础。在许多情况下，尤其在小型组织内，可以由与受审核活动无责任关系的人员进行，以证实独立性。

第二方审核是一个组织为了选择和评价合适的利益合作方，在合同签订前或依合同要求，由该组织的人员或其他人员以该组织的名义对合作方进行的审核。

第三方审核是由独立于受审核方且不受其经济利益制约的第三方机构，依据特定的审核准则，按规定的程序和方法对受审核方进行的审核。在第三方审核中，由国家认可的认证机构依据认证制度的要求实施的以认证为目的的审核，又称为认证审核。

在上述三种审核类型中，第三方认证审核的客观程度最高，因此，第三方认证审核往往被认为具有权威性、公正性、客观性的审核，具有最高的可信度。

当质量管理体系和环境管理体系一起审核时，称为“结合审核”。当两个或两个以上审核组织合作，共同审核同一个受审核方时，这种情况称为“联合审核”。

（二）审核流程

环境管理体系审核流程如图 3-2 所示。

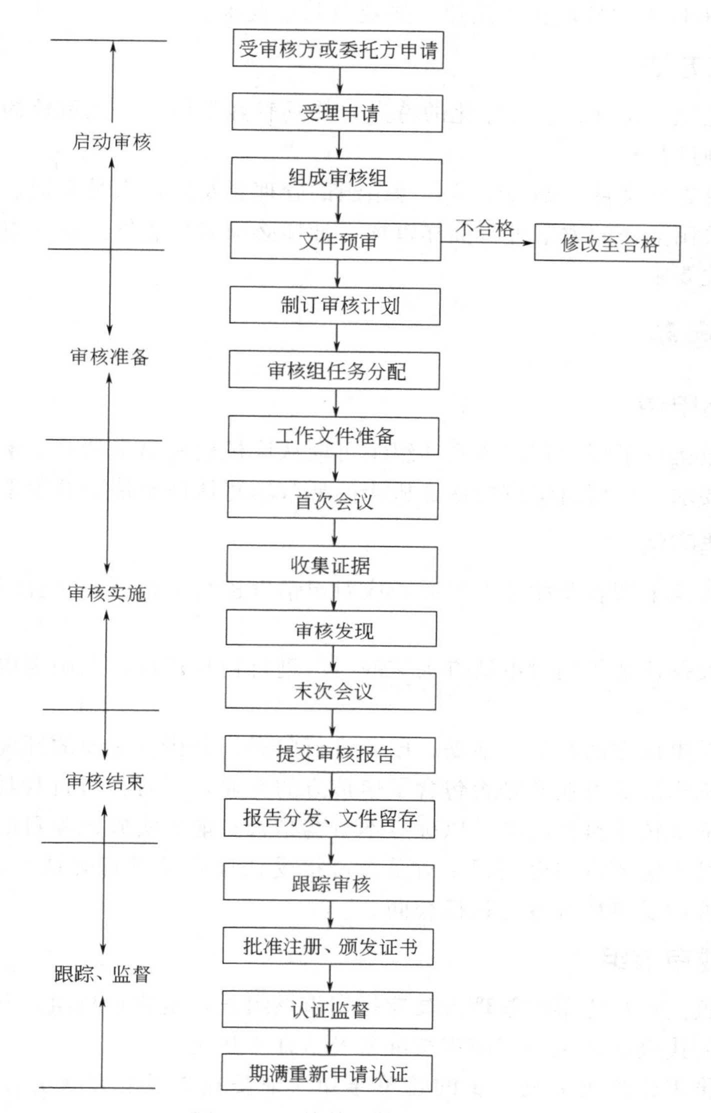

图 3-2　环境管理体系审核流程

（三）审核对象及目的

审核的对象是组织的环境管理体系。

审核的目的在于通过审核判断受审核方环境管理体系的符合性及有效性；以便找出差距与不足，使环境管理体系得以不断改进，从而实现环境绩效的改善，其根本目的在于促进环境保护，同时促进环境与经济的协调发展。

（四）审核准则

审核是一个客观获取审核证据，并对照审核准则进行判断的过程。

审核准则一般有以下三部分：

① ISO 14001 标准，该标准应是最新有效版本；

② 受审核方建立的环境管理体系文件；

③ 适用于受审核方的环境保护法律、法规及其他要求。

（五）审核方法

审核具有系统化、文件化、程序化的特点，并具有客观性，因此审核的方式也必须按照规定的程序和规则进行。

审核一般通过查阅文件、调阅记录、与组织的管理者及操作人员面谈、问卷及现场观察等方式进行。可采用抽样的方案进行抽样审核，抽样必须有代表性。认证审核必须满足认证与认可制度的有关要求。

二、审核启动

（一）提出申请

已建立并有效运行了环境管理体系的组织可向认证机构提出申请并了解认证机构的审核程序及其他有关要求。申请组织应按认证机构的要求填写认证申请表并附上相关材料。

（二）受理申请

认证机构在接到申请表及相关材料后，应对申请方进行申请评审及合同评审，以确定是否可以受理申请。

申请评审一般是认证机构对申请方提交的材料进行初步评审，以确定申请方已具备申请认证的条件。

合同评审是对申请方的产品、活动、服务进行归类，分析其主要的环境因素，确定其专业类别，判断本机构的认可业务是否包含了申请方的专业，同时分析自身具备的审核资源与能力是否满足认证审核项目的需求，以确定本机构是否有能力实施该项目的审核认证工作。

认证机构通过申请评审与合同评审对是否可接受认证申请进行确认，如果申请被接受，则应与认证委托方或受审核方签订认证合同。

（三）组成审核组

认证机构中负责审核方案的管理人员应指定审核组长，组建审核组，并将相关的资料移交给他们，由他们代表认证机构实施审核准备及认证审核工作。

认证机构应将审核组成员及组长的名单通知认证委托方及受审核方，以便得到他们的确认。

（四）决定审核范围

组织向认证机构提出环境管理体系审核申请并填写申请书及有关文件，审核机构在接到审核申请后，应首先明确和决定审核范围。因为审核范围决定着审核的内容和区域，其中包括实际位置、组织活动报告方式。

审核范围一般应包括以下内容：

① 受审核组织的名称和实际位置；

② 受审核组织的活动、产品、服务和有关的环境因素；

③ 审核所依据标准或法律、法规要求；

④ 环境管理体系审核结果的报告方式。

审核范围应由委托方和审核组长协商决定。通常还要征求受审核方的意见。提供给审核使用的资源应能满足审核范围的需要。

三、现场审核准备

（一）文件预审

在审核开始前，审核组应审阅受审核组织的文件以判定文件是否充足，体系是否正规，并尽可能多地掌握有关信息使审核能有计划进行。预审的文件包括：环境方针、目标和指标、环境管理方案、记录或为实现环境管理体系要求所编的其他文件。至少在开始前六周确定审核时间和范围，并要求提前准备所需文件。

文件预审可能涉及的文件举例：环境管理体系手册；管理组织的机构图；以前的环境审核报告；环境紧急事故计划；各类污染物排放及处理许可证；从执法机构得到的文件；现场搬运化学物品或污染物质的程序及文件；表明有害物质控制法规实施情况和评价记录；系统采用的废物处理或循环的文件；废物处置合同；对下水管道的合同规划及蓝图；作业现场的下水道规划；有关的废物材料清单；特殊的废物清单；现场贮存的化学物质清单；有关土壤污染的调查报告；噪声的调查及报告。

（二）审核计划

审核计划的制订，应保证使之能根据审核中得到的信息适当调整重点及保证资源的有效利用。

审核计划应包括：

① 审核目的与范围。

② 审核准则。审核准则是审核员用以作为参照与所收集的审核证据进行比较的标准、法律、法规、手册程序或其他要求。审核目的与范围决定审核准则的选取。

③ 受审核方待审核的组织和职能部门名称。

④ 受审核方组织中对其环境管理体系负有直接重大责任的职能部门和人员。

⑤ 确定受审核方环境管理体系中应予重点审核的要素。

⑥ 对受审核方环境管理体系中待审核的要素的审核程序。

⑦ 引用的文件。

⑧ 安排审核活动的时间表。

⑨ 现场审核的日期和地点。

⑩ 审核组成人员及资格和分工情况。

⑪ 与受审核方管理者举行会议的日程表。

⑫ 审核机构对受审核方委托方的保密承诺。

⑬ 审核报告的内容、审核报告的分发日期和范围。

⑭ 审核过程的工作文件、表格、记录、草稿和最终报告留存要求。

（三）审核组任务分配

在审核组中，应根据需要对每个审核员落实负责审核的具体环境管理体系要素、职能或活动。并明确其应遵循的审核程序。由审核组长分配审核组内任务及对组内任务分配作出变更。

（四）工作文件

工作文件反映审核员在审核过程中使用的文件、表格和记录。包括：

① 支持审核证据的文件化表格，如现场审核结果记录表；
② 支持审核发现的文件化表格，例如不合格报告表或不符合报告表；
③ 用于评价环境管理要素的程序和检查表。检查表是进行审核准备的一项重要内容。

四、现场审核实施

（一）首次会议

首次会议是审核组全体成员与受审核方的领导及有关人员共同参加的会议。会议由审核组长主持。参加会议的人员应签到。首次会议的目的是：
① 向受审核方管理者介绍审核组成员；
② 确认审核范围、目的和计划，共同认可审核进度表；
③ 简要介绍审核中采用的方法和程序；
④ 在审核组和受审核方之间建立正式联络渠道；
⑤ 确认已具备审核组所需的资源与设备；
⑥ 确认末次会议的日期和时间；
⑦ 促进受审核方的参与；
⑧ 对审核组现场安全条件和应急程序的审查。
首次会议的地点最好在受审核方所在地举行。

（二）收集审核证据

首次会议结束后，即按审核计划进行审核，并按事先准备好的检查表具体实施。收集充足的审核证据，以便判定受审核方的环境管理体系是否符合环境管理体系的审核准则。通过面谈、文件审阅和对活动与状况的观察来收集证据。应对不符合环境管理体系审核准则的表现作出详细记录。在环境管理体系的审核中，可分管理审核和现场审核两个方面。

1. 管理审核

主要审核组织的总体方针和策划，需要审核的问题包括：
① 管理者对环境管理体系的理解和承诺；
② 管理者对环境问题的了解；
③ 管理者对环境法律和法规的了解；
④ 对管理者及员工提供环境培训的情况；
⑤ 内部和外部环境信息交流。

2. 现场审核

使审核员有机会直接和工作人员接触交谈，以确定他们对环境管理体系的理解，同时提供了识别潜在环境问题的机会，现场审核不仅要掌握明显的污染源，而且要对不明显的污染源及具有环境风险的活动和情况都能敏锐地觉察到。应仔细询问和调查这些污染源和有关活动以评价其影响，是否有效得到控制。

现场审核中对一些关键性的问题应进一步追踪审核，在对环境管理体系审核时可按体系的核心因素来追踪。当考虑产品或工艺的环境影响时，可对产品生命周期评价这种环境管理方法进行审核。在审核中除了通过面谈、观察和审阅文件等方法来收集证据外，还应充分利用有关事实的可验证的信息来源如测量结果以取得支持信息，并应对现场审核所获得的大量数据的准确性和恰当性进行分析评价。审核组应对受审核方环境管理体系活动中的有关抽样方案的依据和程序进行审查，以确保受审核方环境管理体系活动部分的抽样和测量过程的有效控制。

（三）审核发现

应当对照审核准则评价审核证据以形成审核发现。审核发现能表明符合或不符合审核准则。当审核目的有规定时，审核发现能识别改进的机会。审核组应当根据需要在审核的适当阶段共同评审审核发现。

审核组应对所有审核证据进行评审，不够确实或不够明确、不可验证的信息、记录或陈述不能作为审核证据。将收集的审核证据与审核准则进行比较以确定环境管理体系在哪些方面不符合审核准则。确保属于不符合的审核发现，清晰、明确地形成文件，并有相应审核证据。

审核员一旦发现了不符合的事实，就应向受审核部门的代表反映。应与受审核方的有关负责人共同评议审核发现，以确认所有造成不符合的事实基础。要求受审核方代表表明对所述事实的确认。对不符合情况的说明应易于理解，不仅使参与审核的人，也要使未参与审核的人理解。对不符合所采取的纠正措施经常要求那些不在审核现场的人予以实施。

1. 不符合的主要表现

不符合通常有以下三种情况。

（1）体系性不符合　体系文件与相应管理体系标准或有关法规、合同的要求不符合。

（2）实施性不符合　没有按体系文件的规定执行。

（3）效果性不符合　虽然按文件执行了，但缺乏有效性，没有达到目标要求。

2. 不符合性质的判定

（1）严重不符合　构成严重不符合包括体系运行出现系统性失效；体系运行出现区域性失效；体系运行后仍然造成了严重的环境危害；缺少重要的过程/条款运行的有效证据；需较长时间、较多人力、物力才能纠正。

（2）一般不符合　对满足环境管理体系要素或体系文件的要求而言，是个别的、偶然的、孤立的性质轻微的问题；对系统不构成严重影响，不会造成严重环境影响；对体现有效性而言是一个次要问题。如果存在大量的一般不符合，综合考虑这些一般不符合时，可以导致体系的失误，由此可能产生一个严重不符合。

（3）观察项　主要指以下情况：存在问题但证据不足，需提醒注意的事项；已发现问题苗头，但尚不能构成不符合，如发展下去有可能构成不合格事项。观察项不列入不符合报告，也不列入最后的审核报告。

3. 不符合的判定准则

不符合的判定应遵守如下准则。

（1）最贴近原则　先判定不符合组织体系文件的哪一条，再判定不符合标准的哪一条，与标准规定的哪一条最贴近，就判定哪一条。

（2）自上而下原则　先确定不符合标准的大条款，再确定具体的小条款。

（3）最有效原则　如果同一问题可判定几个条款，就要看判定哪一条款对组织改进管理体系最有效，就判定哪一条款。

（4）最直接原则　要通过追踪审核，从结果去找造成问题的原因，是哪方面的问题就判定相应的条款。

4. 不符合项报告的形成

不符合项报告的形成必须以客观事实为基础；必须以审核准则为依据；对产生不符合的原因要进行分析，找出体系上存在的问题；形成不符合项前，审核组要充分讨论，互通情况，统一意见；与受审核方共同评审不符合。

5. 不符合项报告内容

不符合项报告内容包括：受审核方名称；不符合事实描述；不符合性质判定；不符合ISO 14001标准的条款号或不符合体系文件的编号；审核员姓名及开具日期；受审核方代表确认。

（四）审核组会议

审核组在收集审核证据，确定审核发现的基础上应作进一步分析判断，论证审核结果和作出审核结论。在审核实际进程完成之后，末次会议之前应该举行一次审核组会议，综合分析不符合情况，对环境管理体系的运行状况作出判断，作出审核结论，并为末次会议和总结报告做好准备。对受审核方的环境管理体系的审核结论应以审核目标为依据来进行。

审核组长召开审核组会议时必须注意以下几点：

① 审核组长主持；

② 仅允许审核小组成员出席；

③ 集中各种不符合情况；

④ 回顾所有的不符合情况；

⑤ 审核组长准备总结。

（五）末次会议

末次会议由审核与受审核方的管理者和受审核部门的负责人出席，末次会议主要目的是向受审核方介绍审核发现，能使之清楚地理解和认识审核发现的事实。审核组长主持会议，并按照在审核组会议上准备好的程序进行。

会议程序和内容如下：

① 审核组长或审核员应传阅由每位参加会议者签到的列有姓名和职位的会议记录；

② 审核组长应代表全体审核组成员对企业在审核过程中的协作表示感谢；

③ 重申审核目的和范围；

④ 报告审核情况、正式上报的概要及送交被审核方的结果；

⑤ 申明审核是一种抽样的过程；

⑥ 宣读不符合情况；

⑦ 作出审核结论；

⑧ 所有的不符合项应征得被审核部门认可；

⑨ 受审核方的说明；

⑩ 结束。

（六）例外的情况

1. 企业主要成员未出席会议

末次会议是在审核进行以前就同受审核方讨论并征得其同意的。末次会议要求企业选派高层次人员代表参加。如果已安排高层人员出席会议，但是还未到场，应等待其到会，审核小组组长可以稍微推迟会议。推迟了一段合理的时间后，不论是谁出席，审核组长即可宣布开会。任何情况下均不能取消会议。

2. 记录不符合项后，已采取了纠正措施

一些一般不符合项将能够比较容易而且较快地得到纠正，审核组长对已采取的有效的纠正措施表示满意，那么不符合项将被注明“被消除”，但是在审核过程中所发现的不符合项的事实仍将保留在报告中。

3. 审核提出的大量证据显示没有不符合情况

在审核中提供不符合项时，就应取得作为依据的审核证据。如果证据表明没有不符合项，应将此结果批注于报告中。

4. 受审核方希望延长末次会议

如果已对不符合项进行了讨论，而且对纠正措施已做出承诺，那么末次会议可结束。

五、审核报告

（一）编写审核报告

审核报告是在审核组长指导下编写的，审核组长对审核报告的准确性与完整性负责。审核报告涉及的项目应为审核计划中所确定的。内部审核报告不需要达到外部审核报告的文件化深度，但可以对纠正措施提出建议。内部审核报告有时在进行末次会议时编写。

（二）审核报告内容

完成认证审核后，审核组织应组织编写审核报告，概述审核工作及受审核方环境管理体系的总体情况，总结审核发现，并形成结论性意见，提出是否推荐认证。审核报告提交后，该次审核视为完成。

审核报告由审核组长注明签发日期并予署名。审核报告应包含审核发现或其概要，并辅以支持证据。根据审核组长和委托方的协议，报告中还可包含下列内容：

① 受审核方和委托方的名称及地址；

② 商定的审核目的、范围和计划，包括参考的说明书和合同等；

③ 商定的审核准则，包括审核中引用文件的清单，例如审核准则为 ISO 14001 和有关法律、法规文件；

④ 审核日期；

⑤ 参与审核的受审核方代表名单；

⑥ 审核组成员名单，包括审核组长、审核员姓名、职位，需要时还应包括资格证明；

⑦ 报告内容的保密要求；

⑧ 审核报告分发单位名单；

⑨ 关于审核过程的简要说明，包括所遇到的障碍；

⑩ 审核结论

——环境管理体系对环境管理体系审核准则的符合情况；

——环境管理体系是否得到了正确的实施和保持；

——内部管理评审过程是否足以确保环境管理体系的持续适宜性与有效性。

（三）报告的分发和文件留存

分发的范围由委托方根据审核计划决定。在约定的时期内签发。与审核有关的所有工作文件和草稿，如审核用的检查表，审核员的记录以及最终报告都应根据委托方、审核组长和受审核方之间的协议及其他有关要求予以留存。当已采取了纠正措施后，文件和记录仍需保留到每一不符合项都已被满意地消除为止。

（四）纠正措施及验证

认证机构应要求受审核方限期对各项不符合项进行原因分析，制定合理有效的纠正及预防措施并付诸实施，同时将纠正措施与结果报告审核组并附相关证明材料。

认证机构应对纠正与预防措施予以验证，验证分为文件验证与现场跟踪两种方式，可视不符合及纠正的实际情况决定验证方式。在认证审核当中，纠正措施的验证通常由审核组完成。

六、监督、跟踪

（一）认证评定及签发证书

1. 认证评定

认证机构应设有负责认证评定的组织部门，授权对审核过程与结果进行评定，作出认证结论。

2. 签发证书

认证证书的签发一般由认证机构的最高管理者签发，签发认证证书的依据时认证评定的结论。

（二）跟踪

跟踪是对受审核方采取的纠正措施进行验证并记录实施情况及其有效性的活动。

内部审核之后，对审核时发现的问题，负责该区域的负责人应及时采取纠正措施。受审核方在跟踪审核时要检查纠正措施是否有效。外部审核之后，审核组织根据情况有必要进行跟踪审核，对审核中发现的不合格项所采取的纠正措施进行评审和验证，直至符合要求。跟踪活动的过程和内容可归结如下：

① 鉴别审核中的不符合项；

② 审核方向受审核方提出采取纠正措施要求的报告；

③ 受审核方对于如何采取纠正措施给予答复，如提交纠正措施计划；

④ 审核方对受审核方拟采取的纠正措施的有效性予以评审，并回复评审意见；

⑤ 受审核方实施并完成纠正计划；

⑥ 审核方对纠正措施完成情况进行验证；

⑦ 在需要时对完成情况进行分析；

⑧ 对纠正措施结果作出判断并记录验证过程。

（三）监督

监督是对受审核方的环境管理体系的保持情况进行检查和评价的活动。内部审核的主要目的在于发现环境管理体系的问题，加以纠正使之不断改进。内审员和受审核部门人员都是同一组织的，内审员可以提出纠正措施方面的问题建议。审核员和不符合项的当事人可以探讨共同参考，但内审员不能代替受审核部门提出或采取具体纠正措施，更不能承担纠正措施后效果不好的责任。

实施纠正措施的基本步骤如下：

① 不符合项的确定；

② 确定控制该过程的负责人；

③ 召集相关人员；

④ 收集数据以确定真实原因；

⑤ 收集数据，确认纠正措施方法；

⑥ 实施纠正措施和有关的试验；

⑦ 检查，验证纠正措施和有关的试验；

⑧ 巩固纠正措施成果，对过程监测。

（四）认证后的监督与管理

在认证证书的有效期三年内，认证机构将对获证组织的环境管理体系实施监督。监督审核一般分为定期与不定期抽查两种。

当证书有效期届满时，获证组织应提前至少三个月提出申请，由认证机构组织全面复评，以便重新确认组织的环境管理体系是否持续有效，是否可以核发认证证书。

思考题

1. 试述什么是环境因素和重要环境因素，以及如何识别组织的环境因素和重要环境因素。
2. 制订环境目标指标时应考虑哪些因素?
3. 环境管理体系文件化信息包括哪些内容?
4. 简述最高管理者在环境管理体系的建立和实施中的作用。
5. 简述环境管理体系内部审核及作用。
6. 什么是环境管理体系审核? 环境管理体系审核的类型有哪些?
7. 环境管理体系审核的准则有哪些?
8. 现场审核准备主要工作要点有哪些?

第四章 产品生命周期评价

第一节 生命周期评价概述

一、生命周期思想与生命周期评价

生命周期思想认为人类社会所面临的各种资源环境问题，都是由形形色色的产品生产与消费活动直接造成的。产品既是生产消费活动的载体，也是造成资源环境问题的直接原因。从具体过程看，每一种产品都经历了从最初的资源开采开始，经过中间各种原料与能源生产、产品生产、使用、直到废弃和再生利用的整个过程，这称为产品的生命周期（life cycle）。正是在产品的生命周期过程中，产生了各种资源和能源消耗、环境污染物排放，造成了各种资源环境影响和问题。

更进一步而言，产品生命周期所代表的生产消费活动是由许许多多参与者的选择（即相关决策者的决策）所决定的。因此，从社会整体看，为实现资源环境保护目标，必须建立和采用科学、统一的产品资源环境影响评价方法，才能在全社会范围内、在各种与产品相关的关键决策中，如技术研发、产品设计、生产管理、采购消费以及制订产品相关政策和市场机制时，由决策者分析和选择更有利于资源环境保护的方案，从而持续改进产品生产消费活动。这是实现资源环境保护目标的必经之路，也是技术研发人员、产品设计师、企业管理者、采购方、消费者、政府、社会机构等生产消费活动的相关决策者应尽的环境和社会责任。

基于生命周期思想的产品资源环境影响评价方法必然涵盖产品生命周期的各个阶段，必然涵盖产品生命周期过程造成的各种资源环境问题，由此形成和提出了产品生命周期评价（life cycle assessment，LCA）方法的框架。LCA 的评价对象是产品、技术或服务（非实物产品），数据收集和分析的范围涵盖了评价对象的生命周期过程，通过量化描述生命周期过程中的各项资源、能源消耗与污染物排放，评价其产生的资源和环境影响，进而分析识别产品生命周期中最有效的改进途径。

LCA 的术语和方法框架由国际环境毒理学和化学学会（SETAC）在 20 世纪 90 年代初首次提出。之后联合国环境规划署（UNEP）开始参与 LCA 的全球推广，并于 2002 年与 SETAC 共同成立生命周期倡议（life cycle initiative），致力于推动 LCA 在国际间的合作。国际标准化组织（ISO）在 1997 年发布了第一个生命周期评价国际标准《生命周期评价原则与框架》（ISO 14040），并于 2006 年更新，此后 ISO 制定并更新了《生命周期评价要求与指南》(ISO 14044)等一系列LCA相关的标准与指南。我国于2008年在ISO 14040和ISO 14044的基础上编制了国家标准GB/T 24040和GB/T 24044。欧盟、日本等全球多个国家和研究机构也在国际标准的基础上，制定了本国的LCA国家标准，使得LCA成为了世界通用的、针对产品的资源环境评价方法。

在LCA通用标准的基础上，衍生出多种产品评价标准，可编制各种产品环境报告，用于企业与相关方的交流。例如按照ISO 14025标准编制的环境产品声明(environmental product declaration，EPD)，按ISO 14047和PAS 2050标准编制的产品碳足迹报告(product carbon footprint，PCF)，按ISO 14046标准编制的产品水足迹报告(product water footprint，PWF)，以及欧盟制定的产品环境足迹报告(product environment footprint，PEF)等。

LCA的改进分析可以应用于清洁生产技术研发、清洁生产管理、产品生态设计、绿色制造、绿色采购和绿色供应链管理等工作中，为企业制订产品和技术发展战略、推动各方面的持续改进提供方法和数据支持，从而减轻产品造成的资源环境影响，促进产品绿色创新，形成绿色竞争力。

在宏观政策和社会层面上，生命周期思想和LCA有助于深入认识社会经济体系与自然生态体系之间的相互作用和相互影响，从而为政府管理部门制定行业绿色发展政策提供依据，包括制定环境政策和环境管理体系，协调区域或全球环境问题；建立绿色产品标准，实施绿色生态标志；制定相应的税收和信贷政策，促进废物回收、资源再生行业的发展；优化政府的能源和废物管理方案，促进经济系统的环境负荷最小化；向公众提供产品和原材料的有关环境信息，倡导可持续消费等。

二、生命周期评价方法框架

国际标准《生命周期评价原则与框架》(ISO 14040)将LCA方法分为四个部分，即目标与范围定义(goal and scope definition)，生命周期清单分析(life cycle inventory analysis，LCI)，生命周期影响评价(life cycle impact assessment，LCIA)以及生命周期解释(life cycle interpretation)。这四个部分构成了LCA的基本方法框架，如图4-1所示。

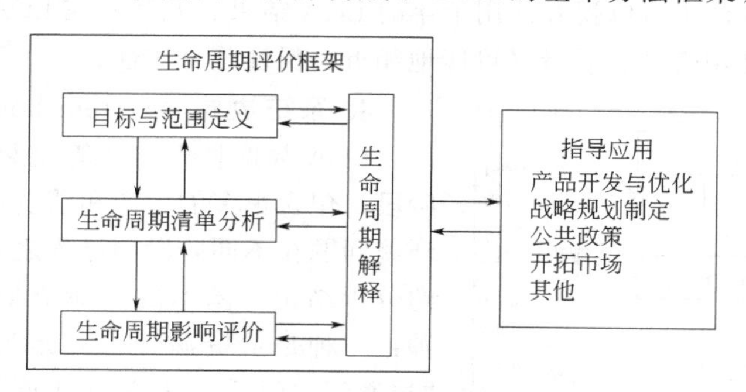

图4-1　LCA的方法框架

(一) 目标与范围定义(goal and scope definition)

生命周期评价的目标与范围定义影响着LCA的建模与数据收集过程，也影响着LCA的结果分析。清晰地定义LCA的目标与范围，是进行LCA工作的前提。

LCA的目标与范围定义主要包含以下多个方面。

1. 评价对象

评价对象即LCA研究中待评价的产品。既可以是实物产品，也可以是非实物的服务，例如运输、信息服务、比赛与会议等也可以进行 LCA 分析。当采用不同技术生产同类产品时，对比同类产品的 LCA 结果，实际上就是对技术的评价，所以 LCA 也可以用来评价各种生产技术、工艺、设备、生产方式等。

2. 目标受众与目标应用

为了使 LCA 研究目的更加明确具体，标准建议列出哪些人、可能会如何使用 LCA 的结果。形象的目标受众和目标应用，可以为 LCA 各个工作步骤的开展提供依据，例如数据调查和分析的细化程度、对数据来源和数据质量的要求等。总体上，典型的 LCA 目标应用可以分为三类。

(1) 为特定企业的特定产品进行的 LCA 研究　其数据来源首选企业和供应链实际生产过程的调查数据。企业 LCA 研究可能用于完成产品的 LCA 或碳足迹报告，这种情况下只需要总量，不一定需要细化的过程数据，但如果是用于产品与工艺设计（生态设计）、技术研发或选型、生产过程管理（清洁生产）、供应商和原材料选择（绿色采购与绿色供应链）等目的，则需要更细致的数据收集、分析和建议。

(2) 行业平均水平的 LCA 研究　其数据来源首选行业统计资料，而个别企业的数据并不能很好代表行业平均水平。除了用于行业性问题的 LCA 研究分析，此类研究结果也常常用作 LCA 数据库，用于支持下游产品的 LCA 研究。由于获得统计数据的限制，行业 LCA 研究通常难以细分生产过程，数据质量也可能低于更易详细统计的单个企业的 LCA 结果。

(3) 一般案例研究　还有很多 LCA 研究并非代表特定企业和供应链水平，也未收集比较完整的行业平均数据，而是采用了一些典型数据、实验数据甚至估计值、假设值（情景分析）。尽管这类研究对数据质量要求不高，但仍能发现复杂生命周期过程中所隐含的比较显著的问题。

3. 功能单位（functional unit）**与基准流**（reference flow）

LCA 结果的数值是生产（或生产并消费）“给定数量”产品的生命周期过程的资源消耗与环境排放总量，LCA 结果数值当然是与给定的产品产量（或消费量）成正比的，这是计算 LCA 结果的基准和出发点，称为 LCA 的功能单位和基准流。例如生产 1 千瓦时电力、或生产 1 吨水泥、或生产 1 台电视并使用十年的 LCA 结果。尤其是在 LCA 对比分析中，需要保证产品的功能、使用寿命、质量尽可能地相近，保证其可比性。

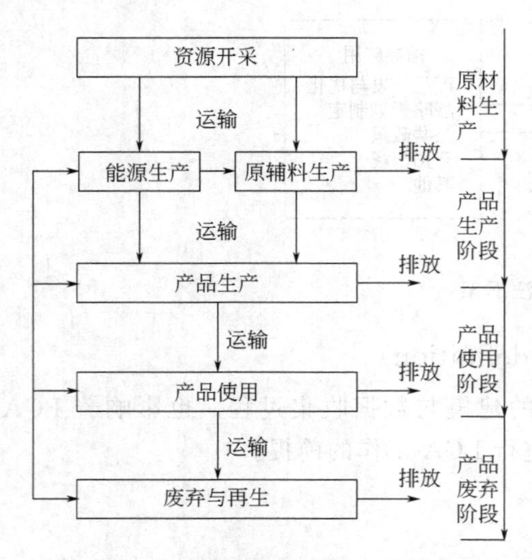

图 4-2　产品生命周期系统边界示意图

4. 系统边界（system boundary）

LCA 数据收集和计算结果涵盖多个生命周期阶段，包含很多的生产和消费过程，由此可以展示环境问题在不同阶段和过程之间的转移，避免片面的分析结论。基本的生命周期系统边界类型有两种：一种是从资源开采开始到产品出厂为止，即“摇篮到大门”，一般适用于原料类产品；另一种是从资源开采开始到产品废弃再生为止，即“摇篮到坟墓”，一般适用于消费类产品。典型的产品生命周期系统边界如图 4-2 所示。

5. 环境影响类型（environmental impact category）

LCA 可以评价产品生命周期造成的多方面资源环境影响，由此可以展示资源环境问题在不同类型之间的转移，避免片面的分析结论。在LCA目标与范围定义中，应根据目标受众所关心的环境问题，选择LCA方法中所对应的环境影响类型指标（称为LCIA指标，如碳足迹、酸化、富营养化指标等），并由此决定了哪些资源消耗和环境排放应该包含在数据收集范围之内。目前，LCA研究中常用的环境影响类型指标有十多种，例如欧盟制定的产品环境足迹评价指南（PEF）中列出了14类环境影响类型，见表4-1。

6. 取舍规则（cut-off rules）

为提高LCA的工作效率，通常可以采用一些惯用的简化规则，在保证重要过程和数据完整的前提下，舍去一些不重要的过程和数据收集。常见的取舍规则如下。

① LCA可以不包含机器、厂房等固定资产投入和人员相关的消耗；

② 当原料消耗对LCA结果的贡献（为简便，也可按重量比）小于1%时，含有稀贵成分或高纯成分的原料<0.1%时，可忽略其上游生产过程，从而减少数据收集工作，但总共忽略不应超过5%；

③ 相关行业环保标准中列出的主要污染物数据应完整。

LCA数据收集中不符合取舍规则的情况，例如数据不可得造成的缺失，会影响LCA结果和结论的可信度，应按标准要求在报告中明确陈述。

除以上核心要求之外，LCA标准还建议明确陈述所采用的建模方法、分配方法、数据质量要求、假设与局限性、报告格式、使用的软件与数据库等信息。对于公开发布的LCA对比报告，ISO标准要求应该邀请至少三位专家进行评审。

（二）生命周期清单分析（life cycle inventory analysis）

生命周期清单分析的核心是生命周期建模与数据收集，这通常是LCA工作中最耗时的部分，也是生命周期清单计算的基础，通过计算得到全生命周期总的资源消耗与环境排放清单，由此定量描述产品与环境的联系。

LCA建模与数据收集是从选定产品的最后生产过程开始调查的，然后向上游不断地追溯主要原材料和能源的生产过程，直至资源的开采，由此得到“从摇篮到大门”的生命周期模型；如果是消费品，一般还包括向下游追溯产品的使用过程与废弃处理过程，从而得到“从摇篮到坟墓”的生命周期模型。

完整的产品LCA模型就是由产品生命周期中若干过程以及每个过程中的清单数据共同构成的。LCA收集各过程所需要的各项输入和产生的各项输出的清单数据，包括资源消耗、原料消耗、能源消耗等各项输入端的清单数据，以及产品、污染物排放、待处置废弃物等各项输出端的清单数据，并统一换算为生产单位数量产品所对应的输入和输出。每一条输入输出清单数据则是采用各种资料中的原始数据、经过合适的算法得到的。例如，企业调查中，各种主要原料的消耗都可以采用生产用量统计除以产品产量得到，主要污染物排放可以采用监测浓度乘以流量再除以相应产品产量得到。次要的原料消耗和污染物排放也可以通过配料比例、物料平衡等方式测算。

生命周期模型是在单元过程数据收集的基础上建立的。在完成一个单元过程的数据收集、得到单元过程数据集之后，单元过程数据集中总是含有人工生产的原料、能源等消耗，按照生命周期方法原则，并且依据取舍规则不可以忽略的情况下，应该继续向上游调查这些消耗的生产过程，由此构建起产品生命周期模型。换句话说，产品的生命周期模型就是由这些消耗（中间产品）串联在一起的。

按照数据来源，单元过程的清单数据可以分为两种类型：一是根据实际生产过程中的统计记录、监测报告、行业统计、文献资料调查得到的原始数据，按照适当的算法，经过计算，成为过程的清单数据集，这类清单数据称为实景过程数据，该单元过程称为实景过程；二是从已有的LCA基础数据库、行业数据库或企业数据库中获得产品或服务的清单数据，这类清单数据称为背景过程数据，该单元过程称为背景过程。

生命周期清单分析的具体工作步骤如图4-3所示。

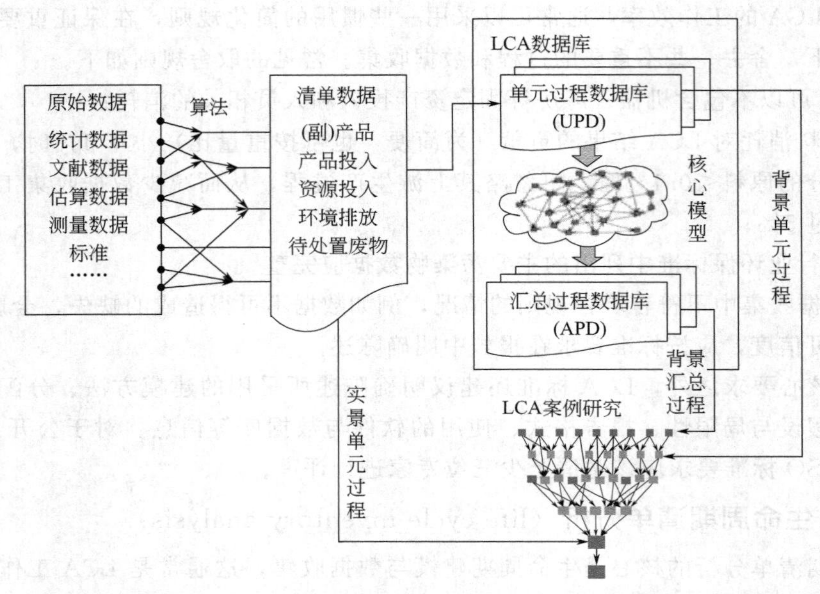

图4-3 LCA建模与数据收集的工作步骤示意图

从图4-3可以看到，在LCA中存在多个层级的数据层次，这反映了LCA的数据流向。包括：

① 来自各种数据来源的原始数据（raw data）。

② 数据处理得到单条的输入/输出清单数据（inventory flow）。

③ 同组的输入和输出数据构成了单元过程数据集（unit process，UP）。

④ 多个上下游单元过程数据集汇总得到汇总过程数据集（aggregated process，AP）。如果由产品生命周期模型的全部过程数据集汇总得到汇总过程数据集，称为生命周期清单结果（LCI results）。

⑤ 由多个单元过程数据集（UP）和汇总过程数据集（AP）构成的LCA数据库。

收集得到LCA模型和过程数据集之后，专业LCA软件可以将各个过程的清单数据累加在一起，得到生命周期清单结果（LCI results）。LCI结果中通常包含着上百种自然资源消耗和几百种甚至上千种环境排放总量结果，由此定量地描述了产品生命周期过程与环境的相互联系。

（三）生命周期影响评价（life cycle impact assessment）

生命周期影响评价是基于生命周期清单结果，合并同类的资源消耗（如不可再生资源消耗、初级能源消耗、水耗等）和各种类型的环境影响（如全球暖化、酸化、富营养化、生态毒性等），得出相应环境影响类型的评价指标，用以评价产品在全生命周期过程中对某类资源环境的潜在的影响程度。

欧盟制定的产品环境足迹评价指南（PEF 指南）中列出了生命周期影响评价常用的 14 类环境影响类型和方法选择，如表 4-1 所示。

表 4-1　PEF 中的 14 类环境影响类型与指标

环境影响类型与指标	影响类型指标单位	主要清单物质
气候变化	千克 CO_2 eq	CO_2，CH_4，N_2O…
臭氧层消耗	千克 CFC-11 eq	CCl_4，$C_2H_3Cl_3$，CH_3Br…
生态毒性-淡水	CTUe	HF，Hg^{2+}，Be…
人体毒性-癌症	CTUh	As，Cr，Pb…
人体毒性-非癌症	CTUh	Hg^{2+}，HF，TI…
可吸入无机物	千克 $PM_{2.5}$ eq	CO，PM_{10}，$PM_{2.5}$…
电离辐射-人体健康	千克 ^{235}U eq	^{14}C，^{134}Cs…
光化学臭氧合成	千克 NMVOC eq	C_2H_6，C_2H_4…
酸化	摩尔 H^+ eq.	SO_2，NO_x，NH_3…
富营养化-陆地	摩尔 N eq.	P，N…
富营养化-水体	千克 P eq. /千克 N eq.	NH_3-N…
资源消耗-水	立方米	H_2O
资源消耗-矿物、化石	千克 Sb eq.	Fe，Mn，煤…
土地占用	平方米	土地占用

注：eq 是 equivalent 的缩写，意为当量。例如气候变化指标是以 CO_2 为基准物质，其他各种温室气体按温室效应的强弱都有各自的 CO_2 当量因子，因此产品生命周期的各种温室气体排放量可以各自乘以当量因子，累加得到气候变化指标总量（通常也称为产品碳足迹），其单位为千克 CO_2 eq.

上述 LCIA 指标还可以进一步通过归一化和加权计算，将多种环境影响汇总成更综合性的指标，以便综合评价产品生命周期的环境影响。LCIA 的计算步骤如下所示。

（1）LCI 结果的计算　在整个生命周期过程中将同种清单物质累加，得到 LCI 结果。清单物质汇总的计算公式定义为：

$$\mathrm{LCI}_i = \sum_p s_p \times inv_{ip} \tag{4-1}$$

式中，i 代表产品生命周期中的某种清单物质，如水耗、VOC、CO_2 等；LCI_i 表示产品生命周期所有过程的清单物质 i 的总量（累加结果）；p 代表产品生命周期中的某个单元过程；inv_{ip} 表示某个单元过程 p 中清单物质 i 的数量；s_p 代表给定 LCA 计算基准流之后确定的过程 p 的过程系数。

（2）LCIA 指标的计算　基于累加得到的 LCI 结果，每项物质乘以各自在一类 LCIA 指标中对应的特征化因子（即同类 LCIA 指标中各种清单物质对应的当量折算因子），累加之后可以得到 LCIA 指标，其计算公式为：

$$\mathrm{LCIA}_c = \sum_i \mathrm{LCI}_i \times \mathrm{CF}_i \tag{4-2}$$

式中，c 代表某种环境影响类型，例如碳足迹、酸化、富营养化等；LCIA_c 表示类型 c 的 LCIA 指标的计算结果；CF_i 表示某种清单物质 i 在类型 c 的 LCIA 指标中所对应的特征化因子值（characteristic factor）。

（3）归一化指标的计算　归一化（normalization）是多项 LCI 或 LCIA 结果各自除以相应的全国总量，得到各自的全国占比，以便判断此产品生命周期的主要资源环境影响类型。

比例越大，则说明是此产品生命周期的重要影响类型。归一化指标的计算公式为：

$$归一化指标=\frac{LCIA_c}{N_c} \tag{4-3}$$

式中，N_c 表示在某个 LCI 或 LCIA 指标的全国总量；归一化指标为无量纲。

(4) LCA 综合指标的计算　在 LCA 对比分析中，当对比多个 LCA 指标时，各对比方案的各项指标常常互有优劣，使得 LCA 对比分析无法得到明确的结论。因此，LCA 标准中提出了使用权重因子，对归一化指标加权求和，得出单一综合指标的方法。其计算公式为：

$$综合指标=\sum_c \frac{LCIA_c}{N_c} w_c \tag{4-4}$$

式中，w_c 表示在某个 LCIA 指标的权重因子。权重因子一般是通过专家调查得到，但由于专家意见的主观性，权重因子及其综合指标具有很强的主观性，并非客观的评价。因此 LCA 标准中强调使用加权综合指标应该谨慎，应该明确解释得到权重因子的方法及其主观性。

以上 LCI 结果、LCIA 指标结果、归一化结果、综合指标等，统称为 LCA 结果，可以由 LCA 专业软件自动完成计算，量化反映了产品生命周期过程造成的各种资源环境影响。

(四) 生命周期解释 (life cycle interpretation)

生命周期解释是指根据已经确定的研究目标和范围，对各项 LCA 结果进行清单灵敏度分析、过程贡献分析、改进潜力分析，系统地评估产品全生命周期各过程中的能源、原材料消耗和环境排放的减量机会，以及各环节的改进潜力，从而形成评价结论和改进建议。

LCA 结果的主要分析方法如下。

(1) 清单灵敏度分析 (sensitivity analysis)　灵敏度是指清单数据（各项消耗与排放数据）单位变化率引起的某一项 LCA 结果变化率。对比各过程的各项消耗与排放对给定 LCA 结果的灵敏度大小，可以对模型中的清单数据进行排序。灵敏度大的清单数据既是产品生命周期改进的重点，也是提高 LCA 数据质量和结果可信度的关键。因此，灵敏度分析是最全面、最基本的 LCA 结果分析方法。

(2) 过程贡献分析　可以分为过程直接贡献和过程累积贡献两种。过程直接贡献是指该过程包含的直接环境排放或资源消耗占对应的 LCA 结果总量的大小。过程累积贡献是指该过程直接贡献及其所有上游过程的贡献（即原料消耗所贡献）的累加值。由于过程总是包含多条清单数据，所以过程贡献分析其实是多项清单数据灵敏度的累计，通常用于对整体模型的概括分析。

(3) 改进潜力分析　在清单数据灵敏度分析的基础上考虑其可能的改进幅度，二者的乘积是 LCA 结果的改进潜力，用于分析生命周期模型中最有潜力的改进点。

(4) 方案对比分析　如果一个过程存在两种或多种可选的技术方案，通常会造成多条清单的变化，而不是仅仅一条清单数据不同。因此可建立相应的多个模型进行对比分析，用以帮助决策者选择最优方案。

生命周期解释也包括对 LCA 的完整性、一致性、敏感性进行检查，对数据质量进行评估和说明，从而保证 LCA 结果和结论的可信度。例如，敏感性检查 (sensitivity check) 是针对不同的建模方法选择、不同假设，建立多个模型，然后检查其对结果与结论的影响大小。如果影响不大，则增强了LCA结论的可靠性，如果影响较大，则需要更细致分析或分别说明。

三、生命周期评价方法的特点

生命周期评价是系统化、定量化评价各种产品、技术或服务在生命周期全过程所造成资源环境影响的国际标准评价方法，其研究及应用在产业界和环境政策的推动下得到不断拓展。与其他的环境评价方法相比，生命周期评价方法的特点主要体现在几个方面。

（1）系统全面　LCA的评价范围涵盖产品生产与消费的多个阶段，评价指标涵盖多种资源、能源、污染类型，可以帮助发现普遍存在的资源环境影响在不同阶段、不同类型之间的转移，避免片面的评价结论。例如电动车“零排放”的说法就是典型的片面说法，其实只是就汽车行驶这一个阶段、就尾气排放这一类环境问题而言的片面结论。

（2）客观量化　针对各种具体产品及其措施方案，LCA基于可验证的生产消费过程的消耗与排放数据，得出完全量化的评价结果和结论，建立了系统性的数据质量评估与控制方法，尽可能地避免了评价中的主观随意性。例如“因为使用了再生原料或者产品使用后可以再生，因此就是绿色产品”的说法就是典型的主观判断，缺乏量化数据和分析的支持。

（3）标准化　从1990年提出LCA的概念以来，在世界范围大量研究与应用的基础上，各国、各行业共同制定了LCA方法的国际标准（ISO 14040系列标准），并已等同转化为各国标准（如中国国家标准GB 24040系列），而且衍生出产品碳足迹、水足迹、环境足迹等标准和评价体系，并被可持续建筑、绿色电子电器等越来越多的行业标准所采用。最大程度避免了方法的分歧，为相互沟通交流、统一协调奠定了基础。

（4）普适性　LCA适用于各种产品、技术和服务的评价，可为各种技术性、管理性、政策性决策问题提供评价方法和数据支持。无论是技术研发、产品设计、生产管理、采购消费，或者是政策制定、市场机制设计等，原则上都可以采用LCA方法，分析不同方案可能造成的资源环境影响，从而为决策提供支持。

综上而言，在评价产品与技术的资源环境影响方面，LCA是公认最好的量化评价框架，被越来越多的绿色评价体系所采用，而且还可以与经济成本效益等方法结合，对产品和技术方案进行更综合的评价。

四、LCA数据库与软件

产品生命周期评价离不开LCA数据库与专业软件，丰富的LCA数据库与功能完善的LCA分析软件是开展LCA研究和应用工作的基础。

（一）LCA数据库特点

LCA数据库可以为产品生命周期建模提供上游原辅料清单数据，减少了耗时的数据收集工作，大幅提高了工作效率。事实上，所有的LCA案例研究都肯定需要使用LCA数据库，否则难以建立完整的LCA模型。

LCA数据库一般分为基础数据库与行业数据库两类，LCA基础数据库包含工业产品生产过程中最常用的数百种大宗能源和原材料的清单数据，如煤炭、电力、水泥、运输等，数据应该代表某一国家或地区的平均生产水平。LCA行业数据库包含的是特定行业所涉及的各类产品和原辅料的清单数据，如冶金、纺织、电子电器、汽车、建筑、农产品等。建立和使用行业 LCA 数据库时，需要使用基础数据库提供上游的大宗能源和原材料数据，才能得到完整的生命周期模型。

在开发和选择 LCA 数据库时，应该考虑以下各方面的因素：

(1) 本地化 数据库的主要数据来源必须是本地化的，否则难以保证 LCA 结果的数据质量。

(2) 一致性 统一的数据库工作指南、软件工具是保证 LCA 数据库一致性的基础。对于基础数据库而言，数百种大宗能源和工业原料相互联系，互为上游原料和下游产品，需要建立统一的工业系统基础核心模型，保证基础能源和原料数据的一致性。

(3) 完整性 基础数据库应该有 300～500 个单元过程，才能比较完整地包含主要的大宗能源和原材料生产过程，才能保证自身的完整性，才能支持其他行业数据库和下游产品 LCA 的完整性。

(4) 扩展性 有了基础数据库，才能延伸到各种行业数据库。另外，本地化数据库需要与其他国际数据库兼容，从而为用户提供更丰富的数据支持。

(5) 透明性 应该完整记录数据库、数据集中各条清单数据的原始数据来源和算法，并且能够在必要时向数据库用户展示。

(6) 数据质量 应该建立明确的数据质量检查、评估与控制方法，这是 LCA 获得更广泛认可和应用的基础。

(7) 数据库的使用 数据库和软件工具需要相互配合，为具体的工作流程（如产品设计、产品认证等）做专门的开发，才能提高工作效率。

（二）国内外 LCA 数据库简介

目前，国际上 LCA 研究中常用的背景数据库包括欧盟研究总署（JRC）开发的欧洲生命周期官方数据库（Europe Life Cycle Database，ELCD）、瑞士开发的全球生命周期评价数据库（Ecoinvent）和德国开发的 GaBi 数据库等。在国内开展 LCA 研究和应用需要中国本土的基础数据库，其中由四川大学创建、由亿科环境持续开发的中国生命周期基础数据库（Chinese Life Cycle Database，CLCD），是国内首个公开发布并被广泛使用的中国本地生命周期基础数据库。

国内还有多家科研单位与企业开发了 LCA 数据库，包括中科院生态环境研究中心开发的中国 LCA 数据库（CAS-RCEES），北京工业大学开发的清单数据库，同济大学开发的中国汽车替代燃料生命周期数据库，宝钢开发的企业产品 LCA 数据库等。

常用的 LCA 基础数据库分别介绍如下。

1. Ecoinvent 数据库

Ecoinvent 数据库是由瑞士 Ecoinvent 中心开发的商业数据库，数据主要源于统计资料以及技术文献。Ecoinvent 数据库中涵盖了欧洲以及世界多国 7000 多种产品的单元过程和汇总过程数据集（3.1 版），包含各种常见物质的 LCA 清单数据，是国际 LCA 领域使用最广泛的数据库之一，也是许多机构指定的基础数据库之一。Ecoinvent 数据库能够提供丰富、权威的国际数据支持，适用于含进口原材料的产品或出口产品的 LCA 研究，也可用于弥补国内 LCA 数据的暂时性缺失。

2. ELCD 数据库

ELCD 数据由欧盟研究总署（JRC）联合欧洲各行业协会提供，是欧盟政府资助的公共数据库系统。ELCD中涵盖了欧盟300多种大宗能源、原材料、运输的汇总LCI数据集（ELCD 2.0版），包含各种常见LCA清单物质数据，可为在欧盟生产、使用、废弃的产品的LCA研究与分析提供数据支持，是欧盟环境总署和成员国政府机构指定的基础数据库之一。

3. GaBi数据库

GaBi数据库是由德国的Thinkstep公司开发的LCA数据库。GaBi（GaBi 4）专业及扩展数据库共有4000多个可用的LCI数据。其中专业数据库包括各行业常用数据900余条；扩展数据库包含了有机物、无机物、能源、钢铁、铝、有色金属、贵金属、塑料、涂料、寿命终止、制造业、电子、可再生材料、建筑材料、纺织数据库、美国LCA数据库等16个模块。

4. CLCD数据库

中国生命周期基础数据库（CLCD）最初由四川大学创建，之后由亿科环境持续开发，是一个基于中国基础工业系统生命周期核心模型的行业平均数据库，目标是代表中国生产技术及市场平均水平。2009年，CLCD研究被联合国环境规划署（UNEP）和SETAC学会授予生命周期研究奖。CLCD数据库成为国内唯一入选WRI/WBCSD GHG Protocal的第三方数据库，也是首批受邀加入欧盟数据库网络（ILCD）的数据库，是国内外LCA研究者广泛使用的中国本地生命周期基础数据库。通过亿科的进一步开发，如今的CLCD数据库包括国内600多个大宗的能源、原材料、运输的清单数据集。

CLCD数据库建立了统一的中国基础工业系统生命周期模型，避免了数据收集工作和模型上的不一致，从而保证了数据库的质量。尤其是提出了量化的数据质量评估指标，为数据收集、案例研究、产品认证等提供了数据质量判断依据和控制方法。CLCD数据库支持完整的LCA分析和节能减排评价指标，包含中国本地化的资源特征化因子、归一化基准值、节能减排权重因子等参数。

（三）LCA分析软件简介

目前，国际上功能完整、应用比较成熟的LCA分析软件包括德国的Thinkstep公司开发的GaBi、荷兰Pre公司开发的SimaPro等，国内有亿科环境自主研发的全功能LCA分析软件eBalance以及全球首个在线的LCA分析系统eFootprint。

常用的LCA分析软件分别介绍如下。

1. 国外软件

目前国外市场应用比较广泛的LCA分析软件是德国的Thinkstep公司开发的GaBi软件和由荷兰Pre公司开发的SimaPro软件。这两款软件都是生命周期评价的专用工具，主要用于产业界、研究领域和环境咨询领域，可开展与LCA相关的碳足迹计算、产品生态设计、环境声明、环境报告、产品与服务的环境影响分析等工作。

GaBi与SimaPro软件提供完整的LCA分析评价功能，主要功能模块包括：数据管理，参数设定，LCA建模计算，环境影响类型评价，LCA结果分析与解释等。同时，GaBi支持用户通过劣势分析或改变归一化基准和权重因子更好地解释计算结果，并提供自定义权重因子和图表功能；SimaPro支持用户采用多种评价方法分析，在软件中通过蒙特卡罗法分析得到LCA结果的可靠性、完整性和代表性。

GaBi　http：//www.gabi-software.com

SimaPro　http：//www.pre-sustainability.com

2. eBalance

eBalance 是亿科环境自主开发的国内首个通用型生命周期评价软件，适用于各种产品的 LCA 分析，不仅支持完整的 LCA 标准分析步骤，还有更多的增强功能，可大幅提高用户的工作效率和工作价值，可用于基于 LCA 方法的产品生态设计、清洁生产、环境标志与声明、绿色采购、资源管理、废弃物管理、产品环境政策制定等工作中。

eBalance 软件的主要特点如下。

（1）丰富的数据库支持　包含了 CLCD、Ecoinvent、ELCD 国内外三大权威数据库，一方面为国内的 LCA 研究提供了中国本地化的数据支持，另一方面也为出口产品以及含进口原料的产品的 LCA 提供了国际化的数据支持。

（2）支持数据收集工作　数据收集支持功能，完整记录所有原始数据、参考文献、计算公式，可以随时浏览、重现数据收集过程，极大地提高了数据收集、审核、更新的工作效率。

（3）支持中国本地化的 LCA 评价指标　包括中国本地化的资源消耗特征化因子、归一化基准值和节能减排综合指标，把 LCA 研究与中国的节能减排政策目标结合在一起，增强中国 LCA 研究的针对性和意义。

（4）支持多种方案的对比分析　通过调整参数、设置不同情景、选择不同工艺、选择不同数据来源等，可以生成不同的方案，可以帮助进行情景分析、技术对比分析乃至数据选择分析。

免费评测版下载地址：http：//www.ike-global.com.cn

3. eFootprint

eFootprint 是亿科环境自主开发的全球首个全功能的 LCA 在线评价系统，不仅包含了目前 LCA 评价软件的所有基本功能，能够满足用户在 LCA 评价分析过程中的所有需求，并且因其完全基于互联网的特点，能够为用户的 LCA 研究工作提供更加便利的交流平台。

相较于传统的 LCA 评价软件，eFootprint 的优势主要体现在以下几个方面。

（1）全功能　eFootprint 支持在线完成完整的 LCA 工作，包含各种产品的 LCA 建模、数据收集、搜索数据库、计算分析、报告评审、数据发布等。

（2）高效率　用户可随时随地通过浏览器联网工作，项目组成员在线协同工作。

（3）LCA 数据库平台　用户可在 eFootprint 系统中的 LCA 数据库平台上开发并发布自己的数据库，也可搜索和使用其他用户发布的数据，系统同时支持建立独立的行业性数据平台。

（4）知识产权保护　在线 eFootprint 系统具有全面的访问权限控制，即便是数据评审也无法拷贝用户数据。

系统地址：http：//www.efootprint.net

五、中国 LCA 政策、研究与应用

（一）LCA 相关政策

从 2015 年起，生命周期思想频繁出现在国务院和中央各部委政策中，成为各行业绿色发展的重要方向。

2015 年 5 月国务院《中国制造 2025》提出了“强化产品全生命周期绿色管理”。2016 年 7 月国务院《“十三五”国家科技创新规划》提出“构建基于产品全生命周期的绿色制造技术体系”。2016 年 12 月国务院《关于建立统一的绿色产品标准、认证、标识体系的意见》提出建立以“产品全生命周期理念”为基础的综合评价指标。2016 年 12 月国务院《生产者责任延伸制度推行方案》提出“将生产者对其产品承担的资源环境责任从生产环节延伸到产品设计、流通消费、回收利用、废物处置等全生命周期”。

中华人民共和国工业和信息化部（以下简称工信部）2015 年启动了包括电子电器行业在内的近百家“生态设计示范企业”，要求开展产品生命周期评价与管理。2016 年 9 月工信部《绿色制造工程实施指南（2016—2020）》提出按照产品全生命周期绿色管理要求，建立健全绿色标准，开发推广万种绿色产品，打造绿色供应链，建设绿色制造服务平台。2016 年 12 月财政部绿色制造系统集成政策为开展绿色设计、绿色供应链等生命周期绿色管理的企业提供了财政经费支持。

（二）中国的 LCA 研究

国内 LCA 研究领域为促进 LCA 方法在国内发展，组织开展了一系列的学术交流活动，如四川大学与联合国环境规划署在 2008 年、2009 年联合主办了第一届、第二届中国生命周期管理国际会议，与中国环境科学学会、中国电子学会在 2012 年、2014 年联合主办了 LCA 数据库与应用国际会议，以及 2013 年、2014 年中国环境科学学会学术年会的 LCA 分会场等。亿科环境在全国多所高校和研究机构举办了数十场 LCA 讲座以及 LCA 分析师专业培训，为中国 LCA 人才培养与能力建设做出了贡献。

与欧洲、日本等国家相比，虽然国内 LCA 的研究起步较晚，但也提出了将 LCA 框架与中国特点相结合的方法。其中将 LCA 方法与中国的节能减排政策目标相结合，有利于推动 LCA 在国内的应用，提升 LCA 工作的价值。

国家在“十一五”到“十三五”期间的《国民经济与社会发展规划纲要》中，提出了具体而量化的全国节能减排政策目标（如表 4-2 所示），并陆续制定和建立了相应的考核方法与监测体系，为中国经济与环境的协调发展指明了方向，对各行业和全社会的未来发展提出了明确的要求。

表 4-2　“十一五”至“十三五”期间主要节能减排约束性目标

主要的约束性指标	“十一五”目标	“十二五”目标	“十三五”目标
万元生产总值能耗减少	20%	16%	15%
单位 GDP CO_2 减少	40%～45%	17%	18%
万元 GDP 用水减少	30%	30%	23%
COD 排放总量减少	10%	8%	10%
SO_2 排放总量减少	10%	8%	15%
氨氮排放总量减少	—	10%	10%
NO_x 排放总量减少	—	10%	15%

为了实现能够量化地评价各种产品和技术的节能减排效果的目的，基于生命周期评价方法框架和节能减排约束性目标，提出了生命周期节能减排评价方法（energy conservation and emission reduction evaluation method，ECER），对应于《“十三五”国民经济与社会发展规划纲要》中规定的与节能减排相关的 7 项约束性指标，即生命周期初级能耗（PED）、工业用水量（IWU）、二氧化碳（CO_2）、二氧化硫（SO_2）、化学需氧量（COD）、氨氮

$(NH_3\text{-}N)$、氮氧化物（NO_x）排放。ECER 方法将每个方案各自与节能减排相关的多个指标加权求和，得出单一的生命周期节能减排综合评价指标。

由于一些政策目标定义是基于全国总量，另一些则基于国内生产总值（GDP），为保证可比性，统一将这些政策目标换算为单位 GDP 目标。第 i 项环境政策的削减目标 T_i 被定义为：

$$T_i=\frac{F_{\text{ref}}-F_{\text{target}}}{F_{\text{ref}}} \tag{4-5}$$

式中，F_{ref}是制定政策目标时的基准值（例如全国总量）；F_{target}是削减后的目标值。

生命周期节能减排综合指标（ECER）的计算公式定义为：

$$\text{ECER}=\sum_{i=1}^{7}\frac{A_i}{T_iN_i} \tag{4-6}$$

式中，A_i 表示一种技术方案的生命周期综合能耗、工业用水量、CO_2、SO_2、COD、氨氮和 NO_x 七项指标；T_i 表示可比的节能减排政策目标；N_i 为制定政策目标时对应指标的全国总量，即基准值。

当对比分析两种技术方案时，由式(4-7) 可得出 ECER 综合指标的改进值为：

$$\Delta\,\text{ECER}=\sum_{i=1}^{7}\frac{(A_i^0-A'_i)/A_i^0}{T_i}\times\frac{A_i^0}{N_i} \tag{4-7}$$

式中，$(A_i^0-A'_i)/A_i^0$ 表示改进方案的各项指标相对于基准方案的改进幅度（其中正数代表改进，数值越大代表改进幅度越大；负数反之）；将其与可比政策目标 T_i 相除，代表各项目标的达标度评分（正数情况下，1 代表正好达标，小于 1 代表不达标，大于 1 代表超额达标）；A_i^0/N_i 是此技术的指标在全国总量中所占的比例，以此对达标度评分进行加权，以反映此技术各指标的重要性差异；最终，恰好 ΔECER 代表两种技术方案的 7 项节能减排指标的达标度综合评分，即综合节能减排效果，由此即定量、全面、综合地对比分析了不同技术方案的节能减排效果。

（三）LCA 的企业应用

如今，LCA 在各个行业领域中的应用越来越广泛，企业应用是推广 LCA 方法的动力所在，已经有越来越多的国内外行业协会和领先企业参与到 LCA 方法的研究与应用中。同时，国内外越来越多的第三方服务机构、认证与咨询机构也开始为企业提供产品 LCA 评价与认证服务。

企业开展 LCA 工作的动力与价值主要在于以下方面。

（1）企业自我驱动　借助 LCA 工作体现企业社会责任，开展产品营销宣传，为下游客户提供环保增值服务等，以保持自身在行业中的差异化和领先优势。

（2）绿色产品驱动　企业通过开展 LCA 工作，以完成绿色产品和技术的 LCA 评价认证，从而提高环保产品与技术在市场中的认可度和占有率。

（3）客户驱动　开展 LCA 工作不仅能应对来自于采购方、零售商、消费者等相关方越来越严厉的环保要求，同时有助于企业在国际上日益严格的绿色壁垒中提升自身的环保竞争力。

（4）同行驱动　随着 LCA 方法的认可度越来越高，LCA 工作基础可帮助企业应对同行之间的相互竞争，有效避免不符合环保合规要求的不良竞争。

（5）政策与社会驱动　基于 LCA 工作经验帮助企业打造绿色供应链，建立完善的企业环保风险防范体系，降低来自政府和公益组织的环保压力。

第二节　新型干法水泥生命周期评价

本案例以水泥作为研究对象，展示产品生命周期评价的具体工作步骤。

一、目标与范围定义

（一）研究目标

本案例研究的产品是采用大型新型干法技术生产的普通硅酸盐水泥。水泥是国民经济建设的重要基础原材料，反映行业平均水平的水泥 LCA 结果是重要的数据库内容，可以用于各种建筑和基础设施建设的 LCA 分析。同时，水泥行业也是高能耗高污染的基础行业，水泥的 LCA 分析有助于认识水泥资源环境影响的主要因素，为更深入的改进分析明确方向。目前我国主要采用大型新型干法生产水泥，市场份额占到 95%以上。

（二）研究范围

1. 功能单位和基准流

水泥是一种原材料产品，其功能单位和基准流可选取为单位数量产品的生产。本案例选取“生产 1 吨水泥”作为功能单位和基准流。

2. 系统边界与生命周期流程图

原材料类 LCA 的系统边界通常选择为“从摇篮到大门”类型，即从资源开采到产品出厂为止，不包含使用和废弃阶段。生命周期模型中包含和未包含的单元过程如表 4-3 所示，生命周期过程如图 4-4 所示。

表 4-3　包含和未包含在系统边界内的单元过程

包含的过程	未包含的过程
主要外购主要原材料的生产及运输	辅助材料的生产
主要外购能源的生产及运输	生产过程中备件的损耗
产品生产现场的原料和能源生产	资本设备的生产及维修
产品的现场生产	生活设施的运行
产品生产现场的运输	产品的存储和销售
产品生产现场的副产品生产	产品的使用
产品生产现场的污染物处置	产品回收、处置和废弃阶段

3. 环境影响评价指标

本案例中选择最常见的产品碳足迹（包含二氧化碳、甲烷等温室气体）和节能减排综合指标（ECER）作为示例。ECER 指标包含的清单物质有初级能耗（PED）、工业用水量（IWU）、二氧化碳（CO_2）、二氧化硫（SO_2）、化学需氧量（COD）、氨氮（NH_3-N）、氮氧化物（NO_x）七项。其他污染物排放未纳入本案例的数据收集范围。

二、数据收集与建模

本案例的研究目标是得到可以代表中国大型新型干法水泥平均水平的 LCA 结果，因此优先采用行业性资料数据。受资料数据的限制，只将水泥生产过程划分为生料制备、熟料煅

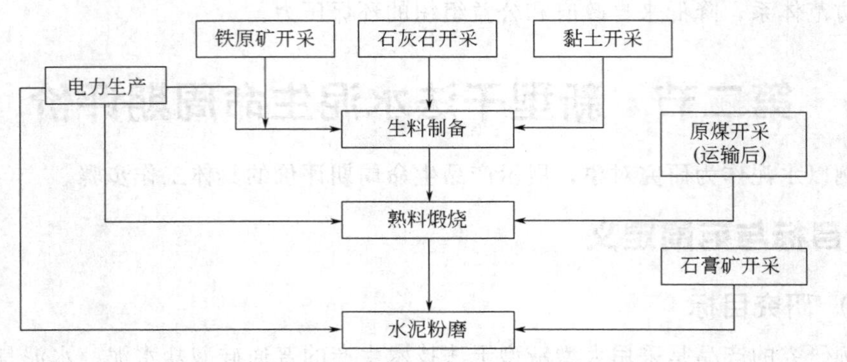

图 4-4 水泥的生命周期系统边界与过程示意图

烧、水泥粉磨三个主要过程，并未进一步细分工序，其他上游原辅料生产过程则采用 CLCD 基础数据库。

案例中采用了行业统计资料、水泥行业清洁生产评价指标体系、排污系数手册以及文献数据，其中原料与能源消耗数据以统计资料和文献调查数据为主，污染物排放主要以排污系数手册、文献调查数据为主。

1. 生料制备

生料制备过程包含原料破碎及预均化、生料配料、均化的过程，主要能耗为电力。清单物质如表 4-4 所示。

表 4-4 生料制备单元过程的清单数据集（制备 1 吨生料）

清单物质名称		数 量
原料投入	石灰石/千克	843
	黏土/千克	121
	铁粉/千克	36
	电力/千瓦时	21
环境排放	废气/立方米	564
	颗粒物/千克	0.0388

破碎及预均化是将原料破碎到符合入磨的尺寸然后预均化。生料配备是将石灰质原料、硅质原料、铁质原料经破碎后按一定比例配合并磨细。生料均化是为了稳定生料成分，采用空气搅拌，通过重力作用，使生料粉在向下掉落时尽量充分混合，得到质量稳定的生料。

生料制备的原料数据主要来自于行业技术资料中的配料比例，典型的原料配比为石灰石 84.3%，黏土 12.1%，铁粉 3.6%。

生料制备中包含了破碎预均化，以及配料之后再均化的过程，这些过程都是需要电力消耗的。参考《水泥企业能效对标指南》提供的各生产环节电耗水平，其中原料处理和生料制备耗电国内日产 4000 吨以上新型干法生产线平均水平分别为 2.5 千瓦时和 18.5 千瓦时，在本案例生料制备的核算边界里面包含了原料处理，两者耗电相加，即为生料制备的电力消耗 21 千瓦时。

废气量和颗粒物数据来自于《工业源产排污系数手册（2010 修订） 中册》水泥制造业中水泥制造业产排污系数表（续 6）提供的数值。采用数据为工业粉尘，指水泥生产过程中的原料破碎，生料粉磨等有组织排放的粉尘总量，排污系数为 0.059 千克/吨熟料。换算到生料制备过程为 0.059/1.52=0.0388（千克/吨生料）。

2. 熟料煅烧

熟料煅烧过程主要能耗为电力和煤炭，本案例取日产 4000 吨水泥生产线统计平均值作为单位熟料产品的能源消耗，并在新型干法工艺中包含了回转窑低温余热发电技术。清单物质如表 4-5 所示。

表 4-5　熟料煅烧单元过程的清单数据集（1 吨熟料煅烧）

清单物质名称		数　量
原料投入	生料/吨	1.52
	煤/千克	150
	工业用水/吨	0.3
	电力/千瓦时	28.75
	余热发电/千瓦时	−35
环境排放	CO_2/千克	830
	废气/立方米	3960
	烟尘/千克	0.189
	NO_x/千克	1.58
	SO_2/千克	0.356
	废水/吨	0.002
	COD/克	0.06

文献报道熟料煅烧过程的热耗平均约为 770 千卡/千克熟料，即 0.11 千克标准煤。根据 1 吨原煤约合 0.714 吨标准煤的换算关系，则 1 吨熟料煅烧过程需要的原煤约为 0.15 吨。

参考《水泥企业能效对标指南》提供的各生产环节电耗水平，其中熟料烧成和燃料（煤粉）制备耗电国内 4000 吨/天以上新型干法生产线平均水平分别为 25 千瓦时/吨熟料和 25 千瓦时/吨燃料。本案例中熟料煅烧过程的核算边界里面包含了燃料（煤粉）处理，两者耗电相加，即为熟料煅烧的电力消耗。制备 1 吨煤粉燃料需要 25 千瓦时，1 吨熟料需要 0.15 吨煤粉燃料，故需要的燃料制备电耗为 3.75 千瓦时/吨熟料；熟料烧成过程为 25 千瓦时，熟料煅烧过程的电力消耗量为 28.75 千瓦时。此外，大型新型干法生产线普遍采用了余热发电装置，平均发电量 35 千瓦时/吨熟料。

熟料煅烧过程需要冷却水。水泥行业清洁生产评价指标体系中规定规模日产 4000 吨以上水泥熟料生产企业的单位熟料新鲜水用量应小于等于 0.3 吨，表 4-5 中直接采用了单位熟料水耗为 0.3 吨。

熟料煅烧过程，水泥窑内的生料受热分解会排放出 CO_2 气体；熟料煅烧会消耗大量的燃料，从而排放 CO_2 气体。生料中的碳酸盐分解主要是 $CaCO_3$ 和 $MgCO_3$ 受热碳酸根分解而产生 CO_2，根据《环境标志产品技术要求水泥》规定的运营边界和计算公式进行分析、核算。

生料中非燃料碳燃烧产生的单位 CO_2 排放量：

$$P = rR \times (44/12) \times 1000$$

式中　P——生产单位熟料，生料中非燃料碳燃烧产生的 CO_2 排放量，千克/吨；

r——料耗比，如缺少测定数据，可取值 1.52；

R——生料中非燃料碳质量分数，%；如缺少测定数据可采用 0.1%～0.3%（干基），生料采用煤矸石、高碳粉煤灰等配料时取高值，否则取低值；

44/12——CO_2 与 C 之间的分子量换算。

因为生料中有钢渣等配料，所以生料中非燃料碳质量分数取 0.3%，计算得出煅烧过程产生的 CO_2 排放量约为 1.52×0.3%×(44/12)×1000=16.72（千克/吨熟料）

熟料为 1 吨，熟料中氧化钙和氧化镁成分占比平均分别为 65.98%、1.9%。则碳酸盐分解的 CO_2 排放量=(65.98%×44/56+1.9%×44/40)×1000=539.31（千克），经过计算可以得到煅烧过程原料分解产生的 CO_2 排放总量为 539.31+16.72=556.03（千克 CO_2/吨熟料）。

燃料燃烧的碳排放计算可以通过从 GB 16780—2012《水泥单位产品能源消耗限额》中得到水泥生产消耗的燃料有燃煤、燃油等的热值和相应的 CO_2 排放因子，这样即可推算出单位燃料燃烧时的碳排放量。1 吨熟料煅烧过程需要的原煤为 0.15 吨，折算为标煤为 0.15×0.714=0.11（吨）。而标煤 CO_2 排放系数为 2.493 千克 CO_2/千克标准煤，核算得到燃料燃烧产生的 CO_2 排放量约为 E_2=0.11×2.493×1000=274.23（千克 CO_2/吨熟料）。

废气排放、烟尘、熟料煅烧过程中产生的氮氧化物（NO_x）、废水量、COD 等数据来自于《工业源产排污系数手册（2010 修订） 中册》水泥制造业中水泥制造业产排污系数表(续 6)。

3. 水泥粉磨

水泥粉磨过程消耗的主要原材料有熟料、石膏以及工业废物，如煤矸石、矿渣、粉煤灰等作为混合材，主要能耗为电耗，采用辊压机与球磨机组合的粉磨系统，水泥粉磨站取国内 100 万吨/年以上生产线平均水平。水泥粉磨过程清单数据如表 4-6 所示。

表 4-6　水泥粉磨单元过程的清单数据集（生产 1 吨水泥）

清单物质名称		数　量
原料投入	熟料/吨	0.75
	石膏/千克	50
	混合材/千克	200
	电力/千瓦时	41.8
环境排放	废水/(千克/吨水泥)	1.5
	COD/(克/吨水泥)	0.075
	颗粒物/(克/吨水泥)	43.75
	废气/(立方米/吨水泥)	643.25

水泥粉磨原料投入数据使用 GB 175—2007《通用硅酸盐水泥》标准值，其中对普通硅酸盐的标准是：熟料加石膏的比率为大于等于 80%，小于 95%，混合材的添加比率为大于 5%，小于等于 20%。根据我国水泥混合材料掺加的一般取值，石膏添加比例为水泥质量的 5%。根据近年中国水泥、熟料产量及熟料比重，取水泥中熟料含量为 75%，石膏消耗为 50 千克/吨水泥。

粉磨过程的主要能源消耗为电力，主要用于水泥粉磨、除尘设备等的驱动。参考《水泥企业能效对标指南》提供的各生产环节电耗水平，其中水泥粉磨耗电国内 4000 吨/天以上（含 4000 吨/天）新型干法生产线平均水平为 41.8 千瓦时/吨水泥。

废水量、颗粒物排放数据来自于《工业源产排污系数手册（2010 修订） 中册》水泥制造业中水泥制造业产排污系数表。提供的数值为工业粉尘排污系数 0.088 千克/吨水泥，因为工业粉尘指水泥生产过程中的原料破碎，生料粉磨、水泥粉磨等有组织排放的粉尘总量，故需要减去生料制备过程的颗粒物排放，即水泥粉磨这一过程的颗粒物排放数据为：0.088－0.75×0.059＝0.04375（千克）＝43.75（克）。

4. 上游背景过程数据集

上述三个单元过程直接从行业统计和文献资料中收集了原始数据，得到单元过程数据集。除此之外，水泥生命周期的其他过程，包括电力生产、煤炭开采以及石灰石、铁矿石、黏土、石膏等原材料开采以及运输等，均采用中国生命周期基础数据库CLCD提供的背景数据集。

三、结果分析

采用LCA专业软件，可以建立生命周期过程图（图4-4），输入单元过程数据集（表4-4～表4-6），连接到上游背景过程数据集，由此得到产品生命周期模型，并由软件完成LCA各种指标的计算和分析。

1. 碳足迹指标分析

碳足迹是指产品生命周期过程中所排放的各种温室气体各自乘以特征化因子（折算为CO_2的当量因子），求和得到的温室气体总量（以CO_2当量为单位），以此反映产品对全球暖化和气候变化的潜在影响。

上述模型计算得到每一吨水泥的碳足迹总量为741.2千克CO_2当量，其中主要是CO_2气体占97.1%，CH_4占2.9%。除熟料煅烧过程有直接的CO_2排放之外，其余均来自上游背景过程的排放，主要是电力生产过程，如表4-7所示。

表4-7　水泥生命周期各过程对碳足迹的直接贡献

过程名称	对碳足迹的贡献/%	过程名称	对碳足迹的贡献/%
熟料煅烧	87	煤炭开采	1
电力	11	货车运输	1

熟料煅烧过程的碳排放量最大，这是因为熟料煅烧过程，生料中的碳酸盐$CaCO_3$和$MgCO_3$受热分解而产生CO_2，同时熟料煅烧会消耗大量的煤炭，也会释放CO_2气体。除此之外，水泥粉磨和生料制备过程无现场CO_2排放，但是这些过程皆消耗了电力，因此上游的电力生产过程也对碳足迹有显著贡献。运输过程则是因为燃油的使用造成温室气体排放。

2. ECER指标分析

从上述模型也可以计算得到每一吨水泥的节能减排综合指标（ECER）以及各项的贡献百分比，如表4-8和图4-5所示。

表4-8　ECER指标计算结果表

序号	指标	计算结果	百分比
1	二氧化碳(CO_2)	8.65×10^{-11}	34%
2	氮氧化物(NO_x)	8.63×10^{-11}	34%
3	初级能耗(PED)	4.82×10^{-11}	19%
4	二氧化硫(SO_2)	2.70×10^{-11}	11%
5	工业用水量(IWU)	3.94×10^{-12}	2%
6	化学需氧量(COD)	3.10×10^{-12}	1%
7	氨氮(NH_3-N)	6.13×10^{-13}	0%
节能减排综合指标(ECER)		2.56×10^{-10}	100%

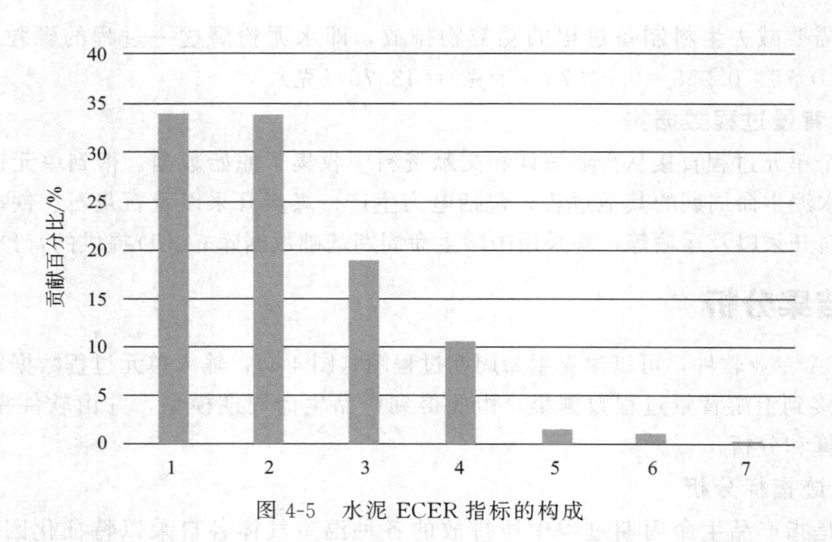

图 4-5 水泥 ECER 指标的构成

由于 ECER 指标中是用一吨水泥的数据除以全国总量，所以各项数值都很小。由表 4-8 和图 4-5 可见，在大型新型干法生产水泥的生命周期中，对节能减排综合指标（ECER）贡献最大的指标是 CO_2 指标和 NO_x，都达到 34%，这是由于大型新型干法生产水泥的生产过程中燃烧煤炭等化石能源产生大量 CO_2 和 NO_x，此外还有熟料煅烧过程中生料中碳酸盐的分解也会排放二氧化碳。其次是初级能耗指标，达到 20%左右，这是由于水泥生产过程中会消耗电力和煤炭，电力生产过程也会消耗煤炭等初级能源。SO_2 则主要是来自含硫燃料的燃烧以及生料制备熟料过程中含硫成分的分解排放。而水耗以及水体污染物 COD 和氨氮的贡献很小，这反映了水泥作为典型无机材料生产过程的特点。

过程直接贡献是指该过程生产现场造成的资源投入或环境排放占对应的产品生命周期影响指标总量的大小。本案例的水泥生命周期中各过程对 ECER 指标的直接贡献如表 4-9 所示。

表 4-9 各过程直接贡献

过程名称	对 ECER 的贡献/%	过程名称	对 ECER 的贡献/%
熟料煅烧	56	货车运输	4
煤炭开采	20	石灰石开采	2
电力	18	石膏矿开采	1

3. 清单数据灵敏度分析

除上述将 LCA 指标按构成细分、按过程细分进行分析之外，更全面的 LCA 分析是清单数据的灵敏度分析。清单数据灵敏度是指清单数据单位变化率引起的相应指标变化率。通过分析清单数据对各指标的灵敏度，并配合改进潜力评估，从而辨识最有效的改进点。

本案例中列出了水泥生命周期中对 ECER 灵敏度大于 1%的 12 个清单数据及对碳足迹指标灵敏度大于 1%的 8 个清单指标，各清单数据的灵敏度如表 4-10 与图 4-6 所示。

表 4-10 ECER 清单数据灵敏度

序号	单元过程名称	清单物质	ECER 指标灵敏度	碳足迹指标灵敏度
1	水泥粉磨	熟料	91%	95%
2	熟料煅烧	二氧化碳	38%	84%

续表

序号	单元过程名称	清单物质	ECER 指标灵敏度	碳足迹指标灵敏度
3	熟料煅烧	硬煤	20%	3%
4	熟料煅烧	氮氧化物	14%	—
5	熟料煅烧	生料	11%	5%
6	水泥粉磨	全国平均电网电力	8%	5%
7	生料制备	全国平均电网电力	5%	3%
8	熟料煅烧	全国平均电网电力	4%	3%
9	熟料煅烧	二氧化硫	3%	—
10	生料制备	石灰石-货车运输	3%	1%
11	生料制备	石灰石	2%	—
12	水泥粉磨	天然石膏	1%	—

注："—"表示该项清单物质对碳足迹指标灵敏度为小于1%。

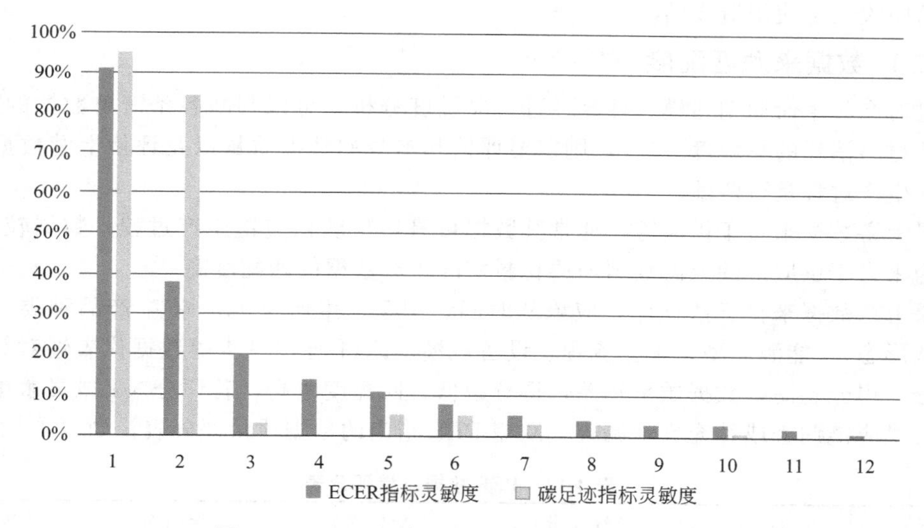

图 4-6　ECER 和碳足迹指标的清单数据灵敏度

由表 4-10 与图 4-6 可知，水泥生命周期中对 ECER 指标灵敏度最大的清单数据是水泥粉磨过程的主要原料熟料，可通过较少熟料损耗，提高成品率来改进。其次是熟料煅烧过程中产生的 CO_2，其灵敏度达到 40%左右，通过工艺诊断分析，是由于熟料煅烧过程的主要原料生料中含有大量的碳酸盐，其受热分解产生 CO_2，此外还有燃料煤炭的燃烧使用也会产生大量的 CO_2，可通过提高生料品质改进，或寻找替代的生料来源，例如电石渣。熟料煅烧过程的煤炭，灵敏度达到 20%，水泥行业燃料均使用煤炭，大型新型干法的煤耗已经达到较高水平，且没有经济可行的清洁燃料替代，因此以其作为改进点的潜力不大。熟料煅烧过程中排放的 NO_x 灵敏度也较高，达到 14%，可通过采用低 NO_x 燃烧技术降低煅烧过程的 NO_x 排放。此外还有各单元过程中的电力消耗，各自达到 5%左右，可通过采用余热发电技术或更加先进的粉磨技术等来降低电耗，或者使用清洁电力来源，例如水力发电产生的电力。

四、数据质量评估与改进

（一）物料平衡检查

物料平衡检查可以对数据的完整性和准确性做粗略的检查。物料可以指总物质，也可以指元素等。平衡检查范围可以是单元过程，也可以是整个系统。一般情况下，单元过程输入与输出质量比在0.9～1.1的范围内，可以判断物料是基本平衡的，否则需要解释超过范围的原因。水泥生产各单元过程的物料平衡检查如表4-11所示。

表 4-11 物料平衡检查

过　程	输入/输出	解释说明
生料制备	1.00	物料质量基本平衡
熟料煅烧	0.9104	物料质量基本平衡
水泥粉磨	1	物料质量基本平衡

熟料煅烧过程输入/输出＝0.9104，可能是因为数据来源于多个不同资料，以及窑灰和粉煤灰的回收入窑使用造成的。

（二）数据来源匹配度

通过对产品生命周期建模、计算，进行灵敏度分析，可以判断各条清单数据的重要性。若某项原材料消耗的灵敏度＞1%，则需要评估其本身的数据质量以及评估上游数据与原材料的实际生产过程是否匹配。

如果上游数据来自于供应链，通常其数据可真实反映供应链生产过程，数据较为可靠，可以认为来自于供应链的上游数据与原材料实际生产数据的匹配度高。

如果上游数据来自于数据库，应该从时间、国家、生产技术、原料-产品种类（规格型号、形状形态）、能源类型、工艺流程、设备规模、原料-原料种类等数据代表性对数据质量进行评分，得分越高，数据质量越差，得分越低，匹配度越高。若评分＞4或灵敏度＞5%，建议进行供应链调查或补充文献调查。欧盟PEF指南的数据质量评分表，如表4-12所示。

表 4-12 PEF 数据质量评分表

指标	1级(1分)	2级(2分)	3级(3分)	4级(4分)	5级(5分)
地区性(U_1)	来自企业本地的数据	来自包含企业本地的较大区域范围的平均数据	来自生产条件和生产力水平相似区域的数据	中国平均数据	其他国家的数据
原料种类(U_2)	使用相同原料生产的数据	使用相同主要原料生产的数据	使用不同原料生产，但产品相同	使用不同原料生产，但产品相似	原料数据缺失，以相似产品的数据代替
能耗种类(U_3)	能耗种类及比例相同	能耗种类相同，比例相似	主要能耗种类相同	能耗种类不同，但产品相同	能耗数据缺失，以相似产品的数据代替
生产工艺和设备(U_4)	生产工艺和设备相同	工艺相同，设备不同	工艺相似	工艺不同，但产品相同	数据缺失时，以相似产品的数据替代
年份(U_5)	与时间无关或3年以内	6年以内	10年以内	15年以内	数据年代未知或15年以上

数据质量得分由式(4-8) 计算得到。

$$U=\frac{U_1+U_2+U_3+U_4+U_5}{5} \tag{4-8}$$

式中　U——数据质量得分；

U_1——地区性方面对应得分；

U_2——原料种类方面对应得分；

U_3——能耗种类方面对应得分；

U_4——生产工艺与设备方面对应得分；

U_5——年份方面对应得分。

（三）数据质量汇总

产品生命周期清单数据的质量评估结果应该被记录下来，解释说明评估结果，并提出下一步的数据质量改进或处理方法。本案例的数据质量评估汇总如表 4-13 所示。

表 4-13　数据质量汇总（灵敏度>1%）

清单物质	数据来源	质量评分	说明	改进/处理方式
电力	CLCD 数据库	2	主要生产能源	企业调研
二氧化碳	文献调研	3	主要环境排放	企业调研
煤炭	CLCD 数据库	2	主要生产原料	供应商调查
氮氧化物	文献调研	3	主要生产原料	企业调研
石膏	CLCD 数据库	2	主要生产原料	供应商调查
石灰石	CLCD 数据库	2	主要生产原料	供应商调查

由表 4-13 可知，本案例的数据来源以文献调研与 CLCD 数据库为主，各项数据质量评分小于 3，能够满足。因此，建议在实际的产品生命周期评价过程中的数据来源应该以更符合实际生产情况的企业调研和供应商调查为主以此提高数据质量。若数据质量评估中某条生命周期清单数据的评分>4 或灵敏度>10%，最好补充更详细的文献调查或生产企业的现场数据调查。

第三节　生命周期评价软件 eFootprint 操作

产品生命周期建模离不开 LCA 基础数据库与软件工具，丰富的背景数据库与功能完善的 LCA 分析软件是开展 LCA 研究和应用工作的前提。以下以水泥的 LCA 建模和计算为例，展示 eFootprint 软件的操作。

一、新建一个水泥模型

点击系统页面左侧“我的模型”标签，进入我的模型界面，在我的模型界面可实现产品 LCA 模型搜索。点击右上方“新建模型”按钮新建产品模型，如图 4-7 所示。

在右侧弹出的标签页中编辑新建产品模型的名称、单位、规格型号，选择模型是否为全生命周期模型，保存设置，成功建立新的产品 LCA 模型，如图 4-8 所示。对于消费品则需从原料开采开始，一直向下进行追溯到产品的废弃过程，这是一个完整的全生命周期。而原材料产品的生产无需调查使用和废弃过程，这是因为其出厂后的使用方式无法确定，其下游

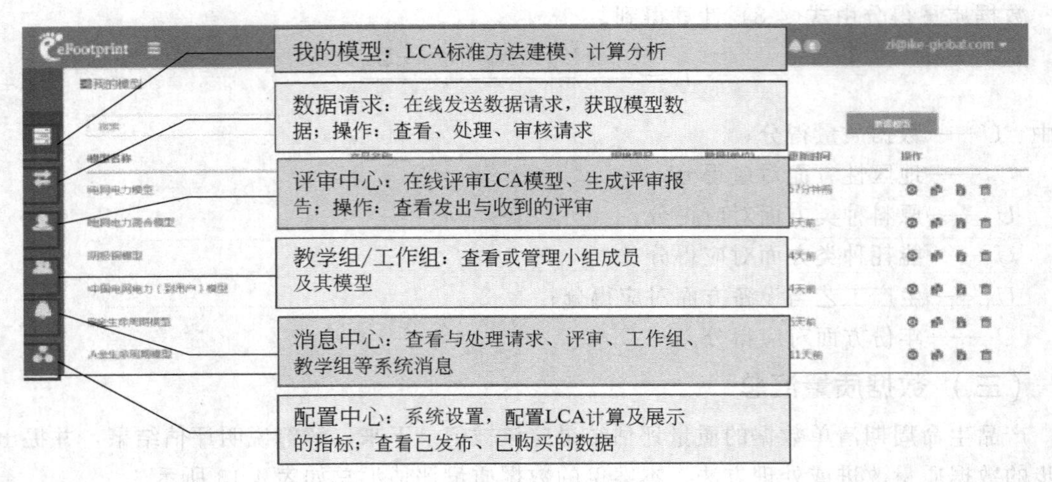

图 4-7　我的模型界面

过程应由使用它的下游企业进行调查，其生命周期到产品出厂为止，不是一个完整的全生命周期。

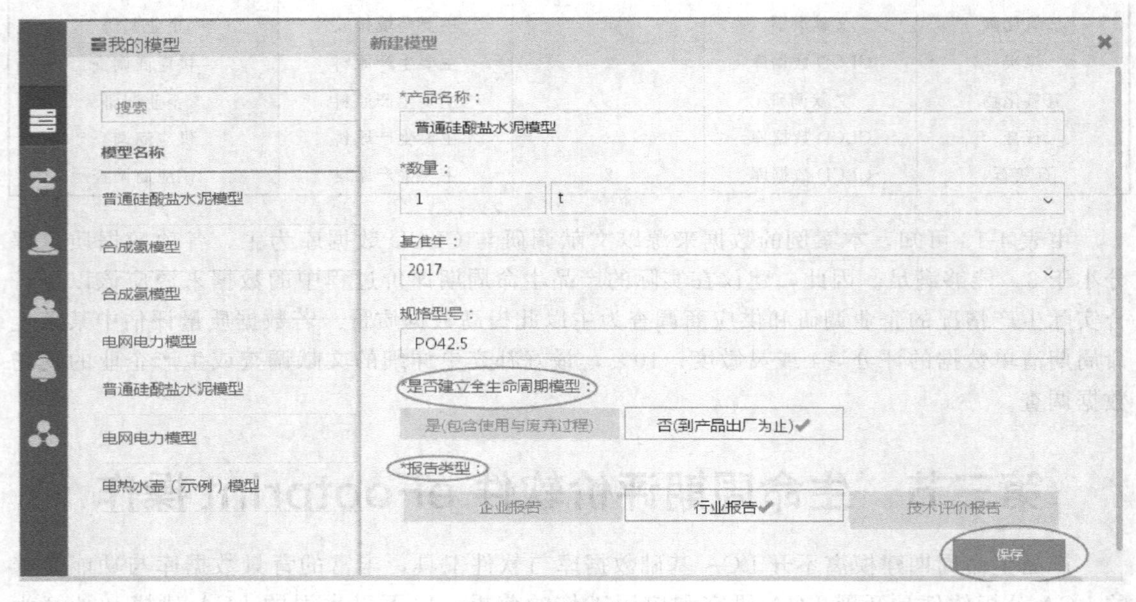

图 4-8　新建模型界面

另外，如果报告针对的是某企业的具体产品，则报告类型选择企业报告；如果报告针对的是某个全行业平均水平的产品，则报告类型选择行业报告；如果针对的是某个行业平均水平的技术工艺，则报告类型选择技术评价报告。

二、编辑目标与范围定义

点击产品模型操作列表中的“查看”按钮，进入产品模型中的“目标与范围定义”页面，可在该界面查看、编辑、保存产品模型的基本信息、项目信息、调查范围等，如图 4-9 所示。

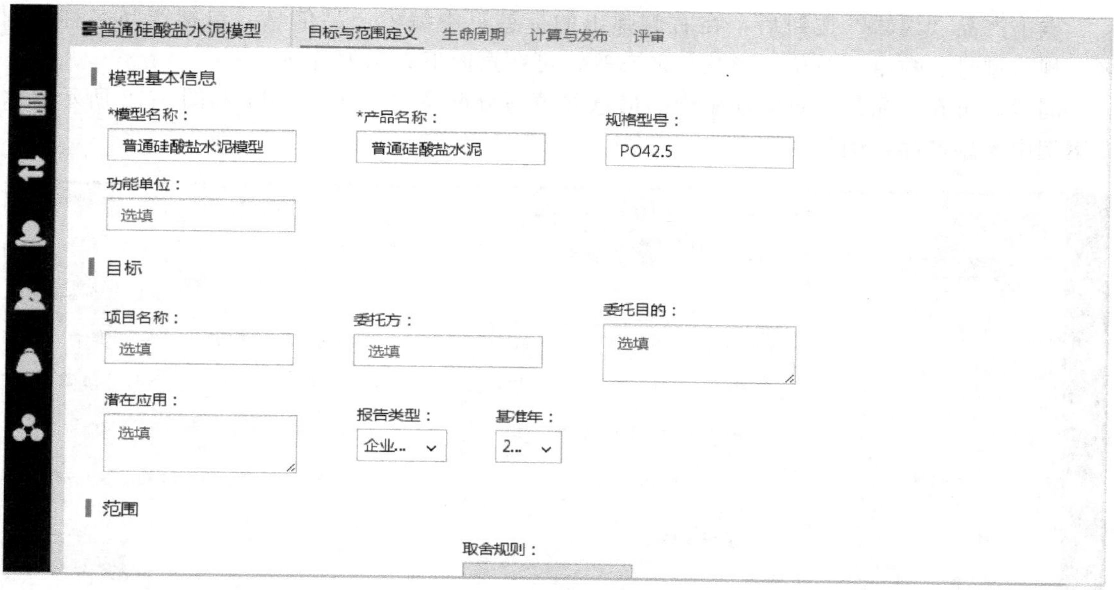

图 4-9　目标与范围定义界面

三、生命周期建模——树形模型

1. 树形模型的构成

树形节点：代表产品生命周期中某一生产或消费过程，是清单数据的“容器”，每个树形节点对应一个单元过程数据集（实景过程）或汇总过程数据集（背景过程），如图 4-10 所示。

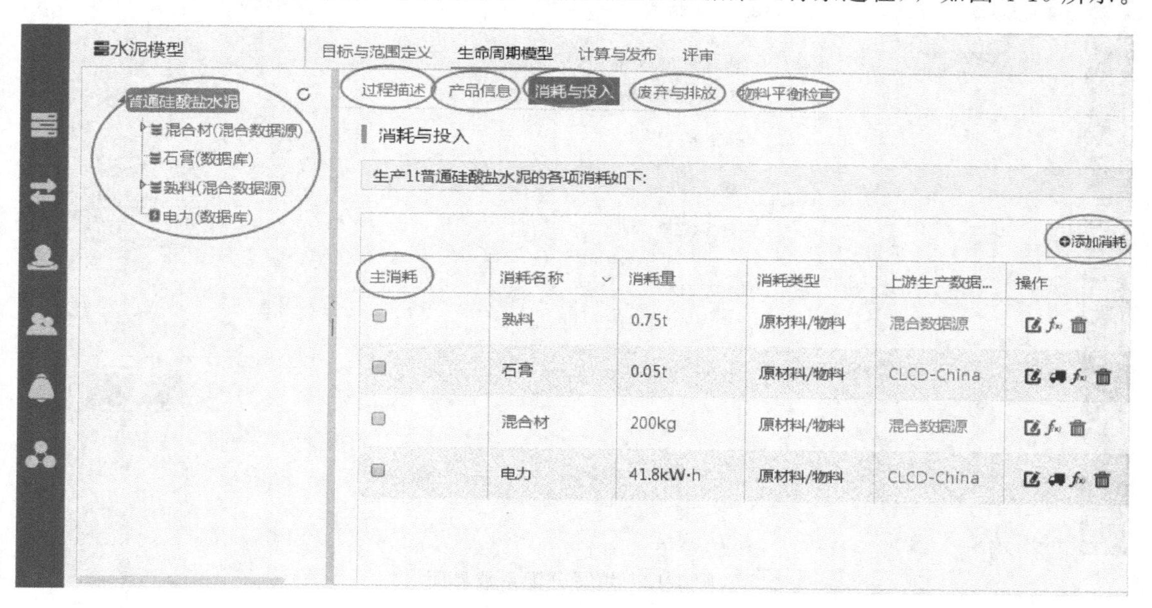

图 4-10　树形节点

2. 产品生命周期树形建模

通过新建模型或添加消耗增加树形节点；编辑树形节点对应的过程描述，产品信息，消耗与排放数据，如图 4-10 所示；可以对树形节点对应的单元过程进行物料平衡检查。

点击产品“编辑”按钮后，在右侧弹出的标签页中编辑产品信息，包括产品名称、别名、规格型号、数量、单位、形状与形态等，可在页面下方添加备注。

同时，可在产品信息页添加副产品信息并填写分配系数，如图4-11和图4-12所示（水泥案例中无副产品，图仅供参考）。

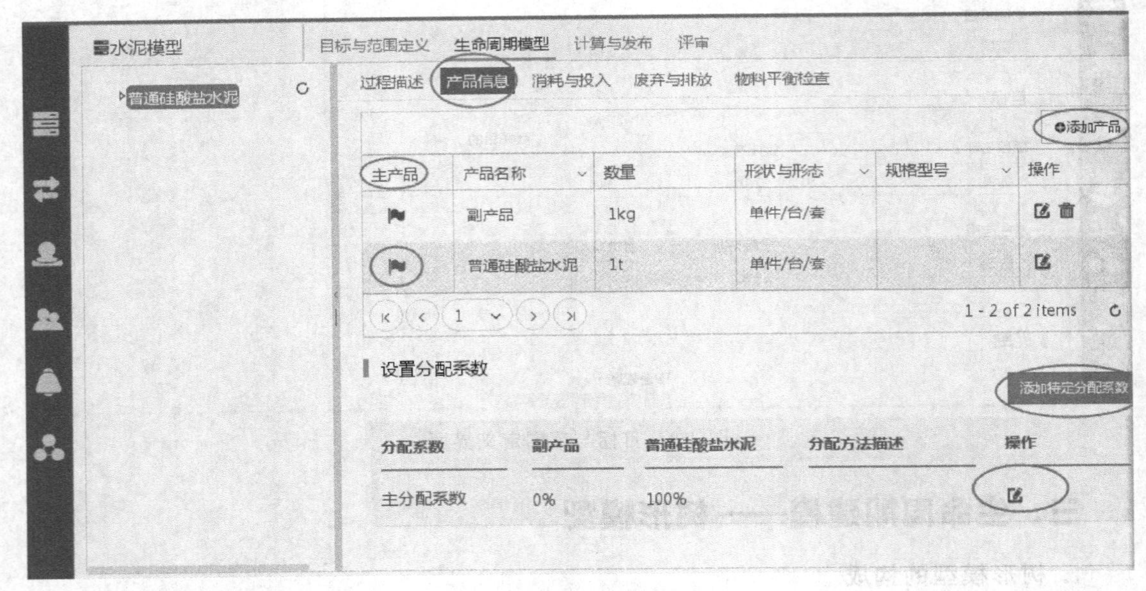

图4-11　添加产品信息界面

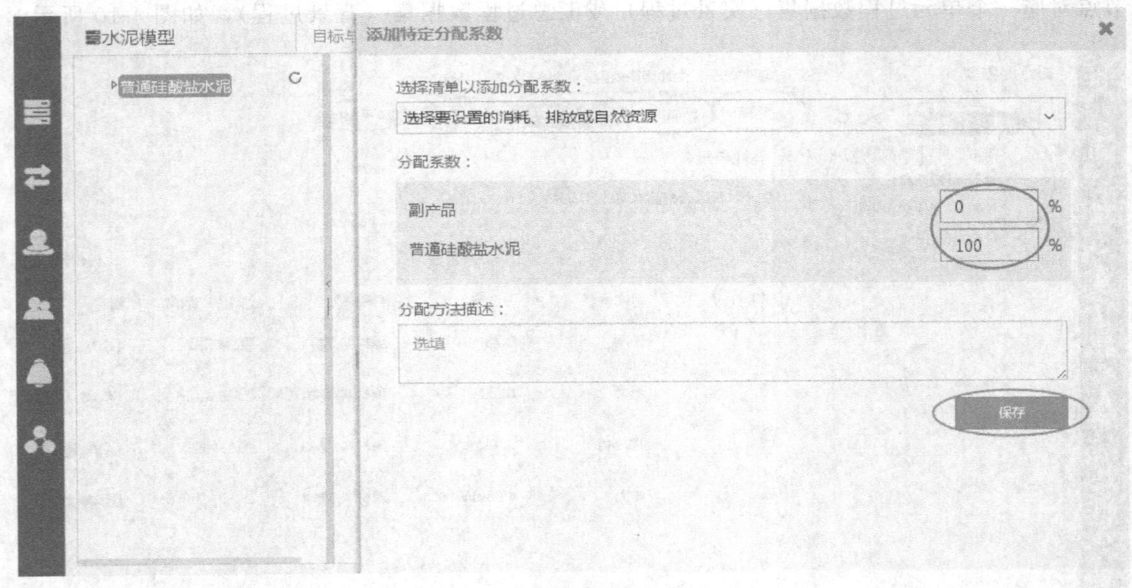

图4-12　填写分配系数界面

四、添加消耗与投入

生命周期模型的建立首先要收集每个单元过程的数据，需要从产品的最终生产阶段开始调查；在调查过程中得到产品生产过程中的各项消耗，如原料的消耗和能源的消耗；然后不断往前追溯。因此先进行水泥粉磨过程的消耗与投入添加，如图 4-13 所示，水泥消耗与投入有熟料、石膏和电力。其中指定熟料为水泥生产的主要消耗，在消耗与投入列表中“指定主消耗”栏勾选需要设定为主要消耗的投入，选中后，该条消耗将会出现在产品链状模型中的主链上。

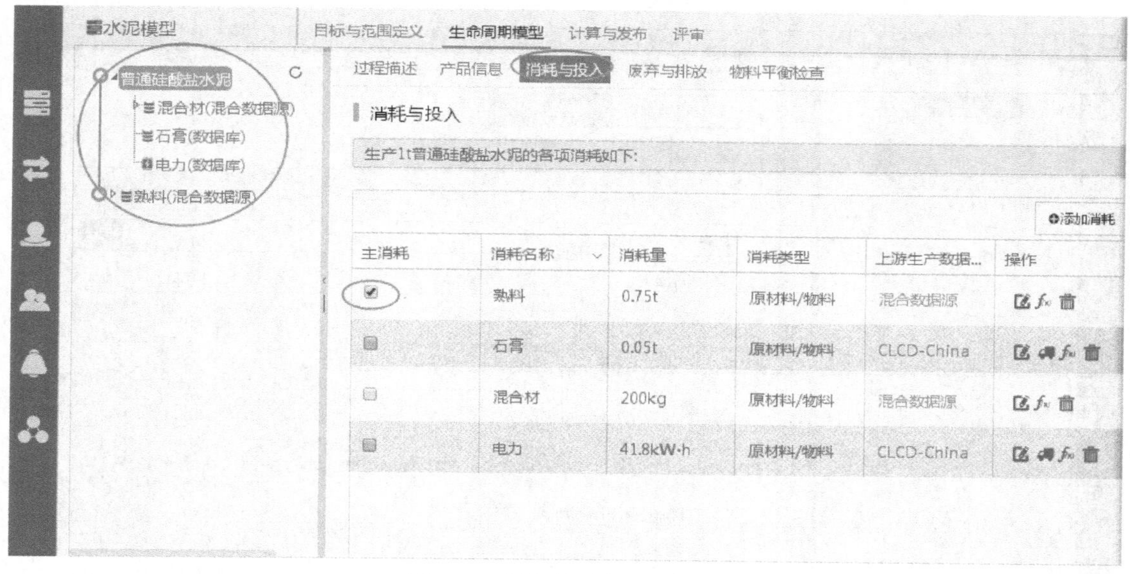

图 4-13　添加消耗与投入界面

五、添加废弃与排放

点击页面右上侧“废弃与排放”标签，进入废弃与排放标签页，点击“添加排放”按钮，可在产品列表中添加废弃与排放。可在对应产品的操作栏中对废弃与排放信息进行查看、编辑和删除，如图 4-14 所示（熟料煅烧和生料制备过程中的排放与废弃添加方法和该

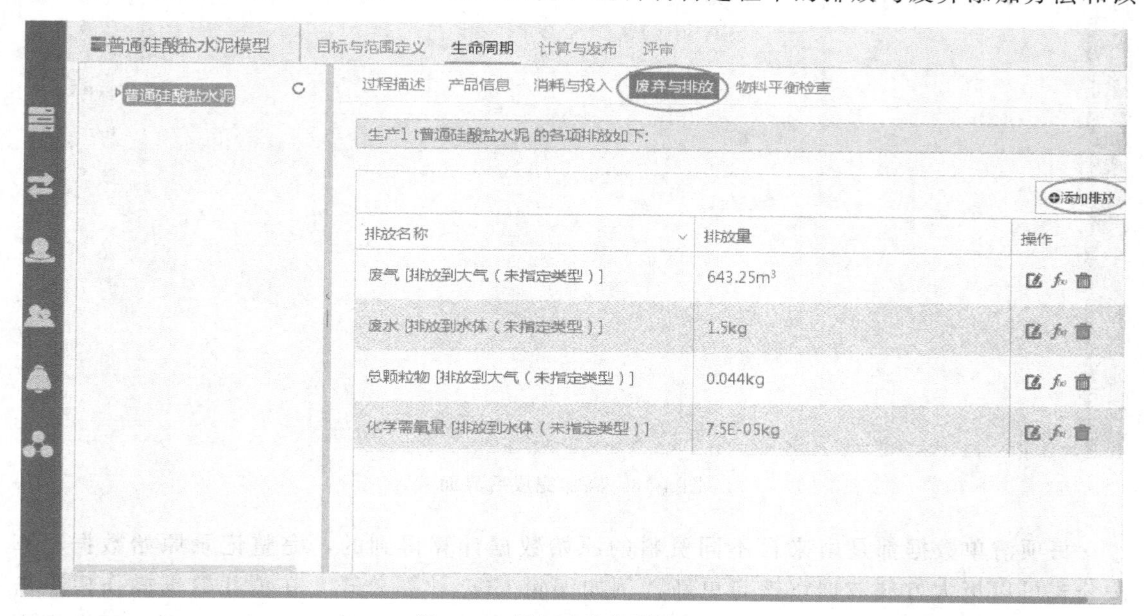

图 4-14　添加废弃与排放界面

处一样，因此后面不一一赘述）。

点击“添加排放”按钮后，在右侧弹出的标签页中点击“选择”按钮，选择待添加的排放物，可以从排放清单选择也可从物质名录选择，如图4-15所示。添加完成后界面如图4-16所示。

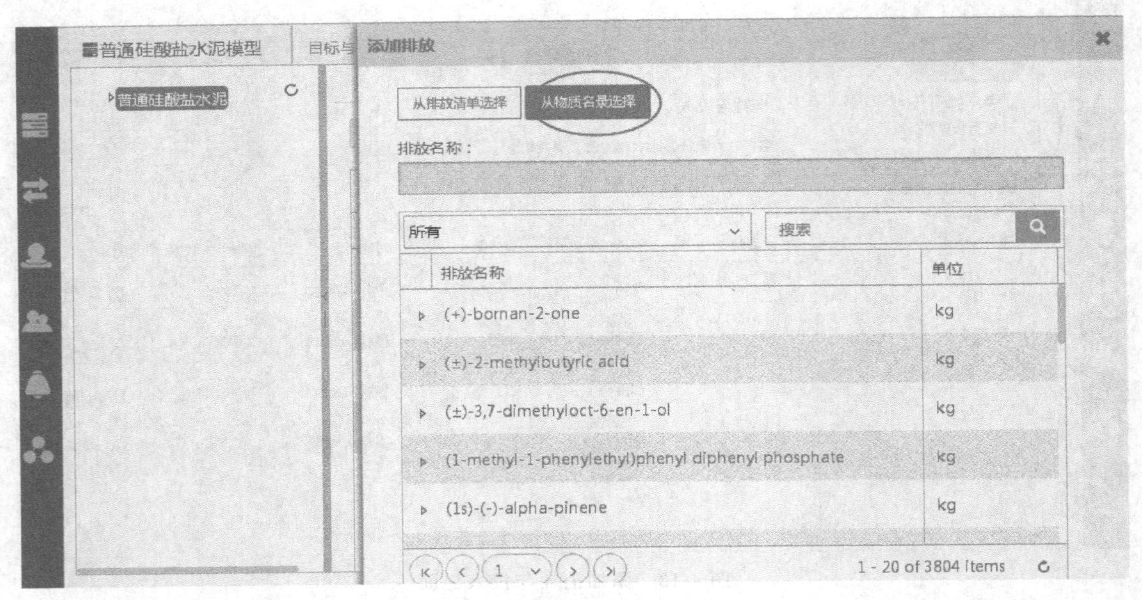

图4-15　选择待添加的排放物界面

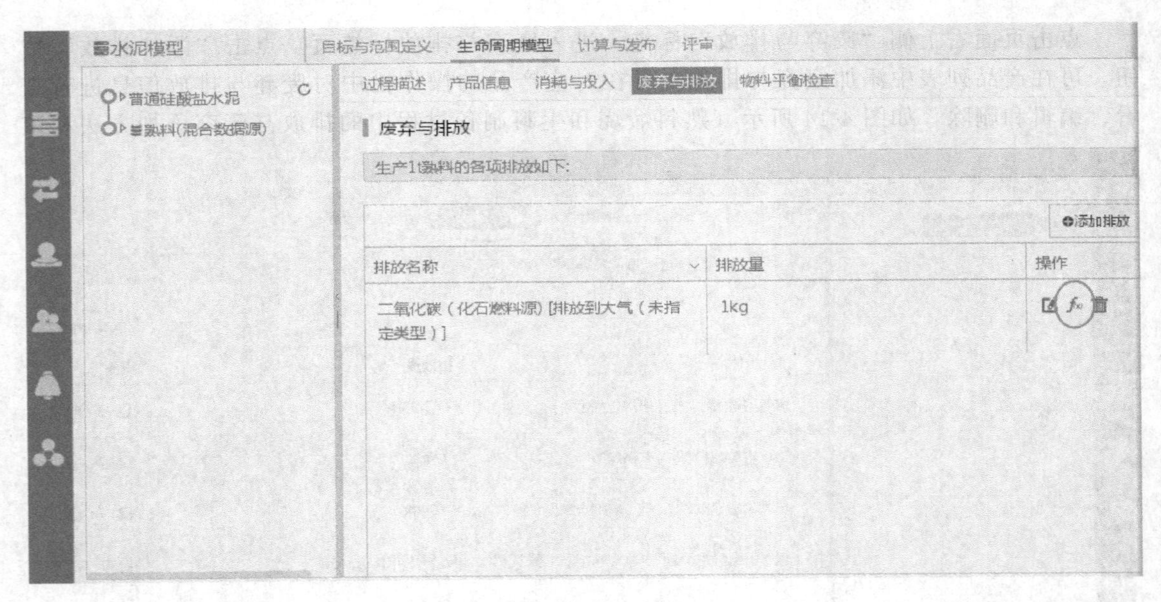

图4-16　添加完成后界面

每项清单数据都是由来自不同资料的原始数据计算得到的，完整记录原始数据、算法公式可以极大方便数据审核与更新。例如编辑CO_2计算公式，在消耗数据操作栏点击“$f(x)$”公式编辑图标，如图4-16所示。然后编辑公式，如图4-17所示，程序可以识别基本运算符号。接着编辑自定义参数（英文），进行清单数据计算并保存，如图 4-18 所示。

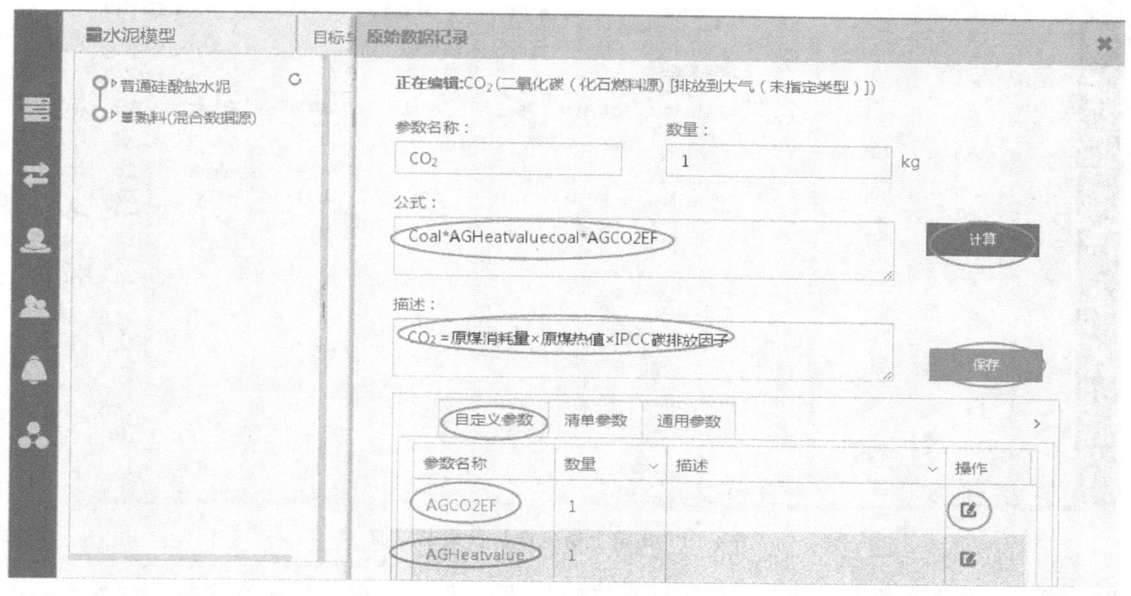

图 4-17　编辑公式界面

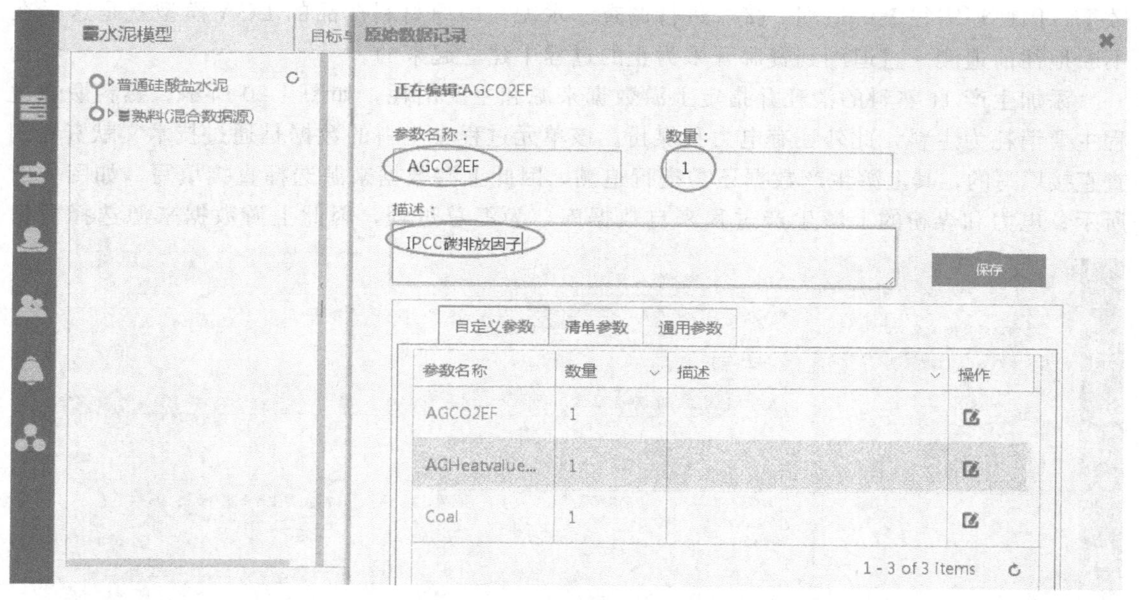

图 4-18　编辑自定义参数界面

六、指定上游过程数据来源

在消耗与投入列表中消耗对应的“上游生产数据来源”栏中点击“未定义”，可指定该条消耗的上游数据来源，如图 4-19 所示。

其中电力和石膏的上游生产过程来自 CLCD 数据库中的全国电网电力和石灰石开采过

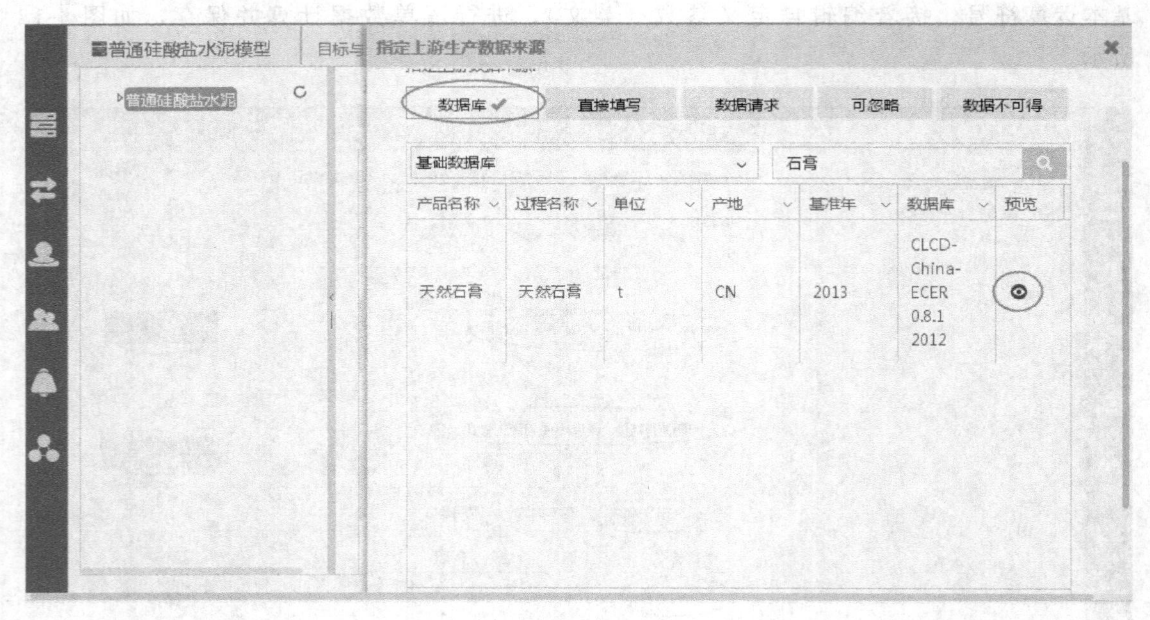

图 4-19　指定上游生产数据来源界面

程，指定上游生产数据时选择“搜索已有数据”，皆为汇总过程，意味着这两个过程不必再进行上游追溯，而熟料只有水泥粉磨过程的数据，选择“直接填写”，没有上游生产过程的数据，因此还需往上游追溯，接着进行调查。水泥，即原材料产品的 LCA 模型就是这样在不断地往前追溯一直追溯到资源开采为止的过程中建立起来的。

添加生产 1t 熟料的消耗并指定上游数据来源和主要消耗，如图 4-20 所示。熟料煅烧过程主要消耗为生料，此外还有电力和煤粉。该单元过程中生料的数据是通过技术文献资料调查直接填写的，其上游生产数据还需进行追溯，因此上游数据来源选择直接填写，如图 4-21 所示；电力和煤粉的上游生产过程来自数据库，为汇总过程，因此上游数据来源选择数据

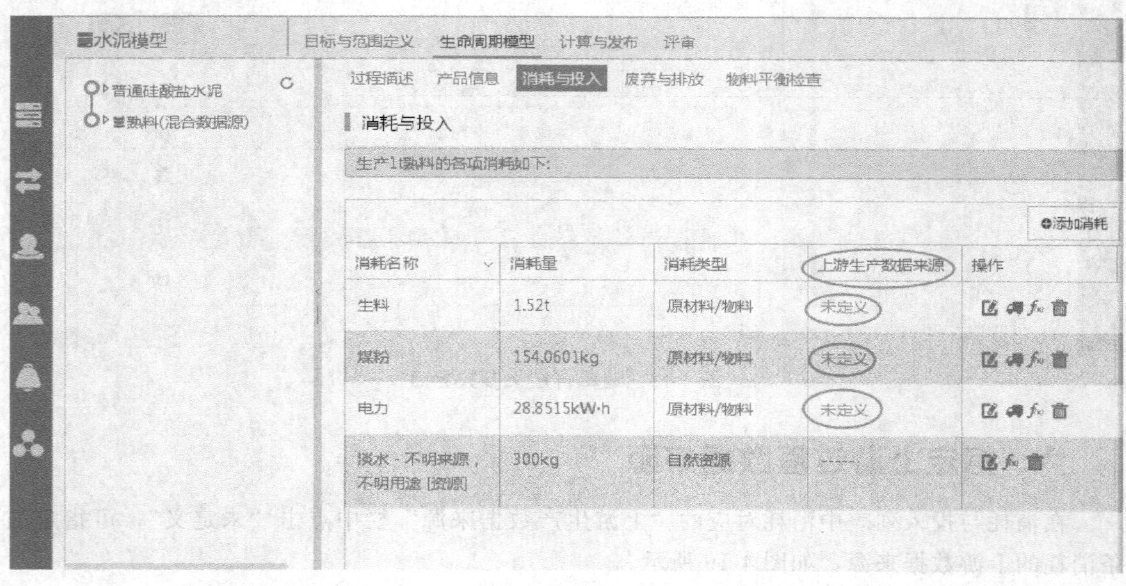

图 4-20　指定上游数据来源和主要消耗界面

库，如图 4-22 所示。

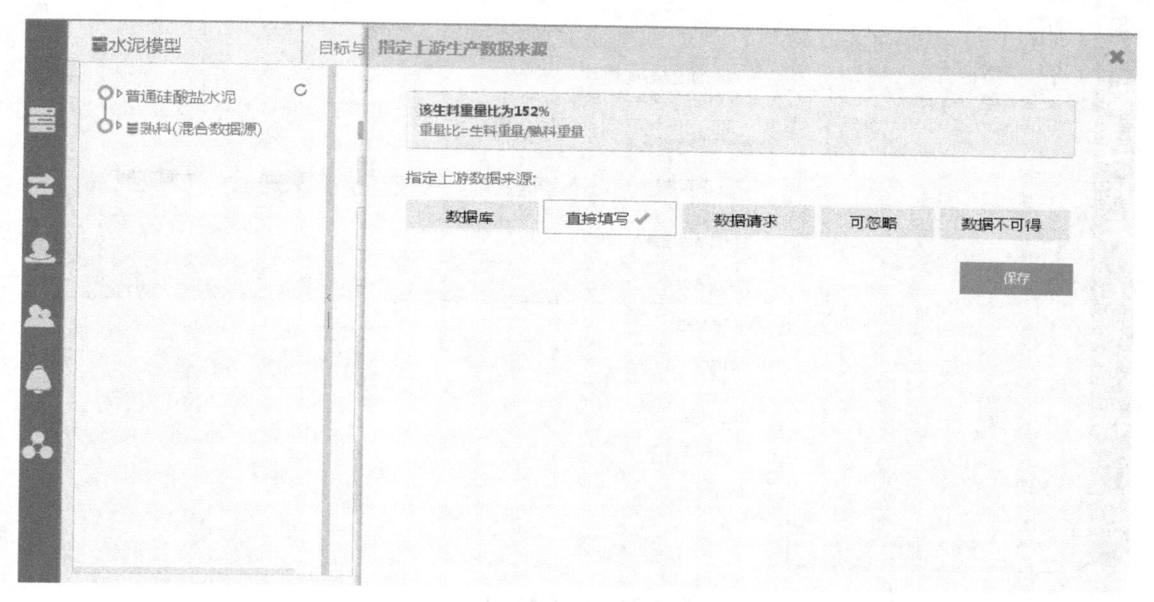

图 4-21　直接填写上游数据来源界面

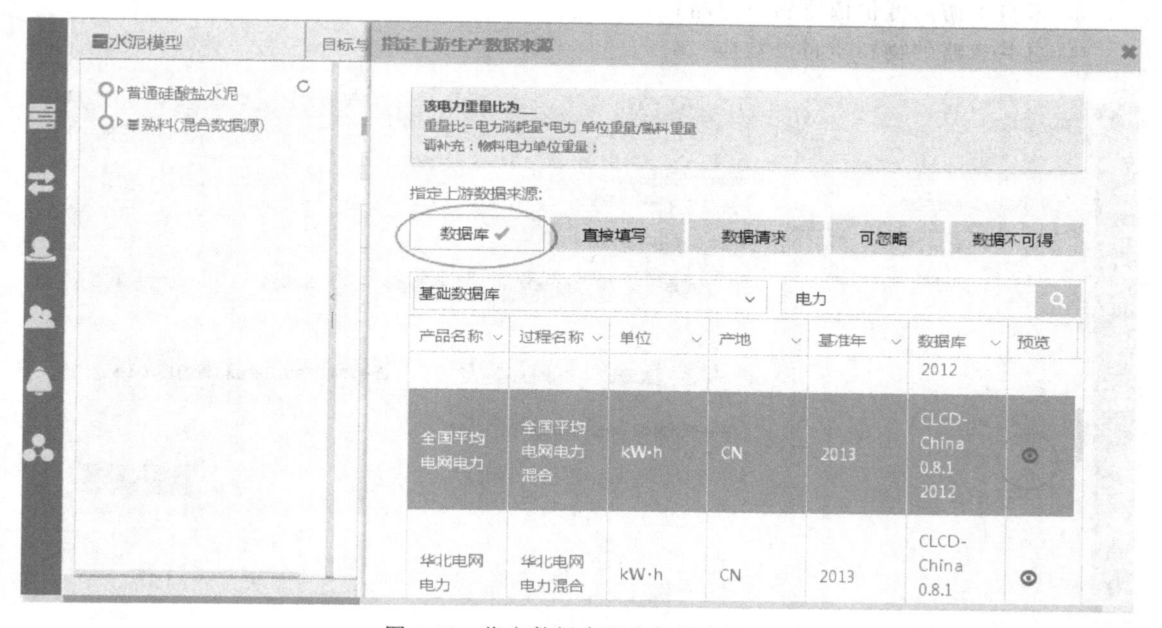

图 4-22　指定数据来源为数据库界面

另外还有三种数据来源。一种是数据请求，如图 4-23 所示，可以通过邮件向拥有该清单物质汇总过程数据的人发送请求，待得到回复后并审核通过后，模型数据将自动纳入产品树形结构中。

另外一种是可忽略，如图 4-24 所示，忽略物料应满足 cut-off 规则：

① 质量分数<1%的物料可忽略；

② 含稀贵或高纯成分的物料，质量分数<0.1%可忽略；

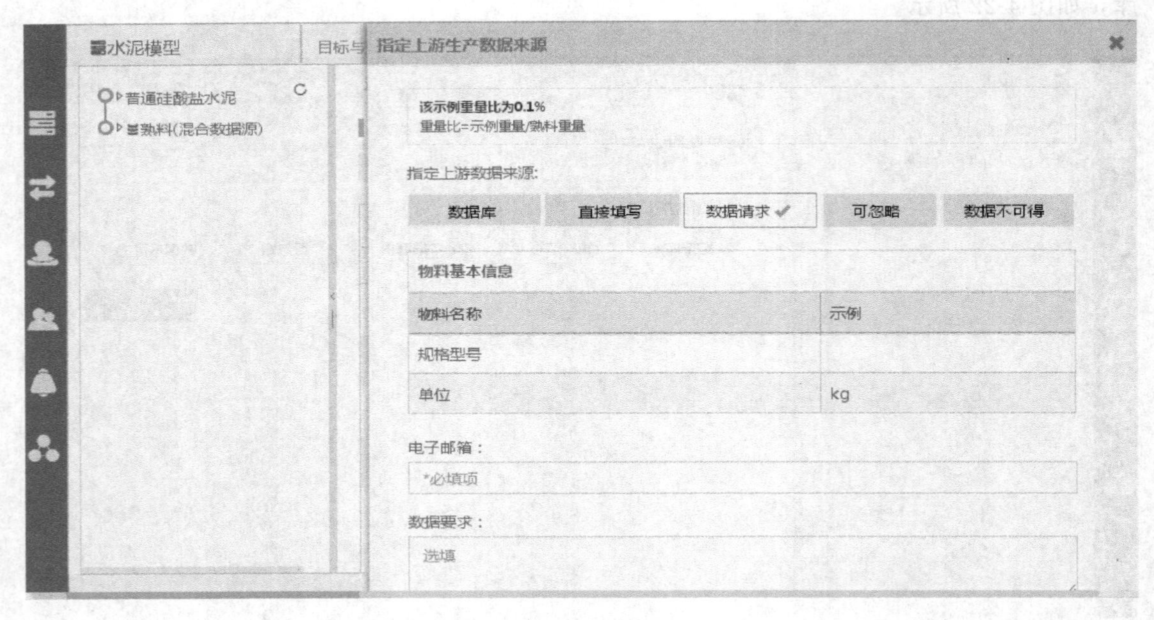

图 4-23　数据请求界面

③ 来自上游的低价值物料可忽略；

④ 总共忽略的物料质量分数应<5%。

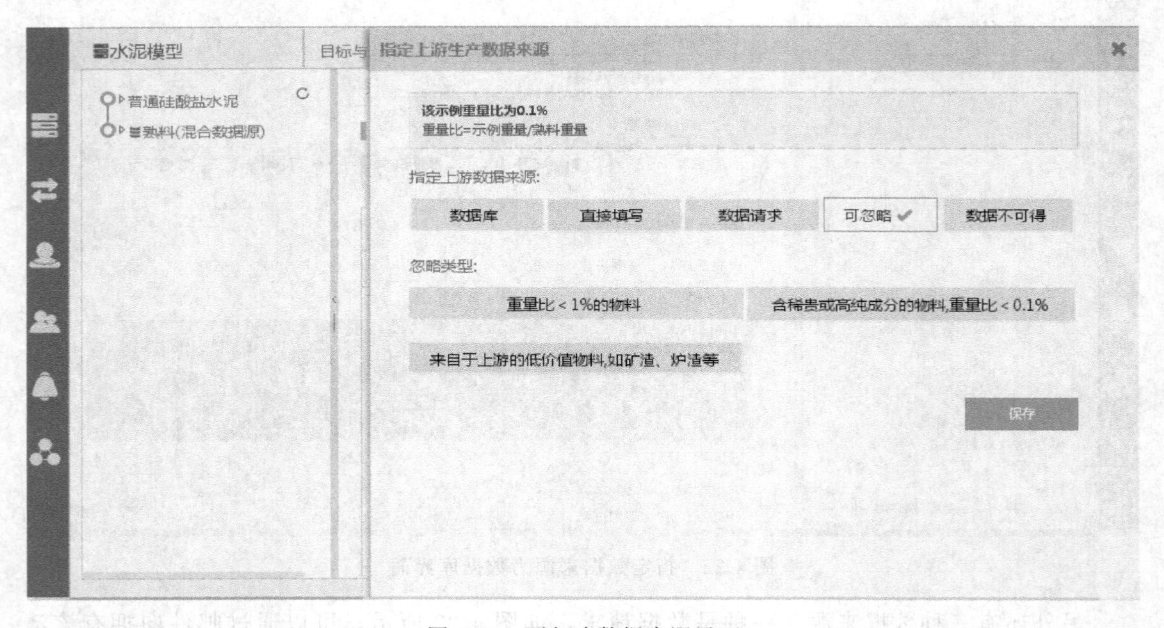

图 4-24　可忽略数据来源界面

最后一种是数据不可得，即无法获得该数据来源。

生产 1 吨生料的消耗与投入数据的添加如图 4-25 所示，其中每项消耗的上游生产过程皆来自数据库，为汇总过程，已经追溯到了水泥生产的最终资源开采过程，意味着整个模型的数据调查到此为止。

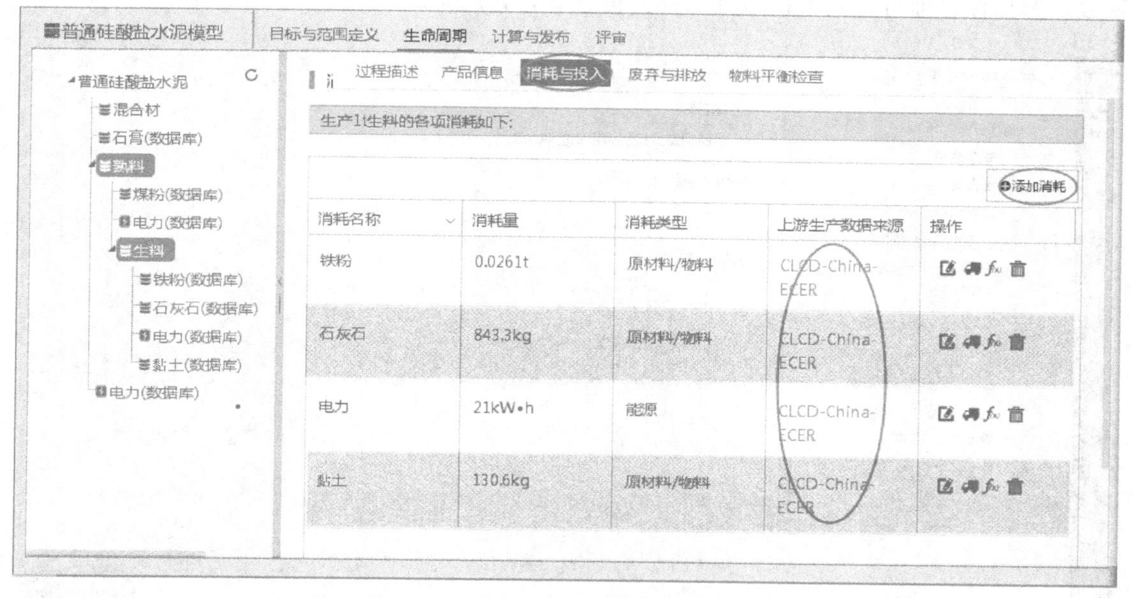

普通硅酸盐水泥模型 | 目标与范围定义 | 生命周期 | 计算与发布 | 评审

过程描述 | 产品信息 | 消耗与投入 | 废弃与排放 | 物料平衡检查

生产1t生料的各项消耗如下:

消耗名称	消耗量	消耗类型	上游生产数据来源	操作
铁粉	0.0261t	原材料/物料	CLCD-China-ECER	
石灰石	843.3kg	原材料/物料	CLCD-China-ECER	
电力	21kW•h	能源	CLCD-China-ECER	
黏土	130.6kg	原材料/物料	CLCD-China-ECER	

图 4-25 生产 1 吨生料的消耗与投入数据的添加界面

七、物料平衡检查

物料平衡检查可以计算单元过程的输入输出量并进行对比，通过质量和能量平衡检验数据可靠性，防止数据输入出错。以水泥粉磨过程的质量平衡检查为例，如图 4-26 所示，点击物料平衡检查选项，会出现默认检查方案。

普通硅酸盐水泥模型 | 目标与范围定义 | 生命周期 | 计算与发布 | 评审

过程描述 | 产品信息 | 消耗与投入 | 废弃与排放 | 物料平衡检查

生料制备平衡检查 | 删除当前方案 | 编辑当前方案 | 新建检查方案

类型	名称	数量(单位)	修正系数	修正结果
消耗	电力	21(kW•h)	0	0.0000
消耗	铁粉	0.0261(t)	1000	26.1000
消耗	黏土	130.6(kg)	1	130.6000
消耗	石灰石	843.3000000000001(...	1	843.3000
产品	生料	1(t)	1000	1,000.0000
排放	废气 [排放到大气（未...	563.8157894736842(...	0	0.0000
排放	总颗粒物 [排放到大气...	0.038815789473684...	1	0.0388
检查结果(范围：0-0)				1.0000

图 4-26 物料平衡检查界面

若默认检查方案没有就物料投入与产出单位进行修正，则会出现结果不合法的提示。因此要对数据进行修正，可以选择对默认方案进行编辑或新建方案，设置结果范围，输入修正系数，选择保存即可得到平衡检查结果并可查看，如图 4-27 所示。

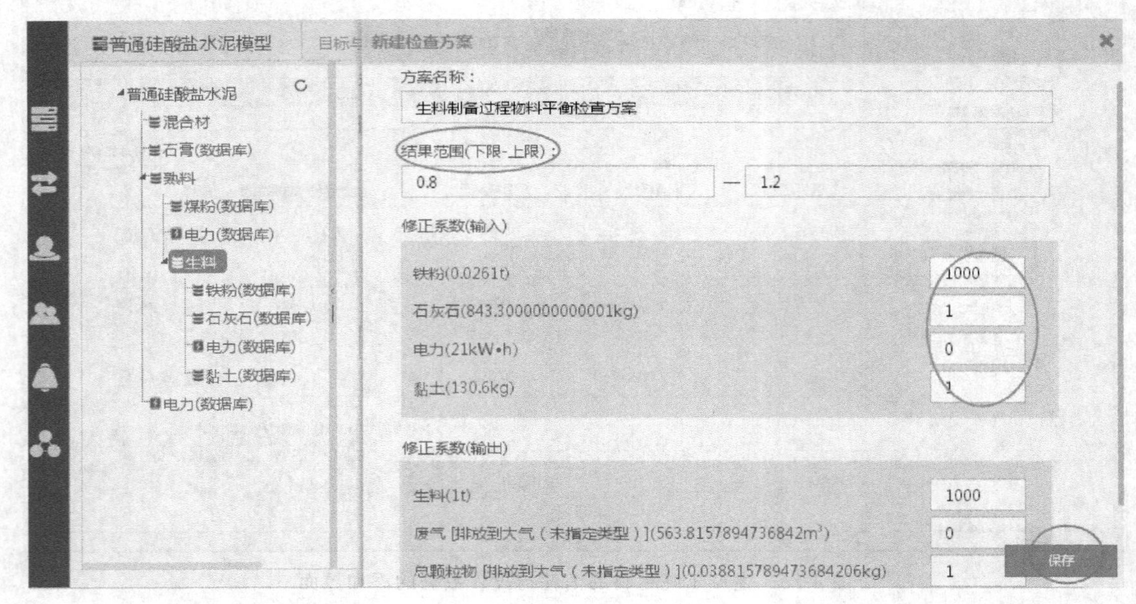

图 4-27 平衡检查结果界面

八、LCI 结果计算

点击计算结果，进入计算页面，设置计算条件，选择指标和基准流，点击页面中的“计算”按钮，进行计算，如图 4-28 所示。

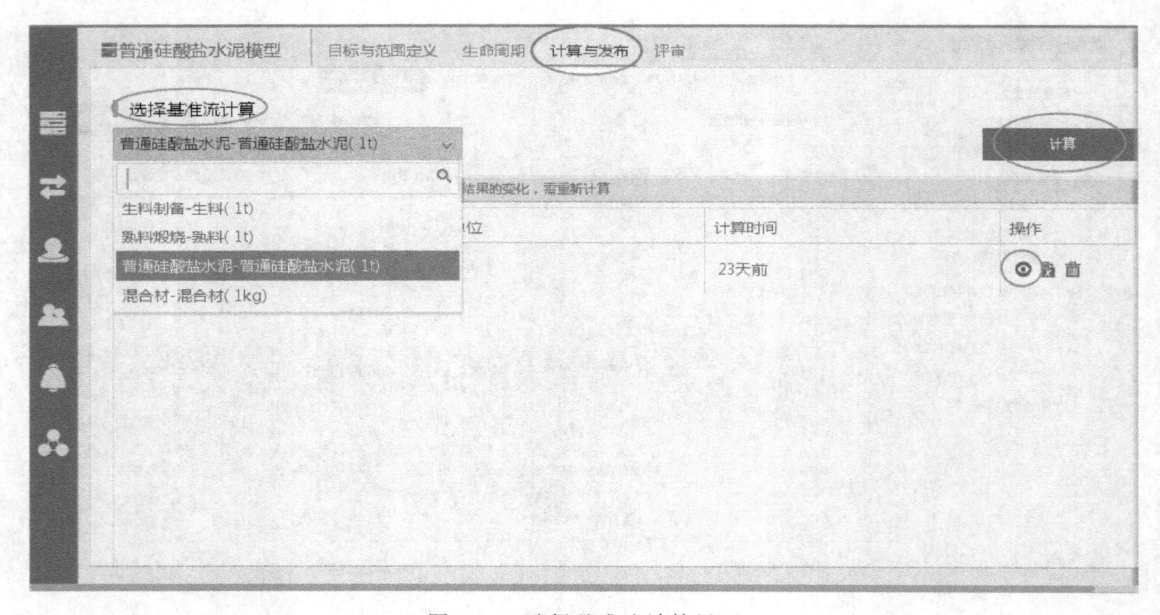

图 4-28 选择基准流计算界面

计算结果可采用百分比或数值表示，可在页面右侧选择饼图、双饼图或帕累托图展示计算结果，如图 4-29 所示。

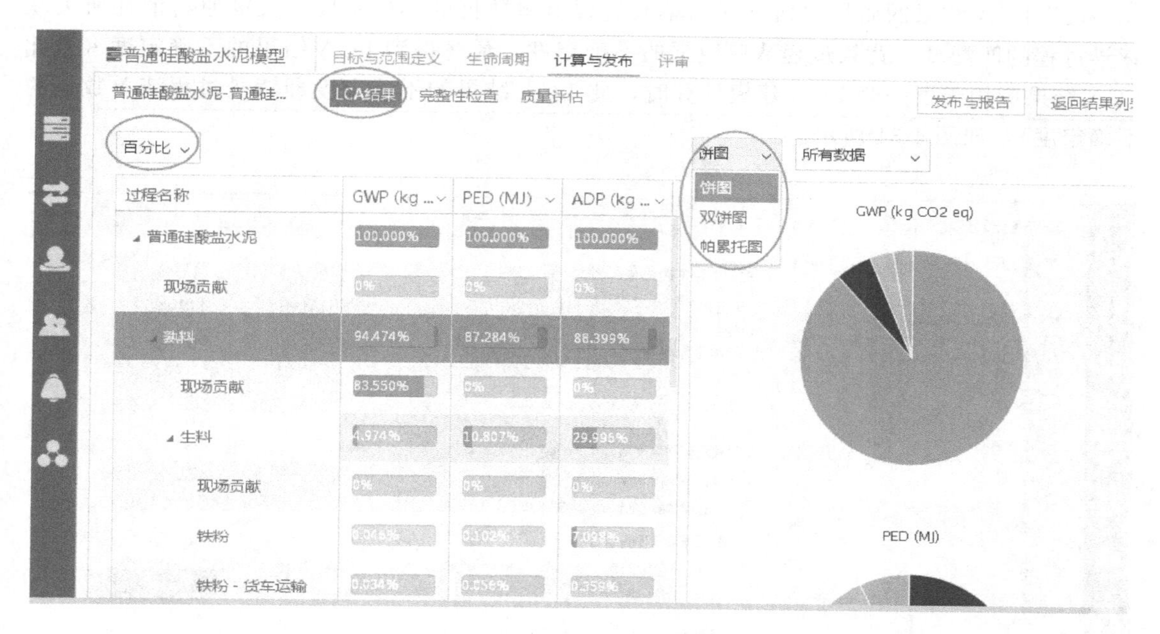

图 4-29　展示计算结果界面

九、结果评估

结果评估包括完整性检查和质量评估。LCA 结果评估一方面用于 LCA 模型的自检、迭代改进、结果报告；另一方面用于外部评审，并为数据用户选择背景数据提供参考。

（1）完整性检查　评估各单元过程中是否存在消耗与排放清单数据的缺失，如图 4-30 所示。

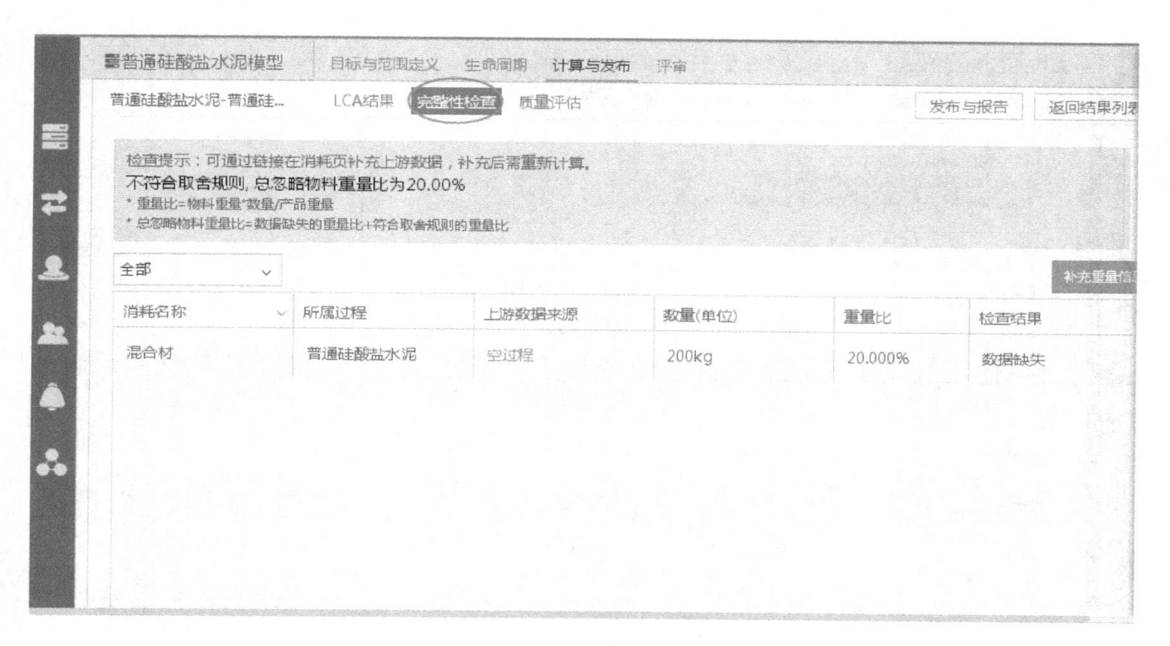

图 4-30　完整性检查界面

（2）LCA 结果的质量评估　评估单元过程清单数据的不确定度、关键原料消耗所关联背景过程的匹配度、背景过程清单数据的不确定度，最终得到 LCA 结果的不确定度（当此 LCA 结果应用于下一个 LCA 建模计算时，此 LCA 结果的不确定度即背景过程清单数据的不确定度），如图 4-31 所示。

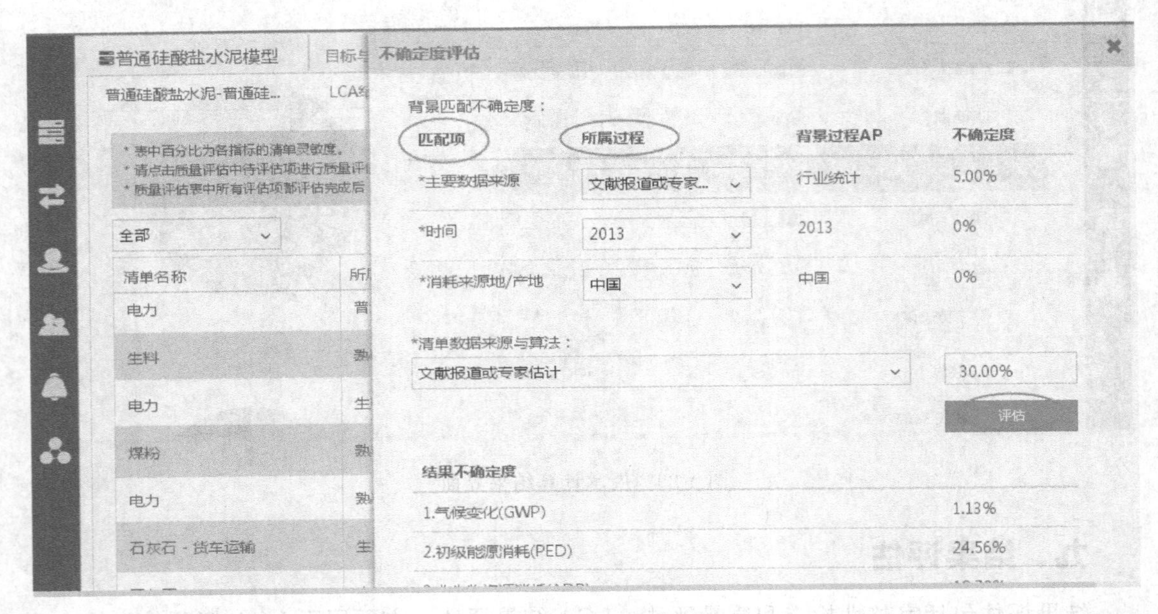

图 4-31　不确定度评估界面

若要查看质量评估结果，需对每条排放数据和背景单元过程数据进行评估后方可成功查看，如图 4-32 所示。

普通硅酸盐水泥模型　目标与范围定义　生命周期　计算与发布　评审

普通硅酸盐水泥-普通硅...　LCA结果　完整性检查　质量评估　发布与报告　返回结果列表

* 表中百分比为各指标的清单灵敏度。
* 请点击质量评估中待评估项进行质量评估。
* 质量评估表中所有评估项都评估完成后，点击查看评估结果。

全部　查看评估结果

清单名称	所属过程	上游数据类型	评估状态	GWP...	PED ...	ADP ...
熟料	普通硅酸盐水泥	实景UP	----	94.47%	87.28%	88.40%
二氧化碳（其他）[排放到大气（未指定类型）]	熟料煅烧	排放	已评估	83.55%	0%	0%
电力	普通硅酸盐水泥	背景AP	待评估	5.27%	12.18%	9.61%
生料	熟料煅烧	实景UP	----	4.97%	10.81%	30.00%
电力	生料制备	背景AP	待评估	3.24%	7.48%	6.44%
煤粉	熟料煅烧	背景AP	待评估	3.22%	70.17%	53.43%

图 4-32　查看质量评估结果界面

思考题

1. 简述产品生命周期评价的方法步骤。
2. 对比产品生命周期评价与清洁生产审核以及其他环境评价方法之间的异同。
3. 简述产品生命周期模型和数据的层次结构。
4. 选择一种熟悉的产品,通过企业或文献调查，利用 LCA 软件进行生命周期评价。
5. 试述产品生命周期评价与我国绿色发展的关系。

第五章 循环经济与低碳发展

第一节 循环经济

一、循环经济的内涵特征

（一）循环经济定义

循环经济是指在生产、流通和消费等过程中进行的减量化、再利用、资源化活动的总称。循环经济的核心是资源的高效利用和循环利用，基本原则是减量化、再利用和资源化（即3R原则），基本特征是低消耗、低排放、高效率，本质上是符合可持续发展理念的创新型经济发展模式。

循环经济要求运用生态学和经济学原理组织生产、消费和废物处理等经济活动，将清洁生产、生态设计、资源综合利用和可持续消费等融为一体，转变传统经济的“资源—产品—废物排放”的线性流程，形成“资源—产品—废弃物—再生资源”的反馈式流程，将社会经济系统的物质循环纳入到自然生态系统的循环过程之中，使物质和能量能够在不断的流动和交换中得到充分、合理和持续的利用，进而提升经济社会系统的质量和效益，并保护生态环境。

（二）循环经济原则

循环经济以“减量化、再利用和资源化”为基本原则（俗称“3R”原则）。减量化，是指在生产、流通和消费等过程中减少资源消耗和废物产生；再利用，是指将废物直接作为产品或者经修复、翻新、再制造后继续作为产品使用，或者将废物的全部或者部分作为其他产品的部件予以使用；资源化，是指将废物直接作为原料进行利用或者对废物进行再生利用。

“3R”原则是循环经济活动的行为准则，其中，减量化原则是首要原则，要求用尽可能少的原料和能源来完成既定的生产目标和消费。这就能在源头上减少资源和能源的消耗，大大改善环境污染状况；再利用原则要求生产的产品和包装物能够被反复使用。生产者在产品设计和生产中，应摒弃一次性使用而追求利润的思维，尽可能使产品经久耐用和反复使用。资源化原则要求产品在完成使用功能后能重新变成可以利用的资源，同时也要求生产过程中所产生的边角料、中间物料和其他一些物料也能返回到生产过程中或是另外加以利用。

（三）发展层次

循环经济是和地域空间上社会经济活动紧密相连的一种理念，在空间层次上，循环经济发展主要在企业、园区、区域，以及区际等四个层面上逐步展开。一般来说，把企业定义为微观层次，将园区定义为中观层次，将区域和区际的循环经济定义为宏观层次。但由于受到园区内产业关联程度复杂性、行政体制等因素的影响，也可将园区作为宏观层次进行研究与规划。

在企业层次，主要通过企业内部的清洁生产、资源高效利用和废弃物的循环利用等手段实现循环经济的发展，以减少生产和服务中物质和能源使用量，努力实现废弃物的“零排放”。在园区层次，主要是通过企业之间的物质、能量和信息集成，基于产业共生和产业集聚的原理，把不同的企业集聚到特定的产业园区，以实现资源共享、副产品交换和废弃物资源化。依据产业生态学和物质流管理的基本理念，并不是每一个企业都有能力充当自身的废弃物分解者，通过“物质代谢”的方式，可以模拟自然生态系统构建不同企业之间的垂直或者水平共生协作关系，充分利用不同产业、项目或工艺流程之间，资源、主副产品或废弃物之间的协同共生关系，运用现代化的工业技术、信息技术和经济措施优化配置组合，形成一个物质、能量多层利用、经济效益与生态效益双赢的共生体系，实现经济的良性循环发展，将有助于在改善企业个体行为的同时，实现产业园区的整体提升。在区域层次，通过建立整个区域的循环经济网络，是一个由企业、产业、园区、城镇等众多要素参与和组成的经济-社会-环境三维复杂巨系统。在区域循环经济发展中，通过对一、二、三产业及其支撑体系的全面整合，实现“生产、流通、消费、处置、回收”等环节的全过程管理，实现区内的物质、能量、信息、资金、人力等资源的综合配置和优化。在区际层次，它的本质是循环经济的区际联系和区际补偿问题。不管是区域原料资源或废弃物处置，还是环境污染或生态功能保护，他们都具有一定的跨地域性，这就需要加强区际协作，通过政治、经济、环境等多渠道的合作方式，实现循环经济的发展目标。

二、循环经济的发展模式

（一）农业循环经济

农业是国民经济的基础，是发展循环经济的重要领域。加快发展农业循环经济是转变农业发展方式、保障食品和木材安全、建设生态文明的必然选择。农业循环经济的重点领域和主要任务主要包括推进资源利用节约化、推进生产过程清洁化、推进产业链接循环化、推进农林废弃物处理资源化。

1. 废弃物的资源化循环模式

将农业废弃物等经过一定的技术处理后变成有用的资源，再通过种植、养殖、加工等过程，生产出新的产品，即利用农业废弃物与农业资源之间的循环来发展经济。包括畜禽粪便和农作物秸秆经过加工处理后使之资源化；生活污水加工成优质肥料；果渣加工成酒精；生产和生活垃圾进行发电；农用塑料薄膜经回收加工生成新的塑料制品等。其动作模式是农用废弃物→农业资源→种植、养殖或加工→新的农产品，形成闭合循环途径。以农作物秸秆利用为例，其一是秸秆肥料化，主要采用秸秆直接还田、过腹还田或沤制还田等技术，利用秸秆富含有机质，改良土壤结构，增强土壤的蓄水保肥能力，减少化肥、农药等施用量；其二是秸秆饲料化，利用花生、玉米等农作物秸秆富含营养成分，通过青储、微储及氨化等处理措施，使秸秆便于牲畜消化吸收；其三是秸秆原料化，主要指利用秸秆作为造纸原料，利用小麦秸秆制取糠醛、纤维素，利用稻壳生产免烧砖、酿烧酒，利用稻草制取膨松纤维素、板材或编织草帘、草苫等；其四是农作物秸秆能源化，主要指秸秆沼气池制沼气作为能源利用、秸秆气化能源利用和秸秆发电等。实现秸秆的肥料化、饲料化、原料化或能源化，减低了废弃物排放，消解了对环境的污染，保护了生态环境，促进了农业的可持续发展。

2. "四位一体"集成化循环模式

以沼气池作为连接纽带，通过生物转换技术，把农业或农村的秸秆、人畜禽粪便等有机废弃物转变为有用资源，然后进行多层次的种植、养殖，利用能源与资源之间的循环来发展经济。其基本要素包括沼气池、猪舍（或牛舍、禽舍等）、厕所、日光温室（或果园、鱼塘、食用菌等）。将农作物的秸秆、人畜粪便等有机物在沼气池厌氧环境中通过沼气微生物分解转化后，产生沼气、沼液、沼渣。沼气除可作能源外，还可以保鲜、储存农产品。沼液可以浸种，可以作叶面肥喷洒，为作物提供营养并杀灭某些病虫害，沼液作为培养液水培蔬菜，可以为果园滴灌，可以喂鱼等。沼渣可以作肥料，可以作营养基栽种食用菌，可以养殖蚯蚓等。这一技术途径则是以太阳能为动力，以沼气为纽带，将沼气池、畜（禽）舍、厕所和日光温室有机组合，实现产气、积肥同步，种植、养殖并举，取得能流、物流和社会诸方面的综合效益。其投资少、风险小、效益高，既节肥、节水、降本增效，又能改善环境、保护生态从而实现农业可持续发展。

3. 立体农业高效型循环模式

利用农业生产体系内部物种之间的互惠互利、相克相生原理，使废物量排放最小，减少污染，改善生态环境。该模式包括立体种植（如林-农作物-中草药-食用菌立体种植等）、立体养殖（如禽-鱼-蚌养殖等）和立体种养结合模式（如桑基鱼塘、稻田养鱼、林牧间作等）。以立体种养结合的林牧间作为例，通过建立林区，在林区内放养鸡、鸭等家禽，家禽可以消灭杂草虫害，粪便利于林木生长。这样既减少了化肥和农药使用，控制了农业污染，保护了生态环境，还增加了经济收入。

4. 结构优化产业链循环模式

该模式以产业为链条，将种植业、养殖业和农产品加工业连为一体，使上游产业废弃物转变成下游产业的投入资源，通过多层次产业间的物质和能量交换，在同一个产业系统运作中，提高资源和能源的利用率和农业有机物的再利用和再循环，从而使资源和能源消耗少、转换快，废弃物利用高，减轻环境污染。如甜菜种植业—制糖加工业—酒精制造业；果树种植业—果汁加工业—畜禽养殖业；甘蔗种植业—制糖加工业—酒精制造业—造纸业—热电联产业—环境综合处理等。其基本模式有：种植业（养殖业）—加工业—种植业（养殖业）；种植业—加工业—养殖业—加工业。

但在现实中，各模式之间可以相互结合，还可以与其他产业结合起来，从而构建更加丰富多彩的农业循环经济运作模式，如产业链循环模式与沼气池相结合、能源与资源循环模式与观光旅游业结合等。因此，应根据各地的实际情况，考虑自然、经济和技术条件，因地制宜，选择适合本地的农业循环经济模式，健全农村循环经济体系，以求促进农业可持续发展。

（二）工业循环经济

工业循环经济是指仿照自然界生态过程物质循环的方式来规划工业生产系统的一种工业发展模式，在工业循环经济系统中各生产过程不是孤立的，而是通过物质流、能量流和信息流互相关联，一个生产过程的废物可以作为另一过程的原料加以利用。工业循环经济有两种模式，分别是工业企业内部的循环和工业企业间的循环。

1. 工业企业内部循环

这种模式可称为企业内部的循环。企业根据循环经济的思想设计生产过程，促进原料和能源的循环利用，通过实施清洁生产和ISO环境管理体系，积极采用生态工业技术和设备，设计和改造生产工艺流程，形成无废、少废的生态工艺，使上游产品所产生的“废物”成为下游产品的原料，在企业内部实现物质的闭路循环和高效利用，减轻甚至避免环境污染，节约资源和能源，实现经济增长和环境保护的双重效益。

2. 工业企业间循环

工业企业间循环一般以生态工业园区模式来表达。它采用的企业与企业之间的循环，是继工业园区和高新技术园区的第三代工业园区，是指以工业生态学及循环经济理论为指导，生产发展、资源利用和环境保护形成良性循环的工业园区建设模式，是一个能最大限度地发挥人的积极性和创造力的高效、稳定、协调和可持续发展的人工复合生态系统。生态工业园区的发展是按照自然生态系统的模式，强调实现工业体系中的闭环循环，其中一个重要的方式就是建立工业体系中不同工业流程和不同行业之间的横向共生。通过模拟自然生态系统建立工业系统“生产者—消费者—分解者”的循环途径和食物链网，采用废物交换、清洁生产等手段，通过不同企业或工艺流程间的横向耦合及资源共享，为废物找到下游的“分解者”，建立工业生态系统的“食物链”和“食物网”，实现副产品的信息共享与交换，最终达到变污染负效益为资源正效益的目的。

（三）服务业循环经济

将循环经济基本原则贯穿于服务业生产、发展的全过程，根据执行服务来创造价值的服务业的特点，从服务产品和设施的设计与开发，到服务的生产与消费以及整个服务周期过程，都要考虑和进行减少服务主体、服务对象和服务途径的直接、间接环境影响，并创造有效途径促进服务主体、对象和途径之间的优化系和作用，从而实现第三产业的可持续发展。从服务业与其他产业相联系的角度将服务业循环经济界定为，服务业循环经济不是简单地在服务业各行业间发展循环经济，应置于三次产业的整体链条中加以评价。服务业循环经济发展模式主要有企业层面发展模式、行业层面发展模式、社会层面发展模式等。

1. 企业层面发展模式

企业层面主要是清洁生产模式，清洁生产于1989年由联合国环境规划署正式提出，当时主要应用于工业领域，随着服务业的迅速发展，由此产生的资源环境问题日益凸显，甚至超过了工业的影响，清洁生产开始引入服务业领域，并贯穿于服务业各个层次和整个服务周期。

2. 行业层面发展模式

目前国内研究主要集中在旅游业、物流业两方面。有学者进行了行业层面循环型旅游业的发展模式，即在旅游业内部，提升旅游产品、调整产业结构、延伸产业链。物流业兴起较晚，发展较快，被称为促进经济增长的“加速器”。循环物流首先在国外兴起，近年来在逆向物流发展模式方面取得显著的成效。最典型的例子是德国的包装回收物流建立了DSD双元系统。DSD系统的物流发展模式极大地促进了德国包装废弃物的回收利用，对物流业循环发展起到很好的推动作用。

（四）社会循环经济

社会循环经济除了前三种已经包含的类型外，还有一部分可理解为生活循环经济，既是生活方式的循环经济也是社会文明的循环经济，例如生活垃圾资源化和生活污水循环利用等。

日本等发达国家取得较好的成效。21世纪以来，日本采取了“全面建设循环型社会”的发展模式，指从解决消费领域的废弃物问题入手，将服务业与“静脉”产业有机结合，生产商、销售商、消费者三者在回收、处理和再利用中责任有机结合，提高废物循环利用率，促进社会物质的闭环循环流动。

三、循环经济评价与管理

（一）循环经济评价指标体系

循环经济评价指标既是国家建立循环经济统计制度的基础，又是政府、园区、企业制定循环经济发展规划和加强管理的依据。2007年6月，由国家发展和改革委员会同原国家环保总局、国家统计局等有关部门编制了《循环经济评价指标体系》及关于《循环经济评价指标体系》的说明，对宏观、园区层面评价循环经济发展起到了重要的促进作用。结合生态文明建设要求及循环经济发展的现实需要，国家发展和改革委员会、财政部、环境保护部、国家统计局发布《循环经济评价指标体系》（2017年版）（表5-1），自2017年1月1日起施行。本次修正的指标体系，完善了具体的评价指标，明确了具体的统计及测算方法，适用于国家、省域等两个层面。

表5-1 循环经济发展评价指标体系

分类	指标	单位
综合指标	主要资源产出率	元/吨
	主要废弃物循环利用率	%
专项指标	能源产出率	万元/吨标煤
	水资源产出率	元/吨
	建设用地产出率	万元/公顷
	农作物秸秆综合利用率	%
	一般工业固体废物综合利用率	%
	规模以上工业企业重复用水率	%
	主要再生资源回收率	%
	城市餐厨废弃物资源化处理率	%
	城市建筑垃圾资源化处理率	%
	城市再生水利用率	%
	资源循环利用产业总产值	亿元

续表

分　类	指　标	单　位
参考指标	工业固体废物处置量	亿吨
	工业废水排放量	亿吨
	城镇生活垃圾填埋处理量	亿吨
	重点污染物排放量(分别计算)	亿吨

注：循环经济评价指标核算方法如下。

主要资源产出率（元/吨）=国内生产总值（亿元，不变价）÷主要资源实物消费量（亿吨）

主要废弃物循环利用率（%）=农作物秸秆综合利用率（%）×$\frac{1}{5}$+一般工业固体废物综合利用率（%）×$\frac{1}{5}$+主要再生资源回收率（%）×$\frac{1}{5}$+城市建筑垃圾资源化处理率（%）×$\frac{1}{5}$+城市餐厨废弃物资源化处理率（%）×$\frac{1}{5}$

能源产出率（万元/吨标煤）=国内生产总值（亿元，不变价）÷能源消费量（万吨标煤）

水资源产出率（元/吨）=国内生产总值（亿元，不变价）÷总用水量（亿吨）

建设用地产出率（万元/公顷）=国内生产总值（亿元，不变价）÷建设用地面积（万公顷）

农作物秸秆综合利用率（%）=秸秆综合利用重量÷秸秆产生总重量×100%

一般工业固体废物综合利用率（%）=一般工业固体废物综合利用量÷(当年工业固体废物产生量+综合利用往年贮存量)×100%

规模以上工业企业重复用水率（%）=规模以上工业企业重复用水量÷(规模以上工业企业重复用水量+用新水量)×100%

主要再生资源回收率（%）=各类再生资源回收量÷各类再生资源产生量（权重均为1/7）×100%

餐厨废弃物资源化处理率（%）=餐厨废弃物资源化处理总量÷餐厨废弃物产生量×100%

城市建筑垃圾资源化处理率（%）=建筑垃圾回收利用量÷建筑垃圾产生总量×100%

城市再生利用率（%）=城市再生水利用量÷城市污水处理量×100%

（二）循环经济的管理体制及法律法规保障

1. 循环经济管理体制

循环经济管理体制是指国家循环经济监督管理机构的设置，以及这些机构之间监督管理权限的划分，也称为循环经济监督管理体制。循环经济管理体制的内容主要有：各种经济管理机构的设置及它们之间相互依存的关系，各管理机构权责的划分、运行方式以及权限和职责之间的关系。循环经济管理机构是循环经济管理的组织形式与组织保障；循环经济的职责权限涵盖职能形式与功能保障，循环经济的运作模式。

2. 循环经济相关法律法规

循环经济的发展需要依靠制度的建立和保障，通过一定的强制性规则，调控市场资源配置，逐步形成新的价值观和生产方式。我国循环经济起步较晚，相关法律法规也仍然在逐渐形成和完善。目前，我国已经制定并实施的与循环经济息息相关的法律有11部（表5-2），《中华人民共和国循环经济促进法》于2009年1月1日起施行，标志着我国循环经济进入法制化管理轨道。已经制定的行政法规有6部（表5-3），相关部门管理办法有10部（表5-4）。从这些相关法律法规的制定情况可以看出，我国的循环经济管理逐步进入规范化、规模化，覆盖面越来越广，可以有效地促进循环经济的发展，不仅能够提高资源利用效率，保护和改善环境，更为我国可持续发展提供了有效的法律支撑和保障。

表5-2　我国已经颁布的循环经济相关法律

序号	法律名称	实施日期
1	《中华人民共和国矿产资源法》	1996年8月29日
2	《中华人民共和国海洋环境保护法》	1999年12月25日

续表

序号	法律名称	实施日期
3	《中华人民共和国大气污染防治法》	2000 年 4 月 29 日
4	《中华人民共和国环境影响评价法》	2002 年 10 月 28 日
5	《中华人民共和国固体废物污染环境防治法》	2004 年 12 月 29 日
6	《中华人民共和国可再生能源法》	2005 年 2 月 28 日
7	《中华人民共和国节约能源法》	2007 年 10 月 28 日
8	《中华人民共和国水污染防治法》	2008 年 2 月 28 日
9	《中华人民共和国循环经济促进法》	2008 年 8 月 29 日
10	《中华人民共和国清洁生产促进法》	2012 年 3 月 1 日
11	《中华人民共和国环境保护法》	2014 年 4 月 24 日

表 5-3　我国已经颁布的循环经济相关行政法规

序号	行政法规名称	发布日期
1	《医疗废物管理条例》	2003 年 6 月 16 日
2	《公共机构节能条例》	2008 年 8 月 1 日
3	《废弃电器电子产品回收处理管理条例》	2009 年 2 月 25 日
4	《报废汽车回收管理办法》	2011 年 6 月 16 日
5	《畜禽规模养殖污染防治条例》	2013 年 11 月 11 日
6	《农业部关于贯彻党的十八届四中全会精神深入推进农业法治建设的意见》	2015 年 3 月 17 日

表 5-4　我国已经颁布的循环经济相关部门管理办法

序号	部门管理办法名称	发布日期
1	《能源效率标识管理办法》	2004 年 8 月 13 日
2	《清洁生产审核办法》	2016 年 5 月 16 日
3	《电子信息产品污染控制管理办法》	2006 年 2 月 28 日
4	《国家鼓励的资源综合利用认定管理办法》	2006 年 9 月 7 日
5	《再生资源回收管理办法》	2007 年 3 月 27 日
6	《汽车零部件再制造试点管理办法》	2008 年 3 月 2 日
7	《重点用能单位节能管理办法》	2009 年 2 月 6 日
8	《固体废物进口管理办法》	2011 年 4 月 8 日
9	《清洁发展机制项目运行管理办法》	2011 年 8 月 3 日
10	《煤矸石综合利用管理办法(2014 年修订版)》	2014 年 12 月 22 日

四、循环经济典型案例

（一）丹麦卡伦堡生态工业园

丹麦卡伦堡生态工业园是世界上最早和目前国际上运行最为成功的生态工业园，卡伦堡生态工业园的所在地卡伦堡市地下水资源不足，于是从 20 世纪 70 年代开始，当地几家重要的工业企业（发电厂、炼油厂、制药厂等）试图在更有效地使用淡水资源、减少费用和废料管理等方面寻求创新，自发建立起一种紧密而又相互协作的关系。后来地方政府、居民和其他类型企业陆续加入，使园区逐渐发展成为一个包含三十余条生态产业链的循环型产业园区。作为一种生产发展、资源利用和环境保护形成良性循环的工业园建设模式，它的基本特征是按照工业生态学的原理，通过企业间的物质集成、能量集成和信息集成，形成产业间的代谢和共生耦合关系，使一家企业的废气、废水、废渣、废热成为另一家企业的原料和能源，所有企业通过彼此利用“废物”而获益。卡伦堡生态工业园产业链如图 5-1 所示。

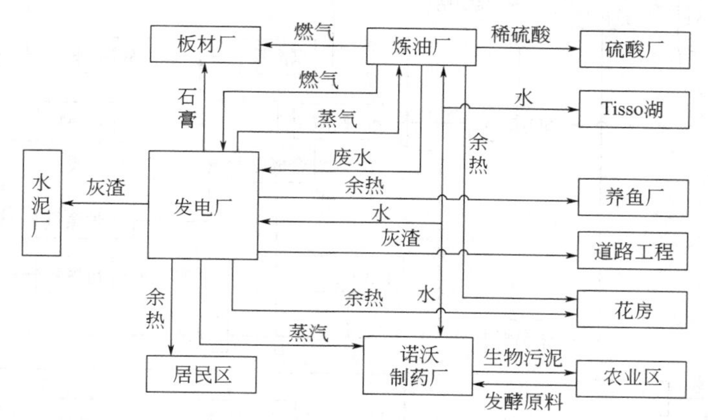

图 5-1 丹麦卡伦堡生态工业园示意图

园区由 Asnaes 火力发电厂、Statoil 炼油厂、诺沃制药厂和 Gyproc 石膏制板材厂 4 个企业为核心和十余个小型企业共同组成的工业共生体系，各企业通过废弃物和副产品的合理交换，形成了经济发展与环境保护的良性发展。Asnaes 火力发电厂是该园区产业链的核心。发电厂向炼油厂和诺沃制药厂供应发电过程中产生的蒸汽，炼油厂由此获得生产所需要的蒸汽，制药厂所需热能全部来自电厂；通过地下管道向卡伦堡全镇居民供热，由此关闭了镇上几座燃烧油渣的炉子，减少了大量的烟尘排放；发电产生的废渣一部分成为水泥厂的部分原材料，另一部分道路工程发电产生的石膏提供给石膏板材厂，成为其部分原材料，石膏厂由此减少了从德国和西班牙石膏矿进口原料；发电产生的余热除供给居民使用外，还向养鱼场、花房等提供实现了热能的多级使用。炼油厂主要从发电厂获得生产用蒸汽，用这些蒸汽来加热油罐、输油管道等。炼油厂产生的燃气火焰气一部分提供给石膏板材场，用于干燥石膏板，另一部分提供给发电厂燃烧使用，从而减少了燃气的排放酸气脱硫产生的稀硫酸。用罐车运到硫酸厂生产硫酸产生的废水提供给发电厂进行再利用还有一部分余热提供给花房。制药厂用部分发电厂蒸汽取代自行制热，从农业区获得农产品，经过微生物发酵加工最终生产成药物，残渣主要是有机物，经热处理杀死微生物，销售到附近农场多家农户供进一步使用。板材厂将发电厂在生产过程中产生的副产品石膏作为部分原材料，大大减低了卡伦堡市对天然石膏的进口，用炼油厂产生的燃气干燥石膏板，取代自行制热。卡伦堡生态工业园是循环经济的典范，值得借鉴学习。

（二）金昌产业共生模式

金昌市以区域循环经济典型模式入选了国家发展和改革委员会公布的包括区域、园区、企业个层面、个种类的个循环经济典型模式案例，并向全国推广。区域层面循环经济的发展重点则是产业共生。“金昌模式”特征为，通过构建资源循环利用产业体系，从依赖单一资源发展向多产业共生发展转型的资源型城市产业共生系统（图 5-2），对于同类地区具有重要的借鉴意义。

金昌市作为资源型城市，在做大做强镍钴等支柱产业的基础上，大力开发共伴生矿产资

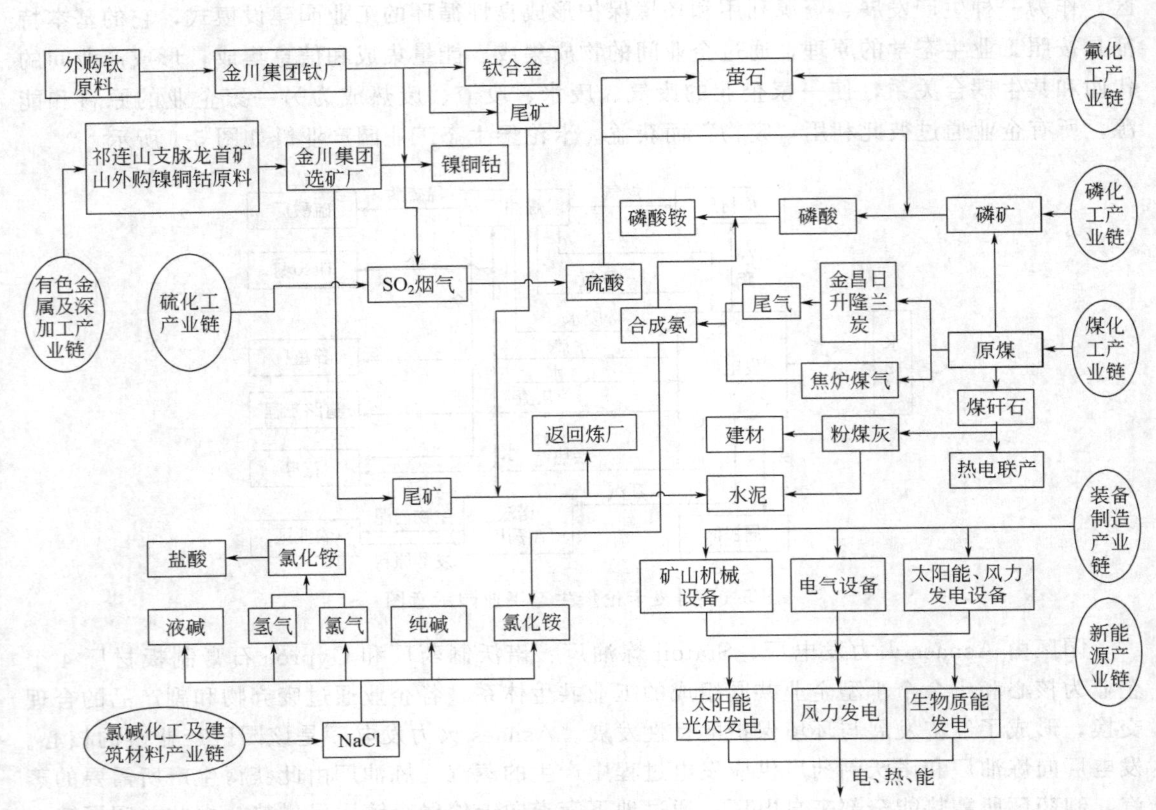

图 5-2 区域循环经济发展典型模式——“金昌模式”

源的综合利用技术，通过企业联合，构建产业共生系统，形成了以能源化工、硫化工、氯碱化工和煤化工等为主导的循环经济产业链。依靠技术创新，纵向延伸，横向拓展，建设了“硫化铜镇矿开采—粗炼—精炼—镍铜钴压延及新材料”“冶炼尾气—二氧化硫—硫酸—硫化工”“烧碱—氯气—PVC—电石渣—水泥”等产业链，促进产业结构由单一有色金属向化工、新材料、建材等多产业集聚发展。充分回收余热资源生产蒸汽，供热系统形成热电联产，中水用于生产，固体废物、尾矿再选，废渣用于生态恢复和矿山充填，吃干榨净，变废为宝。在地区生产总值持续增长的同时，能耗、用水、污染物排放量大幅下降，工业固体废物综合利用率显著提高。

金昌市的循环经济是现实污染的低排放甚至零排放、资源的高效利用和循环利用、单一产业向多产业的转变，实现产业聚集发展。金昌市通过不断探索与实践，形成循环经济发展模式“金昌模式”，对全国资源型城市构建产业共生发展的循环经济体系实现转型具有重要的借鉴意义。

第二节 低碳发展

一、低碳及低碳发展的基本内涵

低碳（low-carbon）是指较低（更低）的二氧化碳排放，低碳概念是在积极应对全球气候变化，有效控制温室气体排放，尤其是减少二氧化碳排放的背景下提出的。由于国情、发展阶段以及排放水平的不同，目前国际社会对“低碳”的认识主要有以下三种不同的解释：一是“零碳”，即不排放二氧化碳；二是“减碳”，即二氧化碳排放量的绝对量减少；三是“降碳”，即二氧化碳排放量的相对量减少，目前主要表现为二氧化碳排放强度的降低，如单位 GDP 或单位产品的二氧化碳排放。由于人类社会对化石能源的依赖不可能短期内完全摆脱，因此低碳不仅是一种反映状态的指标，更是一个衡量发展水平的指标，实质上是一个“低碳化”的过程，即人类活动遵循一条从降碳到减碳，并逐步实现脱碳的演进过程。

1. 低碳社会

低碳社会是指适应全球气候变化、能够有效降低二氧化碳排放的一种新的社会整体形态，它在全面反思传统工业社会之技术模式、组织制度、社会结构与文化价值的基础上，以可持续性为首要追求，包括了低碳政治、低碳文化、低碳生活等系统变革。在很大程度上，低碳社会建设是推进低碳发展的重要基础。低碳经济是一种以能源的清洁与高效利用为基础、以低排放为基本经济特征、顺应可持续发展理念和控制温室气体排放要求的经济发展形态。低碳经济是一种正在兴起的经济形态和发展模式，涉及生产方式和生活模式的全球性革命，也是人类社会从高碳能源转向低碳能源转变的必由之路。也有学者把低碳经济定义为：一个新的经济、技术和社会体系，与传统经济体系相比在生产和消费中能够节省能源，减少温室气体排放，同时还能保持经济和社会的持续发展。

2. 低碳技术

低碳技术是指以能源及资源的清洁高效利用为基础，以减少或消除二氧化碳排放为基本特征的技术，广义上也包括以减少或消除其他温室气体排放为特征的技术。一是零碳技术，是指获取和利用非化石能源，实现二氧化碳近“零排放”的技术，是作为源头控制的低碳技术，主要包括可再生能源和先进民用核能技术；二是减碳技术，指在化石能源利用或在工业生产过程中，降低二氧化碳排放量的技术，是作为过程控制的低碳技术，主要包括节能和提高能效技术、燃料和原料替代技术等；三是储碳技术，指在二氧化碳产生以后，捕获、利用和封存二氧化碳的技术，是作为末端控制的低碳技术，主要包括二氧化碳捕集、利用与封存技术以及生物与工程固碳技术。

3. 低碳能源

低碳能源是指单位热值的能源利用中二氧化碳排放较低的能源品种。通过发展非化石能源，包括风能、太阳能、核能、地热能和生物质能等替代煤、石油等化石能源以减少二氧化碳排放。各种化石能源产生每千克标准煤热值当量所排放的二氧化碳不同，如煤炭约为 2.64 千克，石油约为 2.08 千克，天然气约为 1.63 千克。相比煤炭和石油，天然气是低碳能源。各种可再生能源和核能也通常称作无碳能源。

4. 低碳产业

低碳产业是以低能耗、低排放为基础的产业。在传统社会主义经济学理论中，产业主要指经济社会的物质生产部门，产业是具有某种同类属性的企业经济活动的集合。一般而言，每个部门都专门生产和制造某种独立的产品，某种意义上每个部门也就成为一个相对独立的产业部门，如农业、工业、服务业等。相对于工业而言，农业、服务业的单位增加值二氧化碳排放相对较低，是低碳产业；相对于钢铁、建材、化工等而言，高新技术产业、战略性新兴产业的单位增加值二氧化碳排放相对较低，是低碳行业。

5. 低碳建筑

低碳建筑是指在建筑物设计、建筑材料与设备制造、施工建造和建筑物使用的主要环节，通过利用外墙、门窗、屋顶等节能技术，以及太阳能热水器、光电屋面板、光电外墙板、光电遮阳板、光电窗间墙、光电天窗以及光电玻璃幕墙等新能源的开发利用，最大限度地减少建筑物建造以及采暖、制冷和照明等过程的化石能源的使用，降低二氧化碳排放量。目前低碳建筑已逐渐成为国际建筑界的主流趋势，也是当前绿色建筑理念的前沿体现。

6. 低碳交通

低碳交通是一种以低能耗、低排放为根本特征的交通运输发展模式，其核心在于提高交通运输的用能效率，改善交通运输的用能结构，减缓交通运输的碳排放，目的在于使交通运输系统逐渐摆脱对化石能源的过度依赖，实现低碳转型发展，支撑低碳经济的成长。低碳交通运输是既能满足经济社会发展正常需要，又能降低单位运输量碳强度的新型产业形态。

7. 低碳城市

低碳城市是以城市空间为载体推进低碳发展，实施绿色交通和建筑，转变居民消费观念，创新低碳技术，从而达到最大限度地减少温室气体的排放。还有学者认为，低碳城市是以低碳经济为发展模式及方向、市民以低碳生活为理念和行为特征、政府以低碳社会为建设标本和蓝图的城市。低碳城市发展旨在通过经济发展模式、消费理念和生活方式的转变，在保证生活质量不断提高的前提下，实现有助于减少碳排放的城市建设模式和社会发展方式。也有机构将低碳城市定义为在经济高速发展的前提下，保持能源消耗和二氧化碳排放处于较低的水平。

8. 低碳产业园区

低碳产业园区是由政府集中统一规划，统筹兼顾碳排放与可持续发展，合理规划、设计和管理区域内的景观和生态系统，积极采用清洁生产技术，大力提高原材料和能源消耗使用效率，以形成低碳产业集群为最终发展目标。低碳产业园一般应具备以下几个方面特点：在产业发展方面，应促进不同产业之间物质和能源的低碳循环；在产业园区内部生产环节中注重清洁生产，构建低碳能源供应体系；低碳产业园区规划建设中，土地得到集约利用，产业功能结构合理，生态环境良好，建立产业园区内的园林绿化固碳体系；健全工业园区低碳运行政策、低碳规划建设和管理体系。

9. 低碳社区

低碳社区是指在社区内将所有认为活动所排放的二氧化碳降到最低，一般应具备以下两个方面基本特点：社区规划、设计、建设以绿色低碳为理念，社区内部建筑和交通以低碳为特征。社区居民的生产方式、生活方式和价值观念发生较大变化，具有较强的减少二氧化碳排放的社会责任，并以低碳行动来改变自身的行为模式，且社区居民的人均二氧化碳排放水平较低。

二、低碳发展案例与讨论

（一）英国低碳经济发展实践

英国作为发展“低碳经济”的先行者，一直致力于倡导低碳经济发展，提出与完善了诸多切实可行的政策法规促进低碳经济的发展。英国政府首先倡导低碳经济概念，希望通过调整能源政策、发展低碳技术，到2050年从根本上把英国变成一个低碳经济国家，力图引领世界潮流。2003年2月24日，英国首相布莱尔发表了题为《我们未来的能源——创建低碳经济》（Our Energy Future：Creating a Low Carbon Economy）的白皮书，提出英国将走上低碳经济的发展道路，把发展低碳经济置于国家战略高度。实际上，英国在提出低碳经济概念以前就采取了一系列措施减少温室气体排放，2003年以来则进一步加大了工作力度，并取得明显成效。根据英国能源与气候变化部（DECC）公布的资料，2011年与1990年相比，英国温室气体排放量由772.9百万吨减少到550.7百万吨，减少28.7%，其中净二氧化碳排放量由592百万吨减少到458.6百万吨，减少22.5%。在经济稳步发展的同时，温室气体排放量持续下降。英国低碳经济发展具体经验可归纳为以下几点。

1. 低碳发展战略和目标明确

在2003年的白皮书中，确立了低碳经济理念，并把实现低碳经济作为英国能源政策的战略性目标，具体包括：不能让气候变化对环境产生重大的破坏性影响；可靠的能源供应是实现总体经济增长和可持续发展的基础；自由的、竞争性的市场仍将是能源政策的基石；确保每个家庭以合理的价格获得充分的供暖。

2008年颁布的《气候变化法案》和2009年出台的《英国低碳转型计划：能源和气候国家战略》、2011年《碳计划：实现低碳未来》等法律和国家计划，则把发展低碳经济上升为国家层面的全局性重大战略。《气候变化法案》规定，英国政府致力于发展低碳经济，到2050年实现二氧化碳排放量比1990年减少80%的目标。《英国低碳转型计划：能源和气候国家战略》从国家战略高度提出到2020年二氧化碳排放量比1990年减少34%的目标，并提出能源供应、家庭和社区、工作场所、交通系统、农业和土地利用等方面的减排目标。

2. 低碳发展的法律保障完善

自2003年提出发展低碳经济以来，英国颁布实施了一系列推动及保障低碳发展的法律。其中最著名的是2008年颁布的《气候变化法案》，这部法律的出台使英国成为世界上第一个为减少温室气体排放、应对气候变化而专门立法的国家，既表明了英国政府致力于为全球减排承担责任的决心，又为提高碳管理水平、促进英国向低碳经济转型提供了法律保障。该法案设定了到2050年英国二氧化碳排放量比1990年减少80%的具有法律约束力的目标，建立了碳预算制度，成立了气候变化委员会的法定独立机构，并对气候变化影响评估、碳交易、为应对气候变化提供支持等作出规定。该法案对英国乃至全球应对气候变化挑战、促进低碳发展已经并将继续产生深远影响。除《气候变化法案》这部纲领性法律外，英国还颁布实施了一系列其他法律应对能源、气候变化挑战和促进低碳经济发展。这些法律主要包括2004年、2006年、2008年、2010年、2011年等有关年份颁布的《能源法案》、2006年的《气候变化与可持续能源法案》、2008年的《能源与计划法案》等。这些法律的基本导向在于促进碳减排，提高能源效率，发展清洁、低碳、可再生能源，保障能源安全和有效供给等方面，对推动低碳经济发展发挥了十分重要的作用。

3. 低碳发展的政策措施操作性强

（1）财政支持　主要是碳预算和有关财政补助、奖励政策。《气候变化法案》创建了具有法律约束力的碳预算制度，旨在为实现到2050年比1990年碳减排80%的目标设定路线。2009年，英国政府在发布财政预算案时宣布了前三个阶段的碳预算，并根据碳预算确定的减排目标安排相应的财政预算。除碳预算外，政府还对有关低碳项目实行财政补贴政策，如近年来对绿色方案（Green Deal）、可再生供暖激励（Renewable Heat Incentive）、低碳社区挑战赛（Low Carbon Communities Challenge）以及生物质能发电、低碳技术创新等项目给予补助或奖励。

(2) 税收调节　主要是气候变化税。它实际上是一种能源使用税，目的并不在于扩大税源，主要是为了提高能源使用效率，促进节能减排。

(3) 融资推动　主要通过节能信托、碳信托基金和绿色银行等方式融资，来推动低碳发展。节能信托基金创建于1992年并于2011年转型为一个具有公益性质的社会企业。其主要任务是向社区和家庭住户提供服务，促进碳减排，开发可持续能源，实现可持续用水和节约能源开支，致力于帮助政府应对气候变化挑战。

英国作为低碳经济的先行者和急先锋，在节能减碳方面提出的理念和措施是值得我国借鉴的。然而，由于两国国情上的不同，注定了我们不能照搬照抄，必须有所选择，有所创新。

(二) 美国低碳发展实践

1. 低碳政策体系

美国是全球最大的发达国家，也是全球第二大温室气体排放国，在低碳发展方面具有全球责任，然而，在两党制的政治主导下，美国的低碳发展具有鲜明的党派特点，代表着不同利益阶层的核心利益。比尔·克林顿于1998年11月签署的《京都议定书》，但继任者乔治·W·布什于2001年3月决定退出京都议定书，以逃避减排责任，但签署了《2005年能源政策法》和《2007年能源独立安全保障法》，并提出2002～2012年温室气体减排18%的目标（不具约束力），并通过“行业自主创新行动计划”“气候领袖”等项目，由企业通过与政府合作自愿减少温室气体排放量。奥巴马总统上任后重点推动《复苏和再投资法案》、《清洁能源和安全法案》、《清洁能源计划》以及《气候行动方案》等，实施以能源战略转变为核心的经济刺激计划，期望通过投资环境和低碳产业来刺激经济复苏。《清洁能源计划》规划2030年美国电厂的二氧化碳排放量在2005年标准基础上再减少30%，并将重心转向发展可再生能源；《气候行动方案》则严格限制发电厂的碳排放量，降低联邦政府的碳排放污染及加强对可再生能源研发投资等。2017年3月，特朗普签署新的行政命令，取消奥巴马时期推出的《清洁能源计划》和《气候行动方案》。虽然如此，据统计，美国已有40个州执行了削减温室气体排放的法规，20个州出台了鼓励使用可再生能源的措施，东北部各州还建立了温室气体排放指标交易体系。例如，纽约市提出到2030年的温室气体排放量相对于2005年减少30%。

2. 低碳技术研发

美国深知低碳技术在未来国际竞争中的重要作用，力图依托其在能源效率和可再生能源方面的技术和市场优势，大力发展低碳技术，继续从根本上主导未来世界的经济发展。美国联邦政府层面对低碳科技的研发投入主要有两个机构参与，分别是白宫科技政策办公室和国家能源部。其中，白宫科技政策办公室负责为总统提供建议，参与联邦科研预算在各部委和各项科技领域的分配；而国家能源部获得大部分低碳科研预算，以促进低碳科技创新，保障能源安全。

在绿色建筑领域，在奥巴马政府时期主要通过大规模改造联邦政府办公楼，包括对白宫进行节能改造；推动全国各地的学校设施升级，通过节能技术建设成“21世纪”学校；对全国公共建筑进行节能改造，更换原有的采暖系统，代之以节能和环保型新设备。在绿色电力领域，主要是投资风能和太阳能这样的清洁能源，逐步提高可再生能源比例，开拓使用核能的更为安全的途径，并将尽量削弱对乙醇的生产规模，重点投资下一代的高级生物燃料等。在新能源汽车领域，重点推出汽车行业节能型产品的再造与替代开发，发展无污染的混合性机动车。除此之外，美国在新能源和二氧化碳捕获、封存技术领域积极研发，占领产业制高点，实施了氢能经济的研究及 FutureGen 等研究计划。

美国以技术手段和政策引导落实了美国的低碳发展，这对世界低碳发展具有很大的推动作用，鼓励各国以科技创新为驱动，引领低碳技术的不断发展，为低碳发展提供更多路径和创新思路，有效落实低碳发展理念，这对我国的低碳发展具有很大的借鉴意义。

（三）日本低碳社会发展实践

日本政府倡导建立低碳社会模式，希望依靠社会整体的创新来推动温室气体的减排，实现富裕的可持续发展社会，提升国家软实力。具体内容为：

1. 推出了《清凉地球能源创新技术计划》，确立了 21 项低碳技术

《清凉地球能源创新技术计划》主要从以下几个方面确定了有助于减少温室气体排放的重点技术：2050 年前能够大幅减少二氧化碳排放的技术；有望能大幅提高性能、降低成本、扩大普及范围的创新技术；世界上处于领先地位的技术。并在此基础上确定了能够大幅降低二氧化碳的 21 项技术。据测算，利用以上创新技术，可以实现二氧化碳总量减半目标中的 60％减排量。

2. 提出了《面向低碳社会的 12 大行动》报告

为了实现在 2050 年将温室气体排放量在 1990 年的水平上减少 70％的目标，2008 年 5 月，研究小组发布了《面向低碳社会的 12 大行动》报告，报告指出：日本政府必须开展强有力的计划来达到这一低碳社会目标，并需要采取综合性的措施与长远的计划，改革工业结构、加大基础设施投入、鼓励节能技术与低碳能源技术研发上的私人投资等。

思考题

1. 循环经济学有哪些基本理论?
2. 《循环经济促进法中》所谓循环经济，是指在生产、流通和消费过程中进行的哪些活动?
3. 循环经济评价指标体系具体包括哪些指标?
4. 结合我国人均资源占有情况，谈谈我国应当确立一种什么样的发展路径?
5. 目前，世界各国如何推进建设低碳发展的路径体系?
6. 谈谈你对低碳发展的理解。

第六章

产业生态理论与实践

第一节　产业生态学发展概述

一、产业生态学内涵

产业生态学是一门研究产业系统与生态环境之间相互协调可持续发展的交叉学科。产业生态学从产品生命周期角度出发，研究整个阶段对环境的影响，关注环境的长期适宜性，着眼于人类与生态系统的长远利益，以及企业行为、企业之间关联、产业与其依存环境的关系，目的是认识和优化这种关系，从而提高人类生产活动的效率和长期稳定可持续。

二、产业生态学理论与方法

（一）产业生态系统理论

1. 产业生态系统概念

从社会、经济、自然复合生态系统（如图 6-1）的观点出发，生态系统不仅包括自然生

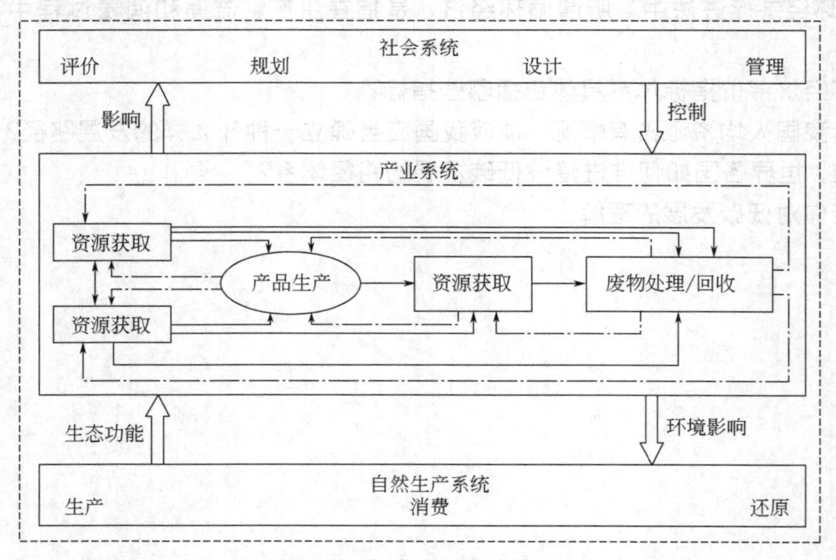

图 6-1　复合生态系统模型

态系统，还应包括以三大产业为基础的经济系统以及人与人之间错综复杂的社会系统。将产业系统作为复合生态系统的重要组成部分，有助于解决产业发展生态系统的可持续问题。

2. 产业生态系统组成结构

自然生态系统是由生物系统和环境系统共同组成的。生物系统包括生产者、消费者、分解者（还原者）。组成生态系统的成分，通过能流、物质流和信息流，彼此联系起来，形成一个功能单位。生产者、消费者和分解者是根据其在生态系统的功能来划分的，是相对的。因为在生产过程中有分解，在消费过程中有生产和分解，而在分解过程中也存在生产和消费。生产者是能用简单的无机物制造有机物的自养生物，包括所有的绿色植物、光能和化能微生物。消费者是不能利用无机物质制造有机物质的生物。消费者直接或间接地依赖于生产者所制造的有机物质，是异养生物。而分解者都属于异养生物，如细菌、真菌、放线菌、土壤原生动物和一些小型无脊椎动物。它们在生态系统中不断地进行着分解作用，把复杂的有机物质逐步分解为简单的无机物，最终以无机物的形式回归到环境中。因此，这些生物又常称为还原者。

产业生态系统则由具有类似生物有机体属性的产业组织系统和环境系统组成。这些产业组织系统既包括利用基本环境要素生产出初级产品的农、林业和矿业等行业，也包括利用初级产品进行深加工的化工、机械制造、食品和服装生产等行业。同时，还包括有专门回收和利用产业活动残余物（废气、废液、废渣）的环保产业组织。产业生态系统中的环境是指支持该系统存在的自然环境和社会环境的总和。自然环境包括水环境、声环境、土壤环境、大气环境等。社会环境包括社会制度、人口素质、经济发展水平以及产业系统之间的相互关系等。

与自然生态系统相似，根据产业生态系统中各企业功能的不同，也可将其分为生产者、消费者和分解者。生产者是利用基本环境要素（空气、水、土壤岩石、矿物质等自然资源）生产出初级产品的企业，如采矿厂、冶炼厂、热电厂等。消费者则包括初级产品的深度加工和高级产品的生产者，如化工、肥料制造、服装和食品加工、机械、电子产业等。同时也包括直接消费终端产品的消费者。而分解者则是把企业产生的副产品和废物进行处置、转化和再利用的企业，如废物回收公司、资源再生公司等。

（二）产业共生理论

1. 产业共生的概念及内涵

产业共生是以共生理论和产业生态学相关理论为基础，研究具有地理相近性的区域内企业、社区、政府等多方之间建立的全面的合作与竞争关系。这种关系以促使物质和能量能够在不断的流动和交换中得到充分、合理和持续的利用为目标，从而共同提高产业的生存及获利能力，实现更好的产业共生效益。产业共生的本质就是企业间的相互合作，这种合作以副产品和传统上被认为“毫无价值”的废弃物的交换为纽带，并包含物质能源交换、基础设施共享、技术创新、知识共享和学习机制等内容，以提升产业系统旳质量和效益及保护生态环境为目标。

2. 产业共生的特征

产业共生是一种新的经济现象，与生态学中的共生和传统的产业集聚相比，具有以下特征。

（1）产业共生的群落特征　传统的产业集聚通常只是一定区域内相关企业的简单叠加，所产生的是关联效应和规模效应。产业共生具有类似于生物群落的特征，通过多个彼此关联的企业互相进行合作，特别是通过产业系统内物质闭路循环、物质减量化和能源脱碳等方法以实现产业重组，从而使得企业群落内的总体资源得到优化利用。在外部形态上，共生产业常常表现为一定区域范围内的产业集聚，并且相互结合的产业群分别处于产业链上、中、下游的不同位置，因而特别有利于企业间信息交流以及废物和资源的交换，容易发挥规模经济和外部经济的优势。

（2）系统内部的复杂性　与传统产业集聚模式相比，产业共生系统内部组织结构较为复杂，要考虑的不可知因素较多。一方面要随时寻找自己的废弃物被利用的可能性；另一方面还要考虑其他企业废弃物作为本企业原料的可能性。而且仅当这两种可能性变成现实且能持续运行的条件得到满足时，才能使企业间形成产业共生关系。实际上产业共生系统的共生链接是一种动态同盟，它会随着内外部环境的变化而进行调整与重组，在调整与重组过程中，势必要增加整个共生体的交易成本，但长远来看，交易成本会逐步降低。

（3）资源使用的循环性　产业共生系统具有循环的特征。把传统的由“资源—产品—废物”构成的物质单向流动的生产过程，重构组织成一个“资源—产品—再生资源—再生产品”的反馈式流程和“低开采、高利用、低排放”的循环经济模式，使经济系统和谐地纳入到自然生态系统的物质循环过程中。在这个产业发展模式中，每一个生产过程中产生的废弃物都可能变成下一生产过程的原料。

（4）上下游产业的关联性　生态产业的主要做法是将上游企业的废弃物用作下游企业的原料和能量，但这绝不意味着上游企业想产生什么废弃物或多少废弃物都可以。相反，在形成共生系统的“食物链”中首先要减少上游企业的废弃物，尤其是有害物质。也就是说，系统中每一环都要进行资源削减，要考虑到整个共生体对资源的需求程度与对共生体排污量的接纳能力。否则，就可能因为某一环节的失调造成共生体“食物链”的失控。

（5）生产成果的增值性　产业共生系统的目标是在减少污染、节约资源、保护环境基础上互利与共赢。发达国家一些成熟的生态产业共生系统，从其形成发育过程来看，大多是一个自发的过程，是在市场条件下逐渐形成的，系统内所有企业都在互利共生中得到好处，取得增值效应。产业共生系统摒弃了传统产业发展中把经济与环境分离，使两者产生冲突的弊端，真正使发展经济与环境保护有机地结合起来，这种共生系统所产生的实质环境和经济效益是其得到推崇的根本原因。

（三）生命周期评价

生命周期评价（life cycle assessment，LCA）是一种从产品或服务的生命周期全过程来评价其潜在环境影响的方法，通过辨识和量化所使用的物质、能量和对环境的排放，评价这些使用和排放的影响。

LCA 研究某种产品从原材料采集到生产、使用和最终处理整个过程的潜在环境影响，需要考虑的环境影响一般包括资源使用、人类健康和生态后果三大类。

（四）物质流分析

物质流分析主要研究物质的流动规律及其对环境产生的影响。物质流分析有多种不同的研究方法，但其最终目的都是为了维持产业代谢的可持续性。如表 6-1 所示，对物质流分析方法进行了简单分类。

表 6-1 基于环境可持续性的物质流分析类型

分析类型	第一类	第二类
基本方法	毒性降低和污染物减少	物质减量化和生态重组
主要研究对象	在一定企业、部门或在某一国家内，与单位物质或原料流动相关的特定环境问题（物质如 Cd、Cl、CO_2、CFCs，原料如木材、能源、生物质等）	于物质或原料流动的数量和结构相关的环境不可持续性问题

第一类物质流分析主要是针对那些能够引起特定环境影响的物质或材料，最具代表性的就是 SFA（substance flow analysis）。SFA 主要研究物质向环境排放的主要途径以及与之相关的过程，研究产业系统内部的物质存储、流动以及这些物质在环境中的最终浓度等。SFA 主要用于控制环境有害物质（如重金属）的流动。之所以研究重金属等有害物质的流动，是因为它们可能导致重大环境问题，如通过食物链累积等；研究营养物质（如氮、磷等）的流动，是因为它们是造成水体富营养化的主要物质；研究碳的流动，是因为它与全球变暖有关系。SFA 的分析结果既可以用于决策的制定，也可用于产业系统自身的调节。

第二类物质流分析类型主要关注特定经济部门或区域的物质流数量和结构是否可持续，通常称为 MFA（material flow analysis）。例如，对建筑业的物质或原料流动的研究；对城市、区域或国家层次经济系统中部分物质流以及物质需求总量等的研究。通过这些研究可以得到一些环境压力指标，并以此来描述区域代谢的结构特征。

（五）生态效率

生态效率的概念既考虑经济效益，又考虑环境效益。生态效率已经被经济合作与发展组织确认是所有环保理念中最有效的观念，它将可持续发展的概念融入企业和产品的整个周期，力求通过改变传统的产品生产和企业管理，最大限度地提高资源投入的生产力，降低单位产品的资源消耗和污染物排放，以实现经济和社会的可持续发展。

生态效率的内涵可以理解为三个方面：首先是生态效率集企业经济绩效和环境绩效目标于一身，作为一个商业概念，它强调以较少资源投入和较低成本创造较高质量的产品，提供具有竞争力价格的产品和服务，因此代表了企业获得经济效益和环境效益的双赢状态；其次，生态效率强调企业在制造数量更多、品质更好的商品时，将产品整个生命周期内的环境影响最小化，即从资源开采、运输、制造、销售、使用、回收、再利用到分解处理全过程内，将能源和原材料的使用以及废弃物和污染的排放降至最低，至少也要降至环境承载力之内；最后，生态效率为工商界和企业界提供了一个将自身纳入可持续发展议程中去的重要机会，将可持续发展具体化为企业自身的目标，工业企业的生态效率是实现整个社会可持续发展的重要手段和工具。

三、产业生态实践

产业生态学在企业层面、园区层面和农业中都得到了广泛的应用。产业生态理论对于引导人们从根本上解决产业系统与自然系统之间的冲突问题、提高企业竞争力、促进可持续发展等有重要的理论指导意义。

1. 产业生态学在企业层面的应用

产业生态学的实践要落实到企业、区域和系统各个层面。企业作为经济发展的微观主体，其生态化是整个社会实现产业生态化的基础和推动力。产业生态学在企业层面的应用，主要是针对企业特点来落实生态产业的管理理念、生产方式以及评价体系。从管理上来说，重要的是要求企业树立“三重底线”的理念，即企业不仅要追求经济利益，还应承担“社会责任”和“生态责任”。以此为基础，可以在企业中开展“生态供应链管理”以及“ISO 14000”管理和认证；从生产方式以及评价体系来讲，可以采用产业生态学中的物质流和能流分析、清洁生产审核以及ISO 14000管理体系中的生态标志、绿色审计等方法，对企业进行分析和评价。

2. 产业生态学在园区层面的应用

20世纪80年代末，随着产业生态学的诞生和快速发展，生态工业概念营运而生，生态工业是指仿照自然界生态过程中物质和能量循环的方式，应用现代科技所建立和发展起来的一种多层次、多结构、多功能、变工业废弃物为原料、实现循环生产、集约经营管理的综合工业生产体系，是一种新型的工业模式。生态工业园作为产业生态学在园区层面的研究对象和主要实践模式而迅速发展起来，是生态工业的一种重要实践形式，也是一种新型的工业发展模式，是产业共生的重要实现形式。目前，生态工业园已成为许多国家产业发展战略的一个重要组成部分，对经济的发展起着积极的推动作用。

发达国家生态工业园产生较早，如丹麦、美国、加拿大、日本等国家很早就开始规划建设生态工业示范园区。世界上第一个生态工业园区是丹麦在20世纪70年代初建立的卡伦堡工业园区。我国的生态工业园发展较为迅速，在各地纷纷建立起来，比较著名的有南海国家生态工业园区、鲁北国家生态工业园区等。

3. 产业生态学在农业中的应用

为了解决石油密集农业带来的一系列资源和环境问题，20世纪30年代在发达国家出现了生态农业的概念。虽然各国对生态农业的定义不同，但基本主张大同小异，即主张顺应自然、保护自然，不使用化肥和农药，减少机械使用，不再追求农产品的数量和经济收入，极力强调生态环境的安全和稳定以及农业生态系统的良性循环。与传统农业相比，生态农业具有综合性、多样性、高效性和持续性等特点。

生态农业最早于20世纪三四十年代在瑞士、英国和日本等国得到发展；20世纪60年代，欧洲的许多农场转向生态耕作；20世纪70年代末，东南亚地区开始研究生态农业；从20世纪90年代开始，生态农业在世界各国得到了较大发展。受国际农业生态发展趋势、我国传统农业生产现状以及市场对农业发展的要求等因素的影响，我国现代生态农业得以兴起和发展。经过数年的发展，生态农业在我国达到一定的规模并形成了典型的模式，如“基塘”农业模式、“台田-鱼塘”模式、“水田农业”模式、“猪-沼-果”模式等。随着生态农业的发展，生态农业园逐渐兴起并得到迅速发展，它引入了规模经营的理论，实质上是通过优化组合土地、农业机械、劳动力、农业科技和资金等农业生产要素，以取得最大的生态经济效益为目标。

第二节 生态工业

一、生态工业内涵概述

工业在推动社会经济发展的同时，也对人类赖以生存的环境带来了巨大危害，资源能源的急剧消耗、工业废物高强度的排放，人类恣意地将产品处置向下一级传递，最终将大量资源浪费在对公共污染的处理处置上，经济发展思维模式的转变迫在眉睫。人们意识到被动的以末端处理为主的污染控制战略必须改变。否则，环境问题将难以得到根本解决，社会、经济发展将陷入困境，最终危及人类生存。因此，各国学者开始探讨可以减少环境污染的途径，如以污染预防为主，推行过程管理的清洁生产，要求每个企业尽可能把污染排放降到最低限度，甚至零污染排放。然而工业生产总会有一些废物排放，所以清洁生产不是最终解决问题的有效途径。所以，人们急需建立一种生态与经济协调的生态经济效益工业发展模式，这种生态与经济协调的、可持续性的生态工业模式，是现代工业发展的最佳模式。

所谓生态工业，是指合理、充分、节约地利用资源，工业产品在生产和消费过程中对生态环境和人体健康的损害最小以及废弃物多层次综合再生利用的工业发展模式。这是一种生态与经济相协调的、可持续性的生态工业模式，是一种现代工业的生产方式。生态工业的核心思想和可持续发展思想是完全一致的，它们的共同要求都是强调人类在发展经济的同时必须重视与自然环境的协调。

二、生态工业园

（一）生态工业园的内涵

生态工业园是生态工业发展理念在园区层面的实践形式，是一种新型的工业模式，是产业共生的重要实现形式。目前，生态工业园已成为许多国家产业发展战略的一个重要组成部分，并且对经济发展起着重要的作用。生态工业园区通过模仿自然生态系统，构建企业之间协同共生的关系，使资源利用率最大化，同时，最大限度减小对环境的影响，使经济发展和环境保护协调发展，形成新的工业园模式。

（二）生态工业园的特征

生态工业园的最基本特征是园区中各企业相互利用“废物”作为生产原料，最终实现园区内资源利用最大化和环境污染的最小化。生态工业园具有以下特征：

① 具有明确主题，但不仅仅只是围绕单一主题而设计、运行，在设计工业园的同时考虑了社区要求；

② 通过毒物替代、二氧化碳吸收、物质交换和废弃物的综合治理来减少环境影响或生态破坏，但生态工业园不单纯是环境技术公司或绿色产品生产企业的集合；

③ 通过共生和层叠实现能量效率的最大化；

④ 通过回用、再生和循环对材料进行可持续利用；

⑤ 与生态工业园所在的社区以供求关系形成更大的网络，而不是单一的副产物或废弃物交换模式或交换网络；

⑥ 通过各成员自己和作为整体的社区来持续改进环境性能；

⑦ 拥有调控体系，允许一定灵活性而鼓励成员适应整体运行目标；

⑧ 使用经济型设备和手段来抑制废弃物和污染；

⑨ 使用信息管理系统，促进园区内物质和能源的闭路循环；

⑩ 准确定位生态工业园及其成员的市场，利用市场定位吸引能填补园区空缺生态位和能与之互补的公司加入；

⑪ 创建一种机制，对管理人员和职工开展有关新政策、新工具和新技术等方面的培训和教育，以改进系统。

（三）生态工业园类型

目前，我国生态工业园还没有统一的模式，多数是因地制宜，具有地方特色，从原始基础、产业结构、区域位置等不同方面可对生态工业园区进行分类。

1. 从原始基础看，可以划分为现有改造型与全新规划型

现有改造型园区是对现已存在的工业企业，通过适当的技术改造，在区域内成员间建立起废弃物和能量的转换关系。美国恰塔努加生态工业园区就是个例子，它曾是一个以污染严重闻名全美的制造中心，后来杜邦公司以尼龙线头回收为核心推行企业零排放，既减少污染又带动了环保产业的发展，在老工业区拓展了新的产业空间。其突出特征是通过重新利用老工业企业的工业废弃物，减少污染和增进效益。废旧钢铁铸造车间变成太阳能处理废水的生态车间，中水为旁边的肥皂厂所使用，临近肥皂厂的是以其副产品为原料的另一家公司。

全新规划型园区是在良好规划和设计的基础上从无到有地进行建设，主要吸引那些具有“绿色制造技术”的企业入园，并创建一些基础设施，使得这些企业间可以进行废水、废热等的交换。这类工业园投资大，对其成员要求较高。如美国 Choctaw 生态工业园区采用交混分解技术将当地大量的废轮胎资源化得到炭黑、塑化剂等产品，进一步衍生出不同的产品链，这些产品链与辅助的废水处理系统一起构成工业生态网。

2. 从产业结构看，可以划分为联合企业型与综合型

联合企业型园区通常以某一大型的联合企业为主体，围绕联合企业所从事的核心行业构造工业生态链和工业生态系统，典型的如美国杜邦模式、中国贵港国家生态工业（制糖）示范园区等。对于冶金、石油、化工、酿酒、食品等不同行业的大企业集团，非常适合建设联合企业型的生态工业园区。

综合型园区内存在各种不同的行业，企业间的工业共生关系更为多样化。与联合企业园区相比，综合型园区需要更多地考虑不同利益主体间的协调和配合，如丹麦的卡伦堡工业园区就是其典型。目前大量传统的工业园区适合朝综合型生态工业园区的方向发展。

3. 从区域位置看，可以划分为实体型与虚拟型

实体型园区的成员在地理位置上聚集于同一区域，可以通过管道设施进行成员间的物质、能量交换。

虚拟型园区不严格要求其成员在同一地区，由园区内和园区外的企业共同构成一个更大范围的工业共生系统。有些园区是利用现代信息技术，通过园区信息系统，首先在计算机上建立成员间的物质、能量交换联系，再付诸实施，区内企业既可彼此交换也可与区外企业发生联系。虚拟园区可以省去一般建园所需的昂贵的购地费用，避免建立复杂的相互依赖关系和进行困难的工厂迁址工作，并且具有很大的灵活性；其缺点是可能要承担较贵的运输费用，如美国的 Brownsville 生态工业园区就是虚拟型园区的典型。

三、生态工业园规划方法与管理

目前，在我国生态工业园区的建设规划和管理工作由国家环境保护部负责，国家出台一系列关于我国生态工业园建设的政策文件等。2007 年 12 月，发布《生态工业园区建设规划编制指南》，作为国家环境保护行业标准，促进我国环境保护及循环经济发展。2008 年，发布《循环经济促进法》，强调加大对生态工业园建设的支持力度。2009 年，发布《综合类生态工业园区标准》，进一步促进我国循环经济发展。2012 年，为适应我国资源节约和环境保护工作的需要，规范和促进国家生态工业示范园区创建活动，对《综合类生态工业园区标准》进行修改。

我国生态工业园区创建过程，一般情况是，园区经自我评估后认为有必要、有条件创建生态工业园区的，需要先向有关主管部门提出创建申请，经审查同意后园区编制《××生态工业园区建设规划》和相应的《××生态工业园区建设技术报告》；有关部门对建设规划和技术报告进行审核，由专家评审论证；通过评审的园区将依据建设规划和技术报告进行建设。

（一）生态工业园规划前期工作

根据《生态工业园区建设规划编制指南》及《国家生态工业示范园区管理办法》中给出的《建设规划和技术报告编制指南》，结合实地工作经验，建设规划和技术报告前期工作可归纳为三项。

① 队伍建设。确定建设规划和技术报告编制的队伍，包括领导组织机构和技术机构。其中领导组织机构一般为园区管委会，技术机构一般由园区管委会委托高校或科研单位等有关规划编制单位承担。

② 收集编制规划所必需的生态环境、社会、经济背景或现状资料，包括社会经济发展规划，区域总体规划和土地利用规划，产业结构、产业发展规模和布局规划，以及园区主导行业发展规划、区域生态功能区划、水环境功能区划、土地功能区划等有关资料。

③ 现状调研。确定规划编制单位后，规划编制小组则需要对园区及其周围区域进行实地调研。调查规划有关的经济、社会、科技、人文以及自然、地理、生态、环境污染、产业发展情况、资源和能源供给、“三废”产生及处理情况等方面的信息。调查范围以拟建设的生态工业园区为主，兼顾对园区发展影响较大的周边区域。

（二）生态工业园建设规划和技术报告的主要内容

在建设规划和技术报告编制中，主要的规划技术和方法包括：传统的城市和区域规划、园区规划和环境规划方法，如系统规划法、空间规划法、产业发展规划；与生态工业相关的思想和相应的技术、方法，如清洁生产、生态效率、工业代谢、副产品交换、生态设计、生命周期分析、联合培训计划、公众参与等思想和相应的方法。在这些思想的指导下，编制主要内容如下。

1. 生态工业园规划编制主要内容

① 生态工业园区概况和现状分析。其中，包括社会、经济、环境等现状分析。

② 生态工业园区建设必要性分析。其中，包括园区环境影响回顾分析、建设必要性和意义、建设的有利条件分析、建设的制约因素分析。

③ 生态工业园区建设总体设计。其中，包括指导思想、基本原则、规划范围、规划期限、规划依据、规划目标与指标、总体框架等。总体框架设计包括主要的专项规划、园区空间布局和功能分区的设计等。

④ 园区主导行业生态工业发展规划。其中，根据不同类型生态工业园区产业结构特点提出建设方案。

⑤ 资源循环利用和污染控制规划。其中，包括水循环、大气污染、固体废物循环利用和污染控制、能源利用等规划。

⑥ 重点支撑项目及其投资与效益分析。

⑦ 生态工业园区建设保障。其中，包括政策保障、组织机构建设、技术保障体系、公众参与、宣传教育与交流以及其他保障措施等。

2. 生态工业园建设技术报告文本主要内容

技术报告主要内容与规划基本相同，但在具体分析和实施方案及重点项目阐释上要更加详细具体。

（三）生态工业园管理经验借鉴

从国际经验看，美国政府提供技术和资金支持生态工业园区建设，德国采取限制与激励性经济措施促进循环经济发展，日本通过法律规范园区的废弃物处理和再生资源利用等做法在推动生态型园区建设中的作用明显，其做法值得我国政府在进一步推动生态工业园、建设发展循环经济中借鉴。

1. 美国提供技术和资金保障，支持生态工业园区建设

美国政府组建生态工业园区特别工作组，国家基金组织筹集专项基金资助工业生态学的相关研究。目前，全美已建有20多个生态工业园，可分为三大类。一是虚拟联网型，例如BrownSville生态工业园就不严格要求其成员企业在同一地区，它以模型和数据库的形式，在计算机上建立起了成员间物料与能量的联系网络。虚拟生态工业园可以省去一般建园所需的土地及设备购置费用，避免进行大量的工厂迁址工作，具有极大的灵活性。二是现有改造型，如马里兰州的FairField生态工业园，其对现存的工业企业进行适当的技术改造，在区域内进行废物与能量的深度交换；所有成员企业都采用可持续性生产方式制造可持续性产品。园区内的生物燃料发电设备完全能够保障足额的电力供应，从而使得区内企业不再需要依靠燃烧化石燃料来进行供电。三是全新创建型，如美国弗吉尼亚州的CapeCharles可持续技术园区，这类园区主要吸引那些具有“绿色制造技术”的企业入园，并创建一系列完备的基础设施，以促使企业间实现废水、废热等的充分交换。

2. 德国采取限制与激励性经济措施，促进循环经济高速发展

德国政府为贯彻可持续生产与消费的社会目标，结合采取限制性与鼓励性的经济措施来引导公民选择有利于循环经济发展的行为。其中，限制性措施包括：①对汽油、柴油征收生态税，用于降低能源消耗量；②根据“污染者付费”原则，政府对污染制造者收费；③政府对可能造成污染的固体废物加以回收，并用收取押金的办法，促使消费者把有关废弃物退还给经营者。鼓励性措施包括：①对资源回收及利用效率较高的企业或公民，给予税费减免；②德国的复兴银行对投资可再生能源的企业以低于市场利率1～2个百分点的优惠条件，提供相当于设备投资成本75%的优惠贷款；③政府统一各部门用于环保的预算，以集合各政府职能部门的力量来支持循环经济的发展。此外，德国政府还十分重视环境无公害技术、资源能源综合利用技术的发展与运用，并构建了一套循环经济高速发展的技术支撑体系。在政府一系列措施的带动下，德国的生态工业园健康发展，为全球生态工业园区的建设起到了示范性作用。

3. 日本通过法律规范园区的废弃物处理和再生资源利用

日本从1970年制定《废弃物处理法》，直至2003年制定《促进创建循环型社会的基本计划》，日本政府先后颁布和修订了10部综合性法律和其他相关法规，形成了一整套较完善的法律法规体系，为发展循环经济和建设循环型社会提供了法律保障。在20世纪90年代初，日本政府提出了“环境立国”的口号，集中制定了涵盖废弃物处理、再生资源利用、包装容器和家庭电器循环利用、化学物质管理等内容的一系列法律法规，进一步健全和完善了环境保护与废弃物循环利用的法律体系。在政府的大力推动以及法律法规的规范作用下，藤则生态工业园、山梨生态工业园以及北九州岛生态化城市区，为实现资源回收循环型社会的“零废弃物排放构想”迈出了关键性的一步。

第三节　生态农业

一、生态农业内涵概述

（一）生态农业的内涵

生态农业是按照生态学原理，运用现代科学技术成果和现代管理手段，以及传统农业的有效经验建立起来的，能获得较高的经济效益、生态效益和社会效益的现代化高效农业。它要求把发展粮食与多种经济作物生产，发展大田种植与林、牧、副、渔业，发展大农业与第二、第三产业结合起来，通过人工设计生态工程，协调发展与环境之间、资源利用与保护之间的矛盾，形成良性循环，实现经济、生态、社会三大效益的统一。

（二）生态农业的发展

从20世纪90年代开始，生态农业在世界各国有了较大发展。据统计，目前，在世界上实行生态管理的农业用地约1055万公顷。其中，澳大利亚面积最大，其次是意大利和美国。从生态农业占农业用地面积的比例来看，欧洲国家普遍较高。20世纪70年代末期以来，发展中国家也开始了生态农业的理论研究和实践试验。特别是东南亚国家，生态农业的研究有了较快的发展。

20世纪70年代末80年代初，我国以马世骏先生为首的科学家提出要在我国发展能实现生态、经济和社会三大效益相结合的生态农业，并开始在全国范围内进行生态户、村、乡、县等不同规模的示范研究，取得了举世瞩目的成就。中国的生态农业不同于西方的生态农业，而是借鉴了国外替代农业的各种形式，有着深厚的传统有机农业的背景和基础，并具有自己独特的概念和发展过程。中国生态农业是依照生态学原理和生态经济规律在系统科学的思想和方法指导下，融现代科学技术与传统农业技术精华于一体（劳力、物质投入及信息）并进行集约经营和科学管理的农业生态系统。中国的生态农业和农村经济发展正在逐步健康地走向持续发展的轨道。

二、生态农业建设模式

我国在1993～1998年首批51个生态农业县建设试点项目中，各县分别总结提出了3～10个适应当地条件的主体生态农业模式。2002年农业部科技教育司向全国各地征集生态农业模式，又征得370种生态农业模式或技术体系。为了促进中国生态农业的健康发展，全国生态农业专家组通过反复研讨，遴选、提炼出经过一定实践运行检验、具有代表性的十大类型生态农业模式和技术体系，分别是：北方“四位一体”生态模式及配套技术；南方“猪-沼-果”生态模式及配套技术；平原农林牧复合生态模式及配套技术；草地生态恢复与持续利用生态模式及配套技术；生态种植模式及配套技术；生态畜牧业生产模式及配套技术；生态渔业模式及配套技术；丘陵山区小流域综合治理模式及配套技术；设施生态农业模式及配套技术；观光生态农业模式及配套技术。下面介绍基于生态学原理为基础进行分类的我国十大生态农业系统。

1. 充分利用空间和土地资源的农林立体结构生态系统

该类型又可称为间-套-种模式，是利用自然生态系统中各生物的特点，通过合理组合，建立各种形式的立体结构，以达到充分利用空间，提高生态系统光能利用率和土地生产力，增加物质生产的目的。所以该类型在空间上是一个多层次和时间上多序列的产业结构。按照生态经济学原理使林木、农作物（粮、棉、油）、绿肥、鱼、药（材）、（食用）菌等处于不同的生态位，各得其所，相得益彰，既充分利用太阳辐射和土地资源，又为农作物形成一个良好的生态系统环境。这种生态农业类型在我国普遍存在，数量较多。大致有以下几种形式。

① 各种农作物的轮作、间作与套种。由于各地的自然条件不同，农作物种类多种多样，行之有效的轮作、间作与套种的形式繁多，主要类型有豆、稻轮作，棉、麦、绿肥间套作，棉花油菜间作，甜叶菊、麦、绿肥间套作。

② 农林间作。这种间作是充分利用光、热资源的有效措施，我国采用较多的是桐粮间作和枣粮间作，还有少量的杉粮间作。

③ 林药间作。此种间作主要有吉林省的林、参间作，江苏省的林下载重黄连、白术、绞古蓝、芍药等的林、药间作。林、药间作不仅大大提高了经济效益，而且塑造了一个山青林茂、整体功能较高的人工林系统，大大改善了生态环境，有力地促进了经济、社会和生态环境向良性循环发展。

④ 立体农业布局体系。在山区丘陵地带，根据地势高低起伏，合理安排种植业，如在红黄壤地区正在推广的从丘上到丘下，从河谷阶地到低河漫滩的“阔叶林或针阔混交林、经济林或毛竹（幼林地内可间种人工牧草）-果园或人工草地-鱼塘、果园或农田-丛竹”的立体农业布局体系。这种立体设计不但促进了红黄壤地区的土地开发，增加农民收入，而且也有效地保护了水土。根据20个省（市、自治区）的不完全统计，目前中国已经创造出几十种类型，几百个组合模式。

除了以上的各种间作以外，还有海南省的胶、茶间作，种植业与食用菌栽培相结合的各种间作如农田菇、蔗田种菇、果园种菇等。农林立体种植结构，大大提高太阳能的利用率和土地生产力，是我国生态农业建设过程中的一种主要技术类型。

2. 物质能量多层分级利用系统

模拟不同种类生物群落的共生功能，包含分级利用和各取所需的生物结构。此类系统可进行多种类型和多种途径的模拟，并可在短期内取得显著的经济效益。

如图6-2，利用秸秆生产食用菌和蚯蚓等的生产设计。秸秆还田是保持土壤有机质的有效措施，但秸秆若不经处理直接还田，则需很长时间的发酵分解，方能发挥肥效。在一定条件下，利用糖化过程先把秸秆变成饲料，而后利用牲畜的排泄物及秸秆残渣用来培养食用菌；生产食用菌的残余料又用于繁殖蚯蚓，最后才把剩下的残物返回农田。这样收效就会好得多，且增加了生产沼气、食用菌、蚯蚓等的直接经济效益。

3. 水陆交换的物质循环生态系统

食物链是生态系统的基本结构，通过初级生产、次级生产、加工、分解等完成代谢过程，完成物质在生态系统中的循环。桑基鱼塘是比较典型的水陆交换生产系统（如图6-3），是我国广东省、江苏省农业生产中多年行之有效的多目标生产体系。目前已成为较普遍的生

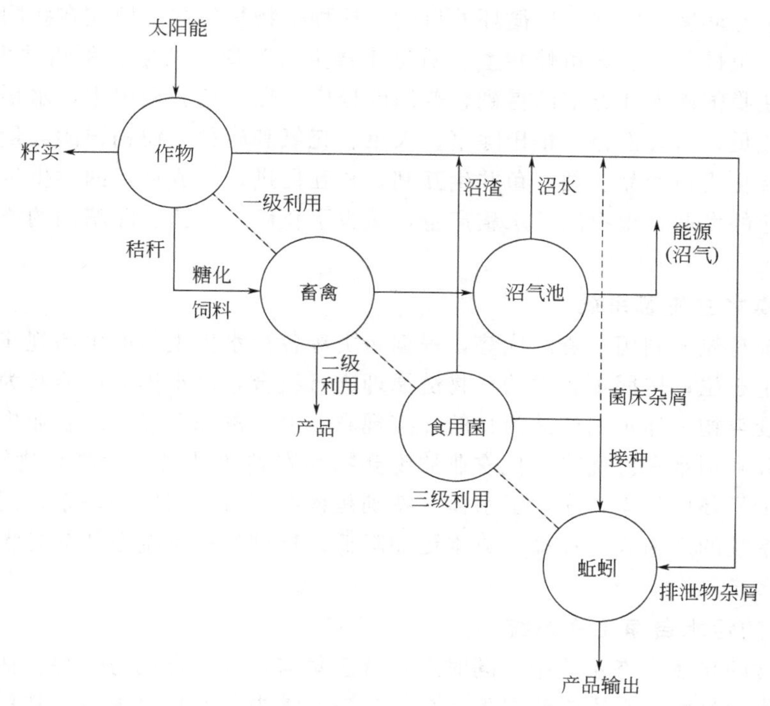

图 6-2　作物秸秆的多级利用

态农业类型。该系统由两个或三个子系统组成，即基面子系统和鱼塘子系统。前者为陆地系统，后者为水生生态系统，两个子系统中均有生产者和消费者。第三个子系统为联系系统，起着联系基面子系统和鱼塘子系统的作用。桑基鱼塘是由基面种桑、桑叶喂蚕、蚕沙养鱼、鱼粪肥塘、塘泥为桑施肥等各个生物链所构成的完整的水陆相互作用的人工生态系统。在这个系统中通过水陆物质的交换，使桑、蚕、鱼、菜等各业得到协调发展，桑基鱼塘使资源得到充分利用和保护，整个系统没有废弃物，处于一个良性循环之中，因而保证可以取得极好的经济效益。

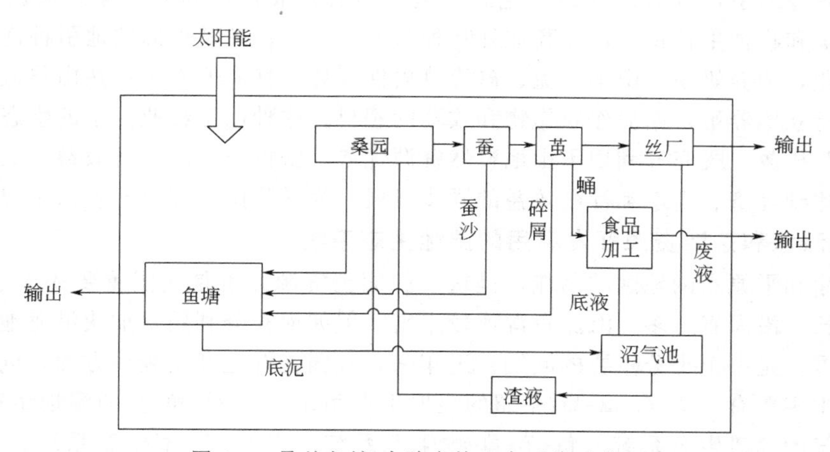

图 6-3　桑基鱼塘-水陆交换生产系统示意图

4. 相互促进的生物物种共生生态系统

该模式是按生态经济学原理把两种或者三种相互促进的物种组合在一个系统内，达到共同增产，改善生态环境，实现良性循环的目的。这种生物物种共生模式在我国主要有稻田养鱼、稻田养蟹、鱼蚌共生、禽鱼蚌共生、稻鱼萍共生、苇鱼禽共生、稻鸭共生等多种类型。其中稻田养鱼在我国南方北方都已得到较普遍的推广，在养鱼的稻田中，水稻为鱼遮阴、提供适宜水温和充足饵料，而鱼为稻田除草、灭虫、充氧和施肥，使稻田的大量杂草、浮游生物和光合细菌转化为鱼产品。稻、鱼共生互利，相互促进，形成良好的共生生态系统。这不但促进了养鱼业的发展，也提高了水稻产量，减少了化肥、农药、除草剂的施用量，提高了土壤肥力。

5. 农-渔-禽水生生态系统

该生态系统是充分利用水资源优势，根据鱼类等各种水生生物的生活规律和食性以及在水体中所处的生态位，按照生态学的食物链原理进行组合，以水体立体养殖为主体结构，以充分利用农业废弃物和加工副产品为目的，实现农、渔、禽综合经营的农业生态类型。这种系统有利于充分利用水资源优势，把农业的废弃物和农副产品加工的废弃物转变成鱼产品，变废为宝，减少了环境污染，净化了水体。特别是该系统再与沼气相联系，用沼气渣液作为鱼的饵料，使系统的产值大大提高，成本更加降低。这种生态系统在江苏省太湖流域和里下河水网地区较多。

6. 多功能的污水自净工程系统

在发育正常的自然生态系统中，同时进行着富集与扩散、合成与分解、拮抗与加减等多种调节、控制作用过程。在通常情况下，自然生态系统内部不易出现由于某种物质的过多积累而造成系统崩溃或主要生物成分的大量死亡，这是由于系统本身就拥有自行解毒的“医生”（微生物）和解毒的工艺（物理的、化学的）过程。即使由于某种物质过分积累，破坏了系统的原来结构，亦会出现适应新情况的生物更新。模拟此种复杂功能的工艺体系，设计成处理工业废水的新模式。

7. 山区综合开发的复合生态系统

这是一种以开发低山丘陵地区，充分利用山地资源的复合生态农业类型，通常的结构模式为：林-草-渔-沼气。该模式以畜牧业为主体结构。一般先从植树造林、绿化荒山、保持水土、涵养水源等入手，着力改变山区生态环境，然后发展畜牧和养殖业。根据山区自然条件、自然资源和物种生长特性，在高坡处栽种果树、茶树；在缓平岗坡地引种优良牧草，大力发展畜牧业，饲养奶牛、山羊、兔、禽等草食性畜禽，其粪便养鱼；在山谷低洼处开挖精养鱼塘，实行立体养殖，塘泥作农作物和牧草的肥料。这种以畜牧业为主的生态良性循环模式无“三废”排放，既充分利用了山地自然资源优势，获得较好的经济效益，又保护了自然生态环境，达到经济、生态和社会效益的同步发展，为丘陵山区综合开发探索出一条新路。

8. 沿海滩涂和荡滩资源开发利用的湿地生态系统

沿海滩涂和平原水网地区的荡滩，是重要的国土资源，也是我国重要的土地后备资源。我国海岸线长，沿海省份多，滩涂资源比较丰富，但如何充分利用，加快沿海地区和水网地区的经济发展，是一个十分重要的问题。近年来，我国在湿地开发利用方面，创造了不少好的模式，其中主要有：草-畜-禽-蚯蚓-貂的湿地生态系统、苇-萍-鱼-禽的湿地生态系统、林-牧-猪-鱼-沼气的荡滩生态系统、鱼-苇-草-牧生态系统、农-桑-鱼-畜生态系统、棉-牧-禽-鱼-花-加工的复合生态系统。

上述各种模式的特点是按照自然生态规律和经济规律，因地制宜，充分发挥湿地资源优势，组建各种类型的生态结构，充分提高太阳能利用率，实现系统内的物质良性循环，使经济效益、生态效益和社会效益同步提高。

9. 以庭院经济为主的院落生态系统

这是在我国最近几年迅速发展起来的一种农业生态工程技术类型，这种模式的特点是以庭院经济为主，把居住环境和生产环境有机地结合起来，以达到充分利用每一寸土地资源和太阳辐射能，并用现代化的技术手段经营管理生产，以获得经济效益、生态环境效益和社会效益协调统一。这对充分利用每一寸土地资源和农村闲散劳动力，保护农村生态环境具有十分重要的意义。庭院经济模式具有灵活性、经济性、高效性、系统性的优点。

例如北京市大兴县留民营村的生态农业建设过程中形成的鸡（兔）-猪-沼气-菜（花）的家庭循环系统就是很好的典型。实践证明，在一家一户的生产单元中，建立这样的小型循环系统不仅是可行的，而且是十分有利的，可以在不增加农户很大负担的基础上，产生较为明显的经济、生态和社会效益。根据笔者的实践经验，院落生态系统不仅可以极大地增加农民收入，同时对于改善农村庭院的环境卫生具有十分重要的意义。

10. 多功能的农副工联合生态系统

生态系统通过完整的代谢过程——同化和异化，使物质在系统内循环不息，并通过一定的生物群落与无机环境的结构调节，使得各种成分相互协调，达到良性循环的稳定状态。这种结构与功能统一的原理，用于农村工农业生产布局，即形成了多功能的农副工联合生态系统，亦称城乡复合生态系统。这样的系统往往由4个子系统组成，即农业生产子系统、加工工业子系统、居民生活区子系统和植物群落调节子系统。它的最大特点是将种植业、养殖业和加工业有机地结合起来，组成一个多功能的整体。

多功能农、副、工联合生态系统是当前我国农业生态工程建设中最重要，也是最多的一种技术类型，并已涌现出很多典型。如北京市大兴区留民营村、北京市房山区窦店村、江苏省吴江县桃源乡。

三、生态农业管理与规划

生态农业规划建设受地域、经济和科学技术等影响，多样性和灵活性是生态农业规划建设的灵魂，而建设生态农业园是实现其灵活性多样性的有效途径。通常来说生态农业园区规划建设需要依托生态农业省、乡、村建设，开展诸如生态旅游、休闲娱乐、农林畜生产等多种经营形式，实行“以园养园，自主招商投资”模式。从国内条件来看，许多地方可以规划大型生态农业园，但是广大农村由于人多地少，以家庭为基础单位建设中小型生态农业园在技术上比较可行，也符合目前的农村经济体制。目前，中国已经形成多种生态农业园模式，可以在不同的地区推行。

生态农业园规划的基本思路是在保护园区生态环境的前提下，融入科学化、专业化和社会化的发达产业，实现“整体、协调、循环、再生”的目标。具体来说就是把农业发展同资源合理利用和环境保护相结合，将经济效益、生态效益和社会效益作为一个整体来考虑，在提高农业生产力的基础上，充分发挥本地资源优势，全面合理安排农、林、牧、副、渔等各产业的结构，把高产和优质结合起来，努力实现生态农业园在高产值、高效益和高附加值上的整体效益。

（一）生态农业园区规划的原则

1. 整体性原则

由生态种植业、林业、渔业、牧业以及农产品加工业、农产品贸易与服务业、农产品消费领域之间通过废物交换、循环利用、要素耦合和产业生态链等方式形成网状的生产业体系。各产业部门之间，在质上为相互依存、相互制约的关系，在量上是按一定比例组成的有机体。

2. 协调性原则

重视系统的协调，包括生物之间，生物与非生物环境之间，以及城乡之间的协调发展，寻求经济与环境“双赢”的目标。

3. 合理性原则

应该结合当地资源条件，统筹和优化资源开发和利用，优先发展附加值高、特色明显的产业，限制和淘汰污染严重的企业，控制发展资源占用多、效益比较低的产业。通过产业结构调整，做强、做大特色鲜明的主导产业，而不是采用“一刀切”的模式，盲目进行生态农业园区规划和建设。

4. 高效性原则

通过物质循环和能量多层次综合利用，实现废物资源化利用，既降低成本又可安置劳动力，延伸产业链，提高农业效益，实现农业生产和农村经济的良性高效循环。

另外，在生态农业园中还需要推广清洁生产，有效控制污染，搞好无公害农产品、绿色食品和有机食品基地建设；开发、引进、推广生态农业关键技术，建立农业发展的技术支撑体系，如资源高效利用技术、无害化农产品开发技术、农业生产废物的资源化利用技术、农产品加工废物的资源化利用技术、面源污染治理技术以及节水农业技术等。通过各项农业技术的实施，有效降低农业源头污染物产生量，最大限度地使农业废物得到资源化利用。

（二）生态农业的管理模式

在规划和建设生态农业园区的时候，应该把技术上的可行性和经济上的可行性结合起来，生态农业园的组织和管理模式可以向企业化方向发展。包括如下模式。

1. 企业家参与

即吸引优秀企业家参与园区规划建设，让他们的市场观念、经营头脑、营销策略在园区内大显身手。当企业家与科学家结合在一起时，就能取长补短，相得益彰。

2. 企业式的决策

即像企业那样缜密地决定园区的重大问题，如界址的选择、目标的确定、项目内容的筛选、产品的市场定位等。

3. 企业化的管理

即在体制上采取法人治理结构，并在用人、分配制度等方面建立市场化机制，不宜由政府包办，也不宜按过去事业单位的模式去办。

总之，以市场为引导的生态农业园，可以极大地促进园区的农业结构调整以及产业化经营。

在生态农业园中，政府、公司、投资者各司其职，即由政府支持、城乡各种所有制参与、农民生产、公司经营管理，实现多种所有制成分共同开发、风险共担、利益共享。政府的职责在于提供政策保障及财政支持，对土地和经营承包进行协调和配合；而公司则负责园区的统一规划和管理，对投资者的投资和承包者的经营进行科学合理的安排，为投资者和承包者提供产前、产中和产后的一系列社会化服务，依托生态农业园的人才资源优势，开展农业技术开发、高新技术引进及推广工作。

为了将生态农业园的发展进一步纳入规范、科学的轨道，真实地反映园区运营状况，顺利地实现园区的发展目标，还应该建立一套生态农业园区评价指标体系，以对园区的发展起到监督、知道的作用，并在问题未暴露之前起到预警功能。整体来说，生态农业园评价指标体系应该充分考虑经济、社会和生态三方面效益，最大限度地实现预期目标。

思考题

1. 比较产业生态系统与自然生态系统的异同，讨论产业生态系统应如何借鉴自然生态系统，以更有利于其发展。

2. 以国内某一生态工业园为例，查找相关资料，从园区规划设计层面讨论其存在的优势与不足，并提出自己的观点和建议。

3. 在生态工业园的发展中，园区的规划设计具有非常重要的作用。从生态工业园规划设计者的角度，你认为在规划设计生态工业园时应该考虑哪些步骤，如何实施?

4. 查阅相关资料，选取两种典型的生态农业模式，并对其原理及适用范围进行探讨。

5. 试述生态产业与绿色发展、环境保护的关系。

附 录

附录一 清洁生产审核办法

第一章 总则

第一条 为促进清洁生产，规范清洁生产审核行为，根据《中华人民共和国清洁生产促进法》，制定本办法。

第二条 本办法所称清洁生产审核，是指按照一定程序，对生产和服务过程进行调查和诊断，找出能耗高、物耗高、污染重的原因，提出降低能耗、物耗、废物产生以及减少有毒有害物料的使用、产生和废弃物资源化利用的方案，进而选定并实施技术经济及环境可行的清洁生产方案的过程。

第三条 本办法适用于中华人民共和国领域内所有从事生产和服务活动的单位以及从事相关管理活动的部门。

第四条 国家发展和改革委员会会同环境保护部负责全国清洁生产审核的组织、协调、指导和监督工作。县级以上地方人民政府确定的清洁生产综合协调部门会同环境保护主管部门、管理节能工作的部门（以下简称“节能主管部门”）和其他有关部门，根据本地区实际情况，组织开展清洁生产审核。

第五条 清洁生产审核应当以企业为主体，遵循企业自愿审核与国家强制审核相结合、企业自主审核与外部协助审核相结合的原则，因地制宜、有序开展、注重实效。

第二章 清洁生产审核范围

第六条 清洁生产审核分为自愿性审核和强制性审核。

第七条 国家鼓励企业自愿开展清洁生产审核。本办法第八条规定以外的企业，可以自愿组织实施清洁生产审核。

第八条 有下列情形之一的企业，应当实施强制性清洁生产审核：

（一）污染物排放超过国家或者地方规定的排放标准，或者虽未超过国家或者地方规定的排放标准，但超过重点污染物排放总量控制指标的；

（二）超过单位产品能源消耗限额标准构成高耗能的；

（三）使用有毒有害原料进行生产或者在生产中排放有毒有害物质的。

其中有毒有害原料或物质包括以下几类：

第一类，危险废物。包括列入《国家危险废物名录》的危险废物，以及根据国家规定的危险废物鉴别标准和鉴别方法认定的具有危险特性的废物。

第二类，剧毒化学品、列入《重点环境管理危险化学品目录》的化学品，以及含有上述化学品的物质。

第三类，含有铅、汞、镉、铬等重金属和类金属砷的物质。

第四类，《关于持久性有机污染物的斯德哥尔摩公约》附件所列物质。

第五类，其他具有毒性、可能污染环境的物质。

第三章 清洁生产审核的实施

第九条 本办法第八条第（一）款、第（三）款规定实施强制性清洁生产审核的企业名单，由所在地县级以上环境保护主管部门按照管理权限提出，逐级报省级环境保护主管部门核定后确定，根据属地原则书面通知企业，并抄送同级清洁生产综合协调部门和行业管理部门。

本办法第八条第（二）款规定实施强制性清洁生产审核的企业名单，由所在地县级以上节能主管部门按照管理权限提出，逐级报省级节能主管部门核定后确定，根据属地原则书面通知企业，并抄送同级清洁生产综合协调部门和行业管理部门。

第十条 各省级环境保护主管部门、节能主管部门应当按照各自职责，分别汇总提出应当实施强制性清洁生产审核的企业单位名单，由清洁生产综合协调部门会同环境保护主管部门或节能主管部门，在官方网站或采取其他便于公众知晓的方式分期分批发布。

第十一条 实施强制性清洁生产审核的企业，应当在名单公布后一个月内，在当地主要媒体、企业官方网站或采取其他便于公众知晓的方式公布企业相关信息。

（一）本办法第八条第（一）款规定实施强制性清洁生产审核的企业，公布的主要信息包括：企业名称、法人代表、企业所在地址、排放污染物名称、排放方式、排放浓度和总量、超标及超总量情况。

（二）本办法第八条第（二）款规定实施强制性清洁生产审核的企业，公布的主要信息包括：企业名称、法人代表、企业所在地址、主要能源品种及消耗量、单位产值能耗、单位产品能耗、超过单位产品能耗限额标准情况。

（三）本办法第八条第（三）款规定实施强制性清洁生产审核的企业，公布的主要信息包括：企业名称、法人代表、企业所在地址、使用有毒有害原料的名称、数量、用途，排放有毒有害物质的名称、浓度和数量，危险废物的产生和处置情况，依法落实环境风险防控措施情况等。

（四）符合本办法第八条两款以上情况的企业，应当参照上述要求同时公布相关信息。

企业应对其公布信息的真实性负责。

第十二条 列入实施强制性清洁生产审核名单的企业应当在名单公布后两个月内开展清洁生产审核。

本办法第八条第（三）款规定实施强制性清洁生产审核的企业，两次清洁生产审核的间隔时间不得超过五年。

第十三条 自愿实施清洁生产审核的企业可参照强制性清洁生产审核的程序开展审核。

第十四条 清洁生产审核程序原则上包括审核准备、预审核、审核、方案的产生和筛选、方案的确定、方案的实施、持续清洁生产等。

第四章 清洁生产审核的组织和管理

第十五条 清洁生产审核以企业自行组织开展为主。实施强制性清洁生产审核的企业，如果自行独立组织开展清洁生产审核，应具备本办法第十六条第（二）款、第（三）款的条件。

不具备独立开展清洁生产审核能力的企业，可以聘请外部专家或委托具备相应能力的咨询服务机构协助开展清洁生产审核。

第十六条 协助企业组织开展清洁生产审核工作的咨询服务机构，应当具备下列条件：

（一）具有独立法人资格，具备为企业清洁生产审核提供公平、公正和高效率服务的质量保证体系和管理制度。

（二）具备开展清洁生产审核物料平衡测试、能量和水平衡测试的基本检测分析器具、设备或手段。

（三）拥有熟悉相关行业生产工艺、技术规程和节能、节水、污染防治管理要求的技术人员。

（四）拥有掌握清洁生产审核方法并具有清洁生产审核咨询经验的技术人员。

第十七条 列入本办法第八条第（一）款和第（三）款规定实施强制性清洁生产审核的企业，应当在名单公布之日起一年内，完成本轮清洁生产审核并将清洁生产审核报告报当地县级以上环境保护主管部门和清洁生产综合协调部门。

列入第八条第（二）款规定实施强制性清洁生产审核的企业，应当在名单公布之日起一年内，完成本轮清洁生产审核并将清洁生产审核报告报当地县级以上节能主管部门和清洁生产综合协调部门。

第十八条 县级以上清洁生产综合协调部门应当会同环境保护主管部门、节能主管部门，对企业实施强制性清洁生产审核的情况进行监督，督促企业按进度开展清洁生产审核。

第十九条 有关部门以及咨询服务机构应当为实施清洁生产审核的企业保守技术和商业秘密。

第二十条 县级以上环境保护主管部门或节能主管部门，应当在各自的职责范围内组织清洁生产专家或委托相关单位，对以下企业实施清洁生产审核的效果进行评估验收：

（一）国家考核的规划、行动计划中明确指出需要开展强制性清洁生产审核工作的企业。

（二）申请各级清洁生产、节能减排等财政资金的企业。

上述涉及本办法第八条第（一）款、第（三）款规定实施强制性清洁生产审核企业的评估验收工作由县级以上环境保护主管部门牵头，涉及本办法第八条第（二）款规定实施强制性清洁生产审核企业的评估验收工作由县级以上节能主管部门牵头。

第二十一条 对企业实施清洁生产审核评估的重点是对企业清洁生产审核过程的真实性、清洁生产审核报告的规范性、清洁生产方案的合理性和有效性进行评估。

第二十二条 对企业实施清洁生产审核的效果进行验收，应当包括以下主要内容：

（一）企业实施完成清洁生产方案后，污染减排、能源资源利用效率、工艺装备控制、产品和服务等改进效果，环境、经济效益是否达到预期目标。

（二）按照清洁生产评价指标体系，对企业清洁生产水平进行评定。

第二十三条 对本办法第二十条中企业实施清洁生产审核效果的评估验收，所需费用由组织评估验收的部门报请地方政府纳入预算。承担评估验收工作的部门或者单位不得向被评估验收企业收取费用。

第二十四条 自愿实施清洁生产审核的企业如需评估验收，可参照强制性清洁生产审核的相关条款执行。

第二十五条 清洁生产审核评估验收的结果可作为落后产能界定等工作的参考依据。

第二十六条 县级以上清洁生产综合协调部门会同环境保护主管部门、节能主管部门，应当每年定期向上一级清洁生产综合协调部门和环境保护主管部门、节能主管部门报送辖区内企业开展清洁生产审核情况、评估验收工作情况。

第二十七条 国家发展和改革委员会、环境保护部会同相关部门建立国家级清洁生产专家库，发布行业清洁生产评价指标体系、重点行业清洁生产审核指南，组织开展清洁生产培训，为企业开展清洁生产审核提供信息和技术支持。

各级清洁生产综合协调部门会同环境保护主管部门、节能主管部门可以根据本地实际情况，组织开展清洁生产培训，建立地方清洁生产专家库。

第五章 奖励和处罚

第二十八条 对自愿实施清洁生产审核，以及清洁生产方案实施后成效显著的企业，由省级清洁生产综合协调部门和环境保护主管部门、节能主管部门对其进行表彰，并在当地主要媒体上公布。

第二十九条 各级清洁生产综合协调部门及其他有关部门在制定实施国家重点投资计划和地方投资计划时，应当将企业清洁生产实施方案中的提高能源资源利用效率、预防污染、综合利用等清洁生产项目列为重点领域，加大投资支持力度。

第三十条 排污费资金可以用于支持企业实施清洁生产。对符合《排污费征收使用管理条例》规定的清洁生产项目，各级财政部门、环境保护部门在排污费使用上优先给予安排。

第三十一条 企业开展清洁生产审核和培训的费用，允许列入企业经营成本或者相关费用科目。

第三十二条 企业可以根据实际情况建立企业内部清洁生产表彰奖励制度，对清洁生产审核工作中成效显著的人员给予奖励。

第三十三条 对本办法第八条规定实施强制性清洁生产审核的企业，违反本办法第十一条规定的，按照《中华人民共和国清洁生产促进法》第三十六条规定处罚。

第三十四条 违反本办法第八条、第十七条规定，不实施强制性清洁生产审核或在审核中弄虚作假的，或者实施强制性清洁生产审核的企业不报告或者不如实报告审核结果的，按照《中华人民共和国清洁生产促进法》第三十九条规定处罚。

第三十五条 企业委托的咨询服务机构不按照规定内容、程序进行清洁生产审核，弄虚作假、提供虚假审核报告的，由省、自治区、直辖市、计划单列市及新疆生产建设兵团清洁生产综合协调部门会同环境保护主管部门或节能主管部门责令其改正，并公布其名单。造成严重后果的，追究其法律责任。

第三十六条 对违反本办法相关规定受到处罚的企业或咨询服务机构，由省级清洁生产综合协调部门和环境保护主管部门、节能主管部门建立信用记录，归集至全国信用信息共享平台，会同其他有关部门和单位实行联合惩戒。

第三十七条 有关部门的工作人员玩忽职守，泄露企业技术和商业秘密，造成企业经济损失的，按照国家相应法律法规予以处罚。

第六章 附则

第三十八条 本办法由国家发展和改革委员会和环境保护部负责解释。

第三十九条 各省、自治区、直辖市、计划单列市及新疆生产建设兵团可以依照本办法制定实施细则。

第四十条 本办法自2016年7月1日起施行。原《清洁生产审核暂行办法》(国家发展和改革委员会、国家环境保护总局令第16号)同时废止。

附录二 年贴现值系数表

年度	贴现率/%									
	1	2	3	4	5	6	7	8	9	10
1	0.9901	0.9804	0.9709	0.9615	0.9524	0.9434	0.9346	0.9259	0.9174	0.9091
2	1.9704	1.9416	1.9135	1.8861	1.8594	1.8334	1.8080	1.7833	1.7591	1.7355
3	2.9410	2.8839	2.8286	2.7751	2.7232	2.6730	2.6243	2.5771	2.5313	2.4869
4	3.9020	3.8077	3.7171	3.6299	3.5460	3.4651	3.3872	3.3121	3.2397	3.1699
5	4.8534	4.7135	4.5797	4.4518	4.3295	4.2124	4.1002	3.9927	3.8897	3.7908
6	5.7955	5.6014	5.4172	5.2421	5.0757	4.9173	4.7665	4.6229	4.4859	4.3553
7	6.7282	6.4720	6.2303	6.0021	5.7864	5.5824	5.3893	5.2064	5.0330	4.8684
8	7.6517	7.3255	7.0197	6.7327	6.4632	6.2098	5.9713	5.7466	5.5348	5.3349
9	8.5660	8.1622	7.7861	7.4353	7.1078	6.8017	6.5152	6.2469	5.9952	5.7590
10	9.4713	8.9826	8.5302	8.1109	7.7217	7.3601	7.0236	6.7101	6.4177	6.1446
11	10.3676	9.7868	9.2526	8.7605	8.3064	7.8869	7.4987	7.1390	6.8052	6.4951
12	11.2551	10.5753	9.9540	9.3851	8.8633	8.3838	7.9427	7.5361	7.1607	6.8137
13	12.1337	11.3484	10.6350	9.9856	9.3936	8.8527	8.3577	7.9038	7.4869	7.1034
14	13.0037	12.1062	11.2961	10.5631	9.8986	9.2950	8.7455	8.2442	7.7862	7.3667
15	13.8651	12.8493	11.9379	11.1184	10.3797	9.7122	9.1079	8.5595	8.0607	7.6061
16	14.7179	13.5777	12.5611	11.6523	10.8378	10.1059	9.4466	8.8514	8.3126	7.8237
17	15.5623	14.2919	13.1661	12.1657	11.2741	10.4773	9.7632	9.1216	8.5436	8.0216
18	16.3983	14.9920	13.7535	12.6593	11.6896	10.8276	10.0591	9.3719	8.7556	8.2014
19	17.2260	15.6785	14.3238	13.1339	12.0853	11.1581	10.3356	9.6036	8.9501	8.3649
20	18.0456	16.3514	14.8775	13.5903	12.4622	11.4699	10.5940	9.8181	9.1285	8.5136

年度	贴现率/%									
	11	12	13	14	15	16	17	18	19	20
1	0.9009	0.8929	0.8850	0.8772	0.8696	0.8612	0.8547	0.8475	0.8403	0.8333
2	1.7125	1.6901	1.6681	1.6467	1.6257	1.6052	1.5852	1.5656	1.5465	1.5278
3	2.4437	2.4018	2.3612	2.3216	2.2832	2.2459	2.2096	2.1743	2.1399	2.1065
4	3.1024	3.0373	2.9745	2.9137	2.8550	2.7982	2.7432	2.6901	2.6386	2.5887
5	3.6959	3.6048	3.5172	3.4331	3.3522	3.2743	3.1993	3.1272	3.0576	2.9906
6	4.2305	4.1114	3.9975	3.8887	3.7845	3.6847	3.5892	3.4976	3.4098	3.3255
7	4.7122	4.5638	4.4226	4.2883	4.1604	4.0386	3.9224	3.8115	3.7057	3.6046
8	5.1461	4.9676	4.7988	4.6389	4.4873	4.3436	4.2072	4.0776	3.9544	3.8372
9	5.5370	5.3282	5.1317	4.9464	4.7716	4.6065	4.4506	4.3030	4.1633	4.0310
10	5.8892	5.6502	5.4262	5.2161	5.0188	4.8332	4.6586	4.4941	4.3389	4.1925

续表

年度	贴现率/%									
	11	12	13	14	15	16	17	18	19	20
11	6.2065	5.9377	5.6869	5.4527	5.2337	5.0286	4.8364	4.6560	4.4865	4.3271
12	6.4924	6.1944	5.9176	5.6603	5.4206	5.1971	4.9884	4.7932	4.6105	4.4392
13	6.7499	6.4235	6.1218	5.8424	5.5831	5.3423	5.1183	4.9095	4.7147	4.5327
14	6.9819	6.6282	6.3025	6.0021	5.7245	5.4675	5.2293	5.0081	4.8023	4.6106
15	7.1909	6.8109	6.4624	6.1422	5.8474	5.5755	5.3242	5.0916	4.8759	4.6755
16	7.3792	6.9740	6.6039	6.2651	5.9542	5.6685	5.4053	5.1624	4.9377	4.7296
17	7.5488	7.1196	6.7291	6.3729	6.0472	5.7487	5.4746	5.2223	4.9897	4.7746
18	7.7016	7.2497	6.8399	6.4674	6.1280	5.8178	5.5339	5.2732	5.0333	4.8122
19	7.8393	7.3658	6.9380	6.5504	6.1982	5.8775	5.5845	5.3162	5.0700	4.8435
20	7.9633	7.4694	7.0248	6.6231	6.2593	5.9288	5.6278	5.3527	5.1009	4.8696

年度	贴现率/%									
	21	22	23	24	25	26	27	28	29	30
1	0.8264	0.8197	0.8130	0.8065	0.8000	0.7937	0.7874	0.7813	0.7752	0.7692
2	1.5095	1.4915	1.4740	1.4568	1.4400	1.4235	1.4074	1.3916	1.3761	1.3609
3	2.0739	2.0422	2.0114	1.9813	1.9520	1.9234	1.8956	1.8684	1.8420	1.8161
4	2.5404	2.4936	2.4483	2.4043	2.3616	2.3202	2.2800	2.2410	2.2031	2.1662
5	2.9260	2.8636	2.8035	2.7454	2.6893	2.6351	2.5827	2.5320	2.4830	2.4356
6	3.2446	3.1669	3.0923	3.0205	2.9514	2.8850	2.8210	2.7594	2.7000	2.6427
7	3.5079	3.4155	3.3270	3.2423	3.1611	3.0833	3.0087	2.9370	2.8682	2.8021
8	3.7256	3.6193	3.5179	3.4212	3.3289	3.2407	3.1564	3.0758	2.9986	2.9247
9	3.9054	3.7863	3.6731	3.5655	3.4631	3.3657	3.2728	3.1842	3.0997	3.0190
10	4.0541	3.9232	3.7993	3.6819	3.5705	3.4648	3.3644	3.2689	3.1781	3.0915
11	4.1769	4.0354	3.9018	3.7757	3.6564	3.5435	3.4365	3.3351	3.2388	3.1473
12	4.2784	4.1274	3.9852	3.8514	3.7251	3.6059	3.4933	3.3868	3.2859	3.1903
13	4.3624	4.2028	4.0530	3.9124	3.7801	3.6555	3.5381	3.4272	3.3224	3.2233
14	4.4317	4.2646	4.1082	3.9616	3.8241	3.6949	3.5733	3.4587	3.3507	3.2487
15	4.4890	4.3152	4.1530	4.0013	3.8593	3.7261	3.6010	3.4834	3.3726	3.2682
16	4.5364	4.3567	4.1894	4.0333	3.8874	3.7509	3.6228	3.5026	3.3896	3.2832
17	4.5755	4.3908	4.2190	4.0591	3.9099	3.7705	3.6400	3.5177	3.4028	3.2948
18	4.6079	4.4187	4.2431	4.0799	3.9279	3.7861	3.6536	3.5294	3.4130	3.3037
19	4.6346	4.4415	4.2627	4.0967	3.9424	3.7985	3.6642	3.5386	3.4210	3.3105
20	4.6567	4.4603	4.2786	4.1103	3.9539	3.8083	3.6726	3.5458	3.4271	3.3158

续表

年度	贴现率/%									
	31	32	33	34	35	36	37	38	39	40
1	0.7634	0.7576	0.7519	0.7463	0.7407	0.7353	0.7299	0.7246	0.7194	0.7143
2	1.3461	1.3315	1.3172	1.3032	1.2894	1.2760	1.2627	1.2497	1.2370	1.2245
3	1.7909	1.7663	1.7423	1.7188	1.6959	1.6735	1.6516	1.6302	1.6093	1.5889
4	2.1305	2.0957	2.0618	2.0290	1.9969	1.9658	1.9355	1.9060	1.8772	1.8492
5	2.3897	2.3452	2.3021	2.2604	2.2200	2.1807	2.1427	2.1058	2.0699	2.0352
6	2.5875	2.5342	2.4828	2.4331	2.3852	2.3388	2.2939	2.2506	2.2086	2.1680
7	2.7386	2.6775	2.6187	2.5620	2.5075	2.4550	2.4043	2.3555	2.3083	2.2628
8	2.8539	2.7860	2.7208	2.6582	2.5982	2.5404	2.4849	2.4315	2.3801	2.3306
9	2.9419	2.8681	2.7976	2.7300	2.6653	2.6033	2.5437	2.4866	2.4317	2.3790
10	3.0091	2.9304	2.8553	2.7836	2.7150	2.6495	2.5867	2.5265	2.4689	2.4136
11	3.0604	2.9776	2.8987	2.8236	2.7519	2.6834	2.6180	2.5555	2.4956	2.4383
12	3.0995	3.0133	2.9314	2.8534	2.7792	2.7084	2.6409	2.5764	2.5148	2.4559
13	3.1294	3.0404	2.9559	2.8757	2.7994	2.7268	2.6576	2.5916	2.5286	2.4685
14	3.1522	3.0609	2.9744	2.8923	2.8144	2.7403	2.6698	2.6026	2.5386	2.4775
15	3.1696	3.0764	2.9883	2.9047	2.8255	2.7502	2.6787	2.6106	2.5457	2.4839
16	3.1829	3.0882	2.9987	2.9140	2.8337	2.7575	2.6852	2.6164	2.5509	2.4885
17	3.1931	3.0971	3.0065	2.9209	2.8398	2.7629	2.6899	2.6206	2.5546	2.4918
18	3.2008	3.1039	3.0124	2.9260	2.8443	2.7668	2.6934	2.6236	2.5573	2.4941
19	3.2067	3.1090	3.0169	2.9299	2.8476	2.7697	2.6959	2.6258	2.5592	2.4958
20	3.2112	3.1129	3.0202	2.9327	2.8501	2.7718	2.6977	2.6274	2.5606	2.4970

附录三　电镀行业清洁生产评价指标体系

1　适用范围

本指标体系规定了电镀和阳极氧化企业（车间）清洁生产的一般要求。本指标体系将清洁生产指标分为六类，即生产工艺及装备指标、资源和能源消耗指标、资源综合利用指标、污染物产生指标、产品特征指标和清洁生产管理指标。

本指标体系适用于电镀和阳极氧化企业（车间）清洁生产审核、清洁生产潜力与机会的判断、清洁生产绩效评定和清洁生产绩效公告，环境影响评价、排污许可证、环境领跑者等管理制度。

2　规范性引用文件

本指标体系内容引用了下列文件中的条款。凡不注明日期的引用文件，其有效版本适用于指标体系。凡是不注日期的引用文件，其最新版本（包括所有的修改单）适用于本文件。

GB 21900 电镀污染物排放标准

GB 17167 用能单位能源计量器具配备和管理通则

GB 18597 危险废物贮存污染控制标准

GB/T 24001 环境管理体系 规范及使用指南

AQ 5202 电镀生产安全操作规程

AQ 5203 电镀生产装置安全技术条件

GB/T 21543—2008 工业用水节水 术语

《危险化学品安全管理条例》(中华人民共和国国务院令 第591号)

《清洁生产评价指标体系编制通则》(试行稿)(国家发展改革委、环境保护部、工业和信息化部2013年第33号公告)

国家发展和改革委关于修改《产业结构调整指导目录(2011年本)》有关条款的决定国家发展和改革委员会令2013年2月27日第21号

国家发展改革委关于暂缓执行2014年年底淘汰氰化金钾电镀金及氰化亚金钾镀金工艺规定的通知(发改产业[2013]1850号)

3 术语和定义

GB 21900、GB 17167、GB 18597、GB/T 21543—2008、GB/T 24001、AQ 5201、AQ 5203、《清洁生产评价指标体系编制通则》(试行稿)所确立的以及下列术语和定义适用于本指标体系。

3.1 清洁生产

采取改进设计、使用清洁的能源和原料、采用先进的工艺技术与设备、改善管理、综合利用等措施,从源头削减污染,提高资源利用效率,减少或者避免生产、服务和产品使用过程中污染物的产生和排放,以减轻或者消除对人类健康和环境的危害。

3.2 清洁生产评价指标体系

由相互联系、相对独立、互相补充的系列清洁生产水平评价指标所组成的,用于评价清洁生产水平的指标集合。

3.3 生产工艺及装备指标

产品生产中采用的生产工艺和装备的种类、自动化水平、生产规模等方面的指标。

3.4 资源能源消耗指标

在生产过程中,生产单位产品所需的资源与能源量等反映资源与能源利用效率的指标。

3.5 资源综合利用指标

生产过程中所产生废物可回收利用特征及回收利用情况的指标。

3.6 污染物产生指标

单位产品生产(或加工)过程中,产生污染物的量(末端处理前)。

3.7 产品特征指标

影响污染物种类和数量的产品性能、种类和包装,以及反映产品贮存、运输、使用和废弃后可能造成的环境影响等指标。

3.8 清洁生产管理指标

对企业所制定和实施的各类清洁生产管理相关规章、制度和措施的要求,包括执行环保法规情况、企业生产过程管理、环境管理、清洁生产审核、相关环境管理等方面。

3.9 指标基准值

为评价清洁生产水平所确定的指标对照值。

3.10 指标权重

衡量各评价指标在清洁生产评价指标体系中的重要程度。

3.11 指标分级

根据现实需要，对评价生产评价指标所划分的级别。

3.12 清洁生产综合评价指数

根据一定的方法和步骤，对清洁生产评价指标进行综合计算得到的数值。

3.13 取水量

工业企业直接取自地表水、地下水和城镇供水工程以及企业从市场购得的其他水或水的产品的总量。

3.14 用水量

在确定的用水单元或系统内，使用的各种水量的总和，即新水量和重复利用水量之和。

3.15 重复利用水量

在确定的用水单元或系统内，使用的所有未经处理和处理后重复使用的水量的总和，即串联水量和循环水量的总和。

3.16 水重复利用率

指在一定的计量时间内，生产过程中使用的重复利用水量（包括循环利用的水量和直接或经处理后回收再利用的水量）与总用水量之比。

3.17 金属综合利用率

指衡量金属原料在电镀产品的利用和金属废料转化资源的综合指标。

3.18 直流母线压降

指电镀整流器输出端的电压与电镀槽极杠之间电压差。

3.19 自动化电镀生产线

自动电镀生产线是按一定电镀工艺过程要求将有关镀槽、镀件提升转运装置、电器控制装置、电源设备、过滤设备、检测仪器、加热与冷却装置、滚筒驱动装置、空气搅拌设备及线上污染控制设施等组合为一体的总称。

3.20 半自动化电镀生产线

半自动电镀生产线是在生产线上设导轨，行车在导轨上运行从而输送镀件在镀槽中进行加工，工人手控行车电钮进行操作，称为半自动化电镀生产线。

3.21 阳极氧化

金属制件作为阳极在一定的电解液中进行电解，使其表面形成一层具有某种功能（如防护性，装饰性或其他功能）的氧化膜的过程。

4 评价指标体系

4.1 指标选取说明

根据清洁生产的原则要求和指标的可度量性，进行本评价指标体系的指标选取。根据评价指标的性质，分为定量指标和定性指标两类。

定量指标选取了有代表性的、能反映“节能”、“降耗”、“减污”和“增效”等有关清洁生产最终目标的指标，综合考评企业实施清洁生产的状况和企业清洁生产程度。定性指标根据国家有关推行清洁生产的产业发展和技术进步政策、资源环境保护政策规定以及行业发展规划等选取，用于考核企业对有关政策法规的符合性及其清洁生产工作实施情况。

4.2　指标基准值及其说明

各指标的评价基准值是衡量该项指标是否符合清洁生产基本要求的评价基准。

在定量评价指标中，各指标的评价基准值是衡量该项指标是否符合清洁生产基本要求的评价基准。本评价指标体系确定各定量评价指标的评价基准值的依据，是我国电镀行业发展实际情况，多年来已经实施清洁生产审核企业的审核报告。在定性评价指标体系中，衡量该项指标是否贯彻执行国家有关政策、法规的情况，是否采用电镀行业污染防治措施，按“是”或“否”两种选择来评定。

4.3　指标体系

电镀企业清洁生产评价指标体系的各评价指标、评价基准值和权重值见附录三表1、表2。

附录三表1　综合电镀清洁生产评价指标项目、权重及基准值

序号	一级指标	一级指标权重	二级指标	单位	二级指标权重	Ⅰ级基准值	Ⅱ级基准值	Ⅲ级基准值
1	生产工艺及装备指标[8]	0.33	采用清洁生产工艺[1]		0.15	1. 民用产品采用低铬[9]或三价铬钝化 2. 民用产品采用无氰镀锌 3. 使用金属回收工艺 4. 电子元件采用无铅镀层替代铅锡合金	1. 民用产品采用低铬[9]或三价铬钝化 2. 民用产品采用无氰镀锌 3. 使用金属回收工艺	
2			清洁生产过程控制		0.15	1. 镀镍、锌溶液连续过滤 2. 及时补加和调整溶液 3. 定期去除溶液中的杂质	1. 镀镍溶液连续过滤 2. 及时补加和调整溶液 3. 定期去除溶液中的杂质	
3			电镀生产线要求		0.4	电镀生产线采用节能措施[2]，70%生产线实现自动化或半自动化[7]	电镀生产线采用节能措施[2]，50%生产线实现半自动化[7]	电镀生产线采用节能措施[2]
4			有节水设施		0.3	根据工艺选择逆流漂洗、淋洗、喷洗，电镀无单槽清洗等节水方式，有用水计量装置，有在线水回收设施		根据工艺选择逆流漂洗、喷淋等，电镀无单槽清洗等节水方式，有用水计量装置
5	资源消耗指标	0.10	*单位产品每次清洗取水量[3]	L/m²	1	≤8	≤24	≤40
6	资源综合利用指标	0.18	锌利用率[4]	%	0.8/n	≥82	≥80	≥75
7			铜利用率[4]	%	0.8/n	≥90	≥80	≥75
8			镍利用率[4]	%	0.8/n	≥95	≥85	≥80
9			装饰铬利用率[4]	%	0.8/n	≥60	≥24	≥20

续表

序号	一级指标	一级指标权重	二级指标	单位	二级指标权重	Ⅰ级基准值	Ⅱ级基准值	Ⅲ级基准值
10	资源综合利用指标	0.18	硬铬利用率④	%	0.8/n	≥90	≥80	≥70
11			金利用率④	%	0.8/n	≥98	≥95	≥90
12			银利用率④（含氰镀银）	%	0.8/n	≥98	≥95	≥90
13			电镀用水重复利用率	%	0.2	≥60	≥40	≥30
14			*电镀废水处理率⑩	%	0.5	100		
15	污染物产生指标	0.16	*有减少重金属污染物污染预防措施⑤		0.2	使用四项以上（含四项）减少镀液带出措施		至少使用三项减少镀液带出措施
			*危险废物污染预防措施		0.3	电镀污泥和废液在企业内回收或送到有资质单位回收重金属，交外单位转移须提供危险废物转移		
16	产品特征指标	0.07	产品合格率保障措施⑥		1	有镀液成分和杂质定量检测措施、有记录；产品质量检测设备和产品检测记录	有镀液成分定量检测措施、有记录；有产品质量检测设备和产品检测记录	
17	管理指标	0.16	*环境法律法规标准执行情况		0.2	废水、废气、噪声等污染物排放符合国家和地方排放标准；主要污染物排放应达到国家和地方污染物排放总量控制指标		
18			*产业政策执行情况		0.2	生产规模和工艺符合国家和地方相关产业政策		
19			环境管理体系制度及清洁生产审核情况		0.1	按照GB/T 24001建立并运行环境管理体系，环境管理程序文件及作业文件齐备；按照国家和地方要求，开展清洁生产审核	拥有健全的环境管理体系和完备的管理文件；按照国家和地方要求，开展清洁生产审核	
20			*危险化学品管理		0.1	符合《危险化学品安全管理条例》相关要求		
21			废水、废气处理设施运行管理		0.1	非电镀车间废水不得混入电镀废水处理系统；建有废水处理设施运行中控系统，包括自动加药装置等；出水口有pH自动监测装置，建立治污设施运行台账；对有害气体有良好净化装置，并定期检测	非电镀车间废水不得混入电镀废水处理系统；建立治污设施运行台账，有自动加药装置，出水口有pH自动监测装置；对有害气体有良好净化装置，并定期检测	非电镀车间废水不得混入电镀废水处理系统；建立治污设施运行台账，出水口有pH自动监测装置，对有害气体有良好净化装置，并定期检测

续表

序号	一级指标	一级指标权重	二级指标	单位	二级指标权重	Ⅰ级基准值	Ⅱ级基准值	Ⅲ级基准值
22	管理指标	0.16	*危险废物处理处置		0.1	危险废物按照GB 18597等相关规定执行		
23			能源计量器具配备情况		0.1	能源计量器具配备率符合GB 17167标准		
24			*环境应急预案		0.1	编制系统的环境应急预案并开展环境应急演练		

① 使用金属回收工艺可以选用镀液回收槽、离子交换法回收、膜处理回收、电镀污泥交有资质单位回收金属等方法。

② 电镀生产线节能措施包括使用高频开关电源和/或可控硅整流器和/或脉冲电源，其直流母线压降不超过10%并且极杠清洁、导电良好、淘汰高耗能设备、使用清洁燃料。

③ “每次清洗取水量”是指按操作规程每次清洗所耗用水量，多级逆流漂洗按级数计算清洗次数。

④ 镀锌、铜、镍、装饰铬、硬铬、镀金和含氰镀银为七个常规镀种，计算金属利用率时 n 为被审核镀种数；镀锡、无氰镀银等其他镀种可以参照“铜利用率”计算。

⑤ 减少单位产品重金属污染物产生量的措施包括：镀件缓慢出槽以延长镀液滴流时间（影响产品质量的除外）、挂具浸塑、科学装挂镀件、增加镀液回收槽、镀槽间装导流板，槽上喷雾清洗或淋洗（非加热镀槽除外）、在线或离线回收重金属等。

⑥ 提高电镀产品合格率是最有效减少污染物产生的措施，“有镀液成分和杂质定量检测措施、有记录”是指使用仪器定量检测镀液成分和主要杂质并有日常运行记录或委外检测报告。

⑦ 自动生产线所占百分比以产能计算；多品种、小批量生产的电镀企业（车间）对生产线自动化没有要求。

⑧ 生产车间基本要求：设备和管道无跑、冒、滴、漏，有可靠的防范泄漏措施，生产作业地面、输送废水管道、废水处理系统有防腐防渗措施，有酸雾、氰化氢、氟化物、颗粒物等废气净化设施，有运行记录。

⑨ 低铬钝化指钝化液中铬酸酐含量低于5g/L。

⑩ 电镀废水处理量应≥电镀车间（生产线）总用水量的85%（高温处理槽为主的生产线除外）。非电镀车间废水：电镀车间废水包括电镀车间生产、现场洗手、洗工服、洗澡、化验室等产生的废水。其他无关车间并不含重金属的废水为“非电镀车间废水”。

注：带“*”号的指标为限定性指标。

附录三表2　阳极氧化清洁生产评价指标项目、权重及基准值

序号	一级指标	一级指标权重	二级指标	单位	二级指标权重	Ⅰ级基准值	Ⅱ级基准值	Ⅲ级基准值
1	生产工艺及装备指标⑤	0.4	采用清洁生产工艺		0.2	1. 除油使用水基清洗剂； 2. 碱浸蚀液加铝离子络合剂以延长寿命； 3. 阳极氧化液加入添加剂以延长寿命； 4. 阳极氧化液部分更换老化槽液以延长寿命； 5. 低温封闭	1. 除油使用水基清洗剂； 2. 碱浸蚀液加铝离子络合剂； 3. 硫酸阳极氧化液添加具有 α 活性羟基羧酸类物质	1. 除油使用水基清洗剂； 2. 硫酸阳极氧化液添加具有 α 活性羟基羧酸类物质
2			清洁生产过程控制		0.1	1. 适当延长零件出槽停留时间，以减少槽液带出量； 2. 使用过滤机，延长槽液寿命	适当延长零件出槽停留时间，以减少槽液带出量	
3			阳极氧化生产线要求		0.4	生产线采用节能措施①，70%生产线实现自动化或半自动化④	生产线采用节能措施①，50%生产线实现自动化或半自动化④	阳极氧化生产线采用节能措施①

续表

序号	一级指标	一级指标权重	二级指标	单位	二级指标权重	Ⅰ级基准值	Ⅱ级基准值	Ⅲ级基准值
4	生产工艺及装备指标[5]	0.4	有节水设施		0.3	根据工艺选择逆流漂洗、淋洗、喷洗，阳极氧化无单槽清洗等节水方式，有用水计量装置，有在线水回收设施	根据工艺选择逆流漂洗、喷淋等，阳极氧化无单槽清洗等节水方式，有用水计量装置	
5	资源消耗指标	0.15	*单位产品每次清洗取水量[2]	L/m²	1	≤8	≤24	≤40
6	资源综合利用指标	0.1	阳极氧化用水重复利用率	%	1	≥50	≥30	≥30
7	污染物产生指标	0.15	*阳极氧化废水处理率	%	0.5	100		
8			*重金属污染物污染预防措施[3]		0.2	使用四项以上（含四项）减少槽液带出措施[3]	使用四项以上（含四项）减少槽液带出措施[3]	至少使用三项减少槽液带出措施[3]
			*危险废物污染预防措施		0.3	阳极氧化污泥和废液在企业内回收或送到有资质单位回收重金属，电镀污泥和废液在企业内回收或送到有资质单位回收重金属，交外单位转移须提供危险废物转移联单		
9	产品特征指标	0.07	产品合格率保障措施		0.5	有槽液成分和杂质定量检测措施、有记录；产品质量检测设备和产品检测记录	有槽液成分定量检测措施、有记录；有产品质量检测设备和产品检测记录	
10			产品合格率	%	0.5	98	94	90
11	清洁生产管理指标	0.13	*环境法律法规标准执行情况		0.2	符合国家和地方有关环境法律、法规，废水、废气、噪声等污染物排放符合国家和地方排放标准；主要污染物排放应达到国家和地方污染物排放总量控制指标		
12			*产业政策执行情况		0.2	生产规模和工艺符合国家和地方相关产业政策		
13			环境管理体系制度及清洁生产审核情况		0.1	按照GB/T 24001建立并运行环境管理体系，环境管理程序文件及作业文件齐备；按照国家和地方要求，开展清洁生产审核	拥有健全的环境管理体系和完备的管理文件；按照国家和地方要求，开展清洁生产审核；符合《危险化学品安全管理条例》相关要求	
14			*危险化学品管理		0.1	符合《危险化学品安全管理条例》相关要求		
15			废水、废气处理设施运行管理		0.1	非阳极氧化车间废水不得混入阳极氧化废水处理系统；建有废水处理设施运行中控系统，包括自动加药装置等；出水口有pH自动监测装置，建立治污设施运行台账；对有害气体有良好净化装置，并定期检测	非阳极氧化车间废水不得混入阳极氧化废水处理系统；建立治污设施运行台账，有自动加药装置，出水口有pH自动监测装置；对有害气体有良好净化装置，并定期检测	非阳极氧化车间废水不得混入阳极氧化废水处理系统；建立治污设施运行台账，出水口有pH自动监测装置，对有害气体有良好净化装置，并定期检测

续表

序号	一级指标	一级指标权重	二级指标	单位	二级指标权重	Ⅰ级基准值	Ⅱ级基准值	Ⅲ级基准值
16	清洁生产管理指标	0.13	*危险废物处理处置		0.1	危险废物按照 GB 18597 等相关规定执行		
17			能源计量器具配备情况		0.1	能源计量器具配备率符合 GB 17167 标准		
18			*环境应急预案		0.1	编制系统的环境应急预案并开展环境应急演练		

① 阳极氧化生产线节能措施包括使用高频开关电源和/或可控硅整流器和/或脉冲电源，其直流母线压降不超过10%并且极杠清洁、导电良好、淘汰高耗能设备、使用清洁燃料。

②“每次清洗取水量”是指按操作规程每次清洗所耗用水量，多级逆流漂洗按级数计算清洗次数。

③ 减少单位产品酸、碱和重金属污染物产生量的措施包括：零件缓慢出槽以延长镀液滴流时间（影响氧化层质量的除外），挂具浸塑，科学装挂零件，增加氧化液回收槽、氧化槽和其他槽间装导流板，槽上喷雾清洗或淋洗（非加热氧化槽除外），在线或离线回收酸、碱等。

④ 自动生产线所占百分比以产能计算；对多品种、小批量生产的电镀企业（车间）生产线自动化没有要求。

⑤ 生产车间基本要求：设备和管道无跑、冒、滴、漏，有可靠的防范泄漏措施，生产作业地面、输送废水管道、废水处理系统有防腐防渗措施，有酸雾、氟化物、颗粒物等废气净化设施，有运行记录。

注：带 * 的指标为限定性指标。

5 评价方法

5.1 指标无量纲化

不同清洁生产指标由于量纲不同，不能直接比较，需要建立原始指标的函数。

$$Y_{gk}(x_{ij})=\begin{cases}100, x_{ij}\in g_k \\ 0, x_{ij}\notin g_k\end{cases} \tag{1}$$

式中，x_{ij}表示第i个一级指标下的第j个二级指标；g_k表示二级指标基准值，其中g_1，为Ⅰ级水平，g_2为Ⅱ级水平，g_3为Ⅲ级水平；$Y_{gk}(x_{ij})$为二级指标x_{ij}对于级别g_k的函数。

如式(1)所示，若指标x_{ij}属于级别g_k，则函数的值为100，否则为0。

5.2 综合评价指数计算

通过加权平均、逐层收敛可得到评价对象在不同级别g_k的得分Y_{gk}，如式(2)所示。

$$Y_{gk}=\sum_{i=1}^{m}\left(w_i\sum_{j=1}^{n_i}\omega_{ij}Y_{gk}(x_{ij})\right) \tag{2}$$

式中，w_i为第i个一级指标的权重；ω_{ij}为第i个一级指标下的第j个二级指标的权重，其中$\sum_{i=1}^{m}w_i=1$，$\sum_{j=1}^{n_i}\omega_{ij}=1$，$m$为一级指标的个数；$n_i$为第$i$个一级指标下二级指标的个数。另外，$Y_{g1}$等同于$Y$，$Y_{g2}$等同于$Y$，$Y_{g3}$等同于$Y$。

5.3 电镀行业清洁生产企业等级评定

本评价指标体系采用限定性指标评价和指标分级加权评价相结合的方法。在限定性指标达到Ⅲ级水平的基础上，采用指标分级加权评价方法，计算行业清洁生产综合评价指数。根据综合评价指数，确定清洁生产水平等级。

对电镀企业清洁生产水平的评价，是以其清洁生产综合评价指数为依据的，对达到一定综合评价指数的企业，分别评定为清洁生产领先企业、清洁生产先进企业或清洁生产一般企业。

根据目前我国电镀行业的实际情况，不同等级的清洁生产企业的综合评价指数列于附录三表3。

附录三表3　电镀行业不同等级清洁生产企业综合评价指数

企业清洁生产水平	评定条件
Ⅰ级(国际清洁生产领先水平)	同时满足： $Y_{\text{Ⅰ}} \geqslant 85$；限定性指标全部满足Ⅰ级基准值要求
Ⅱ级(国内清洁生产先进水平)	同时满足： $Y_{\text{Ⅱ}} \geqslant 85$；限定性指标全部满足Ⅱ级基准值要求及以上
Ⅲ级(国内清洁生产基本水平)	满足：$Y_{\text{Ⅲ}}=100$

6　指标解释与数据来源

6.1　指标解释

6.1.1　单位产品每次清洗取水量

企业在一定计量时间内生产单位产品需要从各种水源所取得的水量。电镀生产取水量，包括取自城镇供水工程、地下水，以及企业从市场购得的其他水或水的产品（如蒸汽、热水、地热水等），不包括循环用水和企业外供给市场的水的产品（如蒸汽、热水、地热水等）而取用的水量。

单位产品每清洗一次取水量是指单位面积（包括进入镀液而无镀层的面积）镀件在电镀生产全过程中每次清洗用水量。

空调用水和冷却用水不包括在取水量指标之内，但是应有循环利用的措施；冷却用水如用作电镀清洗水等用途则计入取水量。

6.1.2　金属综合利用率

金属利用率按公式(3) 计算：

$$U(\%)=\sum_{i=1}^{n}\frac{T_iS_id}{M-m_1-m_2}\times 100\% \tag{3}$$

式中　U——金属综合利用率；

n——考核期内镀件批次；

T_i——第 i 批镀件镀层金属平均厚度，μm；

S_i——第 i 批镀件镀层面积，m^2；

d——镀层金属密度，g/cm^3；

M——金属原料（消耗的阳极和镀液中金属离子）消耗量，g；

m_1——阳极残料回收量，g；

m_2——其他方式回收的金属量（包括电镀污泥回收金属量），g。

“金属”意指用于电镀生产的金属阳极、金属盐或氧化物所含的金属元素。

对于合金镀层，只计算主金属的利用率。

6.1.3　水的重复利用率

水的重复利用率，指电镀生产线用水的重复利用率，不包括空调用水。按公式(4) 计算：

$$R=\frac{V_r}{V_i+V_r}\times 100\% \tag{4}$$

式中　R——水的重复利用率，%；

V_r——在一定计量时间内重复利用水量（包括循环用水量和串联使用水量），m^3；

V_i——在一定计量时间内产品生产取水量，m^3。

6.2　数据来源

6.2.1　统计

企业的新鲜水的消耗量、重复用水量、产品产量、各种资源的综合利用量等，以年报或考核周期报表为准。

6.2.2　实测

如果统计数据严重短缺，资源综合利用特征指标也可以在考核周期内用实测方法取得，对间歇性生产的企业，实测三个周期；对连续生产的企业，应连续监测 72 小时。

6.2.3　采样和监测

本指标污染物产生指标的采样和监测按照相关技术规范执行，并采用国家或行业标准监测分析方法，详见《电镀污染物排放标准》。

附录四　环境管理体系要求及使用指南
（GB/T 24001—2016 idt ISO 14001：2015）

引言

0.1　背景

为了既满足当代人的需求，又不损害后代人满足其需求的能力，必须实现环境、社会和经济三者之间的平衡。通过平衡这“三大支柱”的可持续性，以实现可持续发展目标。

随着法律法规的日趋严格，以及因污染、资源的低效使用、废物管理不当、气候变化、生态系统退化、生物多样性减少等给环境造成的压力不断增大，社会对可持续发展、透明度和责任的期望值已发生了变化。

因此，各组织通过实施环境管理体系，采用系统的方法进行环境管理，以期为“环境支柱”的可持续性做出贡献。

0.2　环境管理体系的目的

本标准旨在为各组织提供框架，以保护环境，响应变化的环境状况，同时与社会经济需求保持平衡。

本标准规定了环境管理体系的要求，使组织能够实现其设定的环境管理体系的预期结果。

环境管理的系统方法可向最高管理者提供信息，通过下列途径以获得长期成功，并为促进可持续发展创建可选方案：

——预防或减轻不利环境影响以保护环境；

——减轻环境状况对组织的潜在不利影响；

——帮助组织履行合规义务；

——提升环境绩效；

——运用生命周期观点，控制或影响组织的产品和服务的设计、制造、交付、消费和处置的方式，能够防止环境影响被无意地转移到生命周期的其他阶段；

——实施环境友好的、且可巩固组织市场地位的可选方案，以获得财务和运营收益；

——与有关的相关方沟通环境信息。

本标准不拟增加或改变对组织的法律法规要求。

0.3　成功因素

环境管理体系的成功实施取决于最高管理者领导下的组织各层次和职能的承诺。

组织可利用机遇，尤其是那些具有战略和竞争意义的机遇，预防或减轻不利的环境影响，增强有益的环境影响。

通过将环境管理融入到组织的业务过程、战略方向和决策制定过程，与其他业务的优先项相协调，并将环境管理纳入组织的全面管理体系中，最高管理者就能够有效地应对其风险和机遇。成功实施本标准可使相关方确信组织已建立了有效的环境管理体系。

然而，采用本标准本身并不保证能够获得最佳环境结果。本标准的应用可因组织所处环境的不同而存在差异。

两个组织可能从事类似的活动，但是可能拥有不同的合规义务、环境方针承诺，使用不同的环境技术，并有不同的环境绩效目标，然而它们均可能满足本标准的要求。

环境管理体系的详略和复杂程度将取决于组织所处的环境、其环境管理体系的范围、其合规义务，及其活动、产品和服务的性质，包括其环境因素和相关的环境影响。

0.4 策划-实施-检查-改进模式

构成环境管理体系的方法是基于策划、实施、检查与改进（PDCA）的概念。

PDCA 模式为组织提供了一个循环渐进的过程，用以实现持续改进。

该模式可应用于环境管理体系及其每个单独的要素。该模式可简述如下：

——策划：建立所需的环境目标和过程，以实现与组织的环境方针相一致的结果。

——实施：实施所策划的过程。

——检查：根据环境方针，包括其承诺、环境目标和运行准则，对过程进行监视和测量，并报告结果。

——改进：采取措施以持续改进。

0.5 本标准内容

本标准符合 ISO 对管理体系标准的要求。

这些要求包括一个高阶结构，相同的核心正文，以及具有核心定义的通用术语，目的是方便使用者实施多个 ISO 管理体系标准。

本标准不包含针对其他管理体系的要求，例如：质量、职业健康安全，能源或财务管理。然而，本标准使组织能够运用共同的方法和基于风险的思维，将其环境管理体系与其他管理体系的要求进行整合。

本标准包括了评价符合性所需的要求。

任何有愿望的组织均可能通过以下方式证实符合本标准：

——进行自我评价和自我声明；或

——寻求组织的相关方（例如：顾客），对其符合性进行确认；或

——寻求组织的外部机构对其自我声明的确认；或

——寻求外部组织对其环境管理体系进行认证或注册。

附录 A 提供了解释性信息以防止对本标准要求的错误理解。

附录 B 显示了本标准现行版本与以往版本之间概括的技术对照。

有关环境管理体系的实施指南包含在 GB/T 24004 中。

本标准使用以下助动词：

——“应”（shall）表示要求；

——“应当”（should）表示建议；

——“可以”（may）表示允许；

——“可、可能、能够”（can）表示可能性或能力。

标记“注”的信息旨在帮助理解或使用本文件。第 3 章使用的“注”提供了附加信息，以补充术语信息，可能包括使用术语的相关规定。

第 3 章中的术语和定义按照概念的顺序进行编排，本文件最后还给出了按字母顺序的索引。

1 范围（本标准的适用范围）

本标准规定了组织能够用于提升其环境绩效的环境管理体系要求。

本标准可供寻求以系统的方式管理其环境责任的组织使用，从而为“环境支柱”的可持续性做出贡献。

本标准可帮助组织实现其环境管理体系的预期结果，这些结果将为环境、组织自身和相关方带来价值。

与组织的环境方针保持一致的环境管理体系预期结果包括：

——提升环境绩效；

——履行合规义务；

——实现环境目标。

本标准适用于任何规模、类型和性质的组织，并适用于组织基于生命周期观点所确定的其活动、产品和服务中能够控制或能够施加影响的环境因素。

本标准并未提出具体的环境绩效准则。

本标准能够全部或部分地用于系统地改进环境管理。然而，只有当本标准的所有要求都被包含在组织的环境管理体系中且全部得到满足，组织才能声明符合本标准。

2 规范性引用文件

无规范性引用文件。

3 术语和定义

下列术语和定义适用于本文件。

3.1 与组织和领导作用有关的术语

3.1.1 管理体系

组织（3.1.4）用于制订方针、目标（3.2.5）以及实现这些目标的过程（3.3.5）的相互关联或相互作用的一组要素。

注 1：一个管理体系可关注一个或多个领域（例如：质量、环境、职业健康和安全、能源、财务管理）。

注 2：体系要素包括组织的结构、角色和职责、策划和运行、绩效评价和改进。

注 3：管理体系的范围可能包括整个组织、其特定的职能、其特定的部门、或跨组织的一个或多个职能。

3.1.2 环境管理体系

管理体系（3.1.1）的一部分，用来管理环境因素（3.2.2）、履行合规义务（3.2.9），并应对风险和机遇（3.2.11）。

3.1.3 环境方针 environmental policy

由最高管理者（3.1.5）就环境绩效（3.4.11）正式表述的组织（3.1.4）的意图和方向。

3.1.4 组织 organization

为实现目标（3.2.5），由职责、权限和相互关系构成自身功能的一个人或一组人。

注 1：组织包括但不限于个体经营者、公司、集团公司、商行、企事业单位、政府机构、合股经营的公司、公益机构、社团、或上述单位中的一部分或结合体，无论其是否具有法人资格、公营或私营。

3.1.5 最高管理者 top management

在最高层指挥并控制组织（3.1.4）的一个人或一组人。

注 1：最高管理者有权在组织内部授权并提供资源。

注 2：若管理体系（3.1.1）的范围仅涵盖组织的一部分，则最高管理者是指那些指挥并控制组织该部分的人员。

3.1.6 相关方 interested party

能够影响决策或活动、受决策或活动影响，或感觉自身受到决策或活动影响的个人或组织。

示例：相关方可包括顾客、社区、供方、监管部门、非政府组织、投资方和员工。

注 1："感觉自身受到影响"意指组织已知晓这种感觉。

3.2 与策划有关的术语

3.2.1 环境 environment

组织（3.1.4）运行活动的外部存在，包括空气、水、土地、自然资源、植物、动物、人，以及它们之间的相互关系。

注 1：外部存在可能从组织内延伸到当地、区域和全球系统。

注 2：外部存在可能用生物多样性、生态系统、气候或其他特征来描述。

3.2.2 环境因素 environmental aspect

一个组织（3.1.4）的活动、产品和服务中与环境或能与环境（3.2.1）发生相互作用的要素。

注 1：一项环境因素可能产生一种或多种环境影响（3.2.4）。重要环境因素是指具有或能够产生一种或多种重大环境影响的环境因素。

注 2：重要环境因素是由组织运用一个或多个准则确定的。

3.2.3 环境状况 environmental condition

在某个特定时间点确定的环境（3.2.1）的状态或特征。

3.2.4 环境影响 environmental impact

全部或部分地由组织（3.1.4）的环境因素（3.2.2）给环境（3.2.1）造成的不利或有益的变化。

3.2.5 目标 objective

要实现的结果。

注 1：目标可能是战略性的、战术性的或运行层面的。

注 2：目标可能涉及不同的领域（例如：财务、健康与安全以及环境的目标），并能够应用于不同层面[例如：战略性的、组织层面的、项目、产品、服务和过程（3.3.5）]。

注 3：目标可能以其他方式表达，例如：预期结果、目的、运行准则、环境目标（3.2.6），

或使用其它意思相近的词语，例如：指标等表达。

3.2.6 环境目标 environmental objective

组织（3.1.4）依据其环境方针（3.1.3）建立的目标（3.2.5）。

3.2.7 污染预防 prevention of pollution

为了降低有害的环境影响（3.2.4）而采用（或综合采用）过程（3.3.5）、惯例、技术、材料、产品、服务或能源以避免、减少或控制任何类型的污染物或废物的产生、排放或废弃。

注：污染预防可包括源消减或消除，过程、产品或服务的更改，资源的有效利用，材料或能源替代，再利用、回收、再循环、再生或处理。

3.2.8 要求 requirement

明示的、通常隐含的或必须满足的需求或期望。

注1："通常隐含的"是指对组织（3.1.4）和相关方（3.1.6）而言是惯例或一般做法，所考虑的需求或期望是不言而喻的。

注2：规定要求指明示的要求，例如：文件化信息（3.3.2）中规定的要求。

注3：法律法规要求以外的要求一经组织决定遵守即成为了义务。

3.2.9 合规义务［首选术语］

法律法规和其他要求［许用术语］

组织（3.1.4）必须遵守的法律法规要求（3.2.8），以及组织必须遵守或选择遵守的其他要求。

注1：合规义务是与环境管理体系（3.1.2）相关的。

注2：合规义务可能来自于强制性要求，例如：适用的法律和法规，或来自于自愿性承诺，例如：组织的和行业的标准、合同规定、操作规程、与社团或非政府组织间的协议。

3.2.10 风险 risk

不确定性的影响。

注1：影响指对预期的偏离——正面的或负面的。

注2：不确定性是一种状态，是指对某一事件、其后果或其发生的可能性缺乏（包括部分缺乏）信息、理解或知识。

注3：通常用潜在"事件"（见GB/T 23694—2013中的4.5.1.3）和"后果"（见GB/T 23694—2013中的4.6.1.3），或两者的结合来描述风险的特性。

注4：风险通常以事件后果（包括环境的变化）与相关的事件发生的"可能性"（见GB/T 23694—2013中的4.6.1.1）的组合来表示。

3.2.11 风险和机遇 risks and opportunities

潜在的不利影响（威胁）和潜在的有益影响（机会）。

3.3 与支持和运行有关的术语

3.3.1 能力 competence

运用知识和技能实现预期结果的本领。

3.3.2 文件化信息（成文信息）（形成文件的信息）

组织（3.1.4）需要控制并保持的信息，以及承载信息的载体。

注1：文件化信息可能以任何形式和承载载体存在，并可能来自任何来源。

注2：文件化信息可能涉及：

——环境管理体系（3.1.2），包括相关过程（3.3.5）；

——为组织运行而创建的信息（可能被称为文件）；

——实现结果的证据（可能被称为记录）。

3.3.3　生命周期 life cycle

产品（或服务）系统中前后衔接的一系列阶段，从自然界或从自然资源中获取原材料，直至最终处置。

注1：生命周期阶段包括原材料获取、设计、生产、运输和（或）交付、使用、寿命结束后处理和最终处置。

［修订自：GB/T 24044—2008 中的 3.1，词语“(或服务)”已加入该定义，并增加了“注1”］

3.3.4　外包

安排外部组织（3.1.4）承担组织的部分职能或过程（3.3.5）。

注1：尽管外包的职能或过程在组织的管理体系（3.1.1）范围内，但是外部组织是处在覆盖范围之外。

3.3.5　过程 process

将输入转化为输出的一系列相互关联或相互作用的活动。

注1：过程可能形成也可能不形成文件。

3.4　与绩效评价和改进有关的术语

3.4.1　审核 audit（在金融财会行业译为：审计）

获取审核证据并予以客观评价，以判定审核准则满足程度的系统的、独立的、形成文件的过程（3.5.5）。

注1：内部审核由组织（3.1.4）自行实施执行或由外部其他方代表其实施。

注2：审核可以是结合审核（结合两个或多个领域）。

注3：审核应由与被审核活动无责任关系、无偏见和无利益冲突的人员进行，以证实其独立性。

注4：“审核证据”包括与审核准则相关且可验证的记录、事实陈述或其他信息；而“审核准则”则是指与审核证据进行比较时作为参照的一组方针、程序或要求（3.2.8），GB/T 19011—2013 中 3.3 和 3.2 中分别对它们进行了定义。

3.4.2　符合 conformity

满足要求（3.2.8）。

3.4.3　不符合 nonconformity

未满足要求（3.2.8）。

注1：不符合与本标准要求及组织（3.1.4）自身规定的附加的环境管理体系（3.1.2）要求有关。

3.4.4　纠正措施 corrective action

为消除不符合（3.4.3）的原因并预防再次发生所采取的措施。

注1：一项不符合可能由不止一个原因导致。

3.4.5　持续改进 continual improvement

不断提升绩效（3.4.10）的活动。

注1：提升绩效（3.4.11）是指运用环境管理体系（3.1.2），提升符合组织（3.1.4）的环境方针（3.1.3）的环境绩效（3.4.11）。

注2：该活动不必同时发生于所有领域，也并非不能间断。

3.4.6　有效性 effectiveness

实现策划的活动和取得策划的结果的程度。

3.4.7 参数 indicator

对运行、管理或状况的条件或状态的可度量的表述。

[来源：ISO 14031 中的 3.15]

3.4.8 监视 monitoring

确定体系、过程（3.3.5）或活动的状态

注 1：为了确定状态，可能需要实施检查、监督或认真地观察。

3.4.9 测量 measurement

确定数值的过程（3.3.5）。

3.4.10 绩效 performance

可度量的结果。

注 1：绩效可能与定量或定性的发现有关。

注 2：绩效可能与活动、过程（3.3.5）、产品（包括服务）、体系或组织（3.1.4）的管理有关。

3.4.11 环境绩效 environmental performance

与环境因素（3.2.2）的管理有关的绩效（3.4.10）。

注 1：对于一个环境管理体系（3.1.2），可依据组织（3.1.4）的环境方针（3.1.3）、环境目标（3.2.6）或其他准则，运用参数（3.4.7）来测量结果。

4 组织所处的环境

4.1 理解组织及其所处的环境

组织应确定与其宗旨相关并影响其实现环境管理体系预期结果的能力的外部和内部问题。这些问题应包括受组织影响的或能够影响组织的环境状况。

4.2 理解相关方的需求和期望

组织应确定：

a）与环境管理体系有关的相关方；

b）这些相关方的有关需求和期望（即要求）；

c）这些需求和期望中哪些将成为其合规义务。

4.3 确定环境管理体系的范围

组织应确定环境管理体系的边界和适用性，以确定其范围。

确定范围时组织应考虑：

a）4.1 所提及的内、外部问题；

b）4.2 所提及的合规义务；

c）其组织单元、职能和物理边界；

d）其活动、产品和服务；

e）其实施控制与施加影响的权限和能力。

范围一经确定，在该范围内组织的所有活动、产品和服务均需纳入环境管理体系。

范围应作为文件化信息予以保持，并可为相关方所获取。

4.4 环境管理体系

为实现组织的预期结果，包括提高其环境绩效，组织应根据本标准的要求建立、实施、保持并持续改进环境管理体系，包括所需的过程及其相互作用。

组织建立并保持环境管理体系时，应考虑在 4.1 和 4.2 获得的知识。

5 领导作用

5.1 领导作用与承诺

最高管理者应通过下述方面证实其在环境管理体系方面的领导作用和承诺：

a）对环境管理体系的有效性负责；

b）确保建立环境方针和环境目标，并确保其与组织的战略方向及所处的环境相一致；

c）确保将环境管理体系要求融入组织的业务过程；

d）确保可获得环境管理体系所需的资源；

e）就有效环境管理的重要性和符合环境管理体系要求的重要性进行沟通；

f）确保环境管理体系实现其预期结果；

g）指导并支持员工对环境管理体系的有效性做出贡献；

h）促进持续改进；

i）支持其他相关管理人员在其职责范围内证实其领导作用。

注：本标准所提及的“业务”可广义地理解为涉及组织存在目的的那些核心活动。

5.2 环境方针

最高管理者应在确定的环境管理体系范围内建立、实施并保持环境方针，环境方针应：

a）适合于组织的宗旨和所处的环境，包括其活动、产品和服务的性质、规模和环境影响；

b）为制定环境目标提供框架；

c）包括保护环境的承诺，其中包含污染预防及其他与组织所处环境有关的特定承诺；

注：保护环境的其他特定承诺可包括资源的可持续利用、减缓和适应气候变化、保护生物多样性和生态系统。

d）包括履行其合规义务的承诺；

e）包括持续改进环境管理体系以提高环境绩效的承诺。

环境方针应：

——以文件化信息的形式予以保存；

——在组织内得到沟通；

——可为相关方获取。

5.3 组织的角色、职责和权限

最高管理者应确保在组织内部分配并沟通相关角色的职责和权限。

最高管理者应对下列事项分配职责和权限：

a）确保环境管理体系符合本标准的要求；

b）向最高管理者报告环境管理体系的绩效，包括环境绩效。

6 策划

6.1 应对风险和机遇的措施

6.1.1 总则

组织应建立、实施并保持满足6.1.1至6.1.4的要求所需的过程。

策划环境管理体系时，组织应考虑：

a）4.1所提及的问题；

b）4.2所提及的要求；

c）其环境管理体系的范围。

并且，应确定与环境因素（见 6.1.2）、合规义务（见 6.1.3）、4.1 和 4.2 中识别的其他问题和要求相关的需要应对的风险和机遇，以：

——确保环境管理体系能够实现其预期结果；

——预防或减少不期望的影响，包括外部环境状况对组织的潜在影响；

——实现持续改进。

组织应确定其环境管理体系范围内的潜在紧急情况，特别是那些可能具有环境影响的潜在紧急情况。

组织应保持以下内容的文件化信息：

——需要应对的风险和机遇；

——6.1.1 至 6.1.4 中所需的过程，其详尽程度应使人确信这些过程能按策划得到实施。

6.1.2 环境因素

组织应在所界定的环境管理体系范围内，确定其活动、产品和服务中能够控制和能够施加影响的环境因素及其相关的环境影响。此时应考虑生命周期观点。

确定环境因素时，组织必须考虑：

a）变更，包括已纳入计划的或新的开发，以及新的或修改的活动、产品和服务；

b）异常状况和可合理预见的紧急情况。

组织应运用所建立的准则，确定那些具有或可能具有重大环境影响的环境因素，即重要环境因素。

适当时，组织应在其各层次和职能间沟通其重要环境因素。

组织应保持以下内容的文件化信息：

——环境因素及相关环境影响；

——用于确定其重要环境因素的准则；

——重要环境因素。

注：重要环境因素可能导致与不利环境影响（威胁）或有益环境影响（机会）相关的风险和机遇。

6.1.3 合规义务

组织应：

a）确定并获取与其环境因素有关的合规义务；

b）确定如何将这些合规义务应用于组织；

c）在建立、实施、保持和持续改进其环境管理体系时必须考虑这些合规义务。

组织应保持其合规义务的文件化信息。

注：合规义务可能会给组织带来风险和机遇。

6.1.4 措施的策划

组织应策划：

a）采取措施管理：

1）重要环境因素；

2）合规义务；

3）6.1.1 所识别的风险和机遇。

b）如何：

1）在其环境管理体系过程（见6.2，7，8和9.1）中或其他业务过程中融入并实施这些措施；

2）评价这些措施的有效性（见9.1）。

当策划这些措施时，组织应考虑其可选技术方案、财务、运行和经营要求。

6.2 环境目标及其实现的策划

6.2.1 环境目标

组织应针对其相关职能和层次建立环境目标，此时必须考虑组织的重要环境因素及相关的合规义务，并考虑其风险和机遇。

环境目标应：

a）与环境方针一致；

b）可度量（如可行）；

c）得到监视；

d）予以沟通；

e）适当时予以更新。

组织应保持环境目标的文件化信息。

6.2.2 实现环境目标的措施的策划

策划如何实现环境目标时，组织应确定：

a）要做什么；

b）需要什么资源；

c）由谁负责；

d）何时完成；

e）如何评价结果，包括用于监视实现其可度量的环境目标的进程所需的参数（见9.1.1）。

组织应考虑如何能将实现环境目标的措施融入其业务过程。

7 支持

7.1 资源

组织应确定并提供建立、实施、保持和持续改进环境管理体系所需的资源。

7.2 能力

组织应：

a）确定在其控制下工作，对组织环境绩效和履行合规义务的能力具有影响的人员所需的能力；

b）基于适当的教育、培训或经历，确保这些人员是能胜任的；

c）确定与其环境因素和环境管理体系相关的培训需求；

d）适用时，采取措施以获得所必需的能力，并评价所采取措施的有效性。

注：适用的措施可能包括，例如：向现有员工提供培训、指导，或重新分配工作；或聘用、雇佣能胜任的人员。

组织应保留适当的文件化信息作为能力的证据。

7.3 意识

组织应确保在其控制下工作的人员意识到：

a）环境方针；

b）与他们的工作相关的重要环境因素和相关的实际或潜在的环境影响；

c）他们对环境管理体系有效性的贡献，包括对提高环境绩效的贡献；

d）不符合环境管理体系要求，包括未履行组织合规义务的后果。

7.4 信息交流

7.4.1 总则

组织应建立、实施并保持与环境管理体系有关的内部与外部信息交流所需的过程，包括：

a）信息交流的内容；

b）信息交流的时机；

c）信息交流的对象；

d）信息交流的方式。

策划信息交流过程时，组织应：

——必须考虑其合规义务；

——确保所交流的环境信息与环境管理体系形成的信息一致且真实可信。

组织应对其环境管理体系相关的信息交流做出响应。

适当时，组织应保留文件化信息，作为其信息交流的证据。

7.4.2 内部信息交流

组织应：

a）在其各职能和层次间就环境管理体系的相关信息进行内部信息交流，适当时，包括交流环境管理体系的变更；

b）确保其信息交流过程能够使在其控制下工作的人员能够对持续改进做出贡献。

7.4.3 外部信息交流

组织应按其合规义务的要求及其建立的信息交流过程，就环境管理体系的相关信息进行外部信息交流。

7.5 文件化信息

7.5.1 总则

组织的环境管理体系应包括：

a）本标准要求的文件化信息；

b）组织确定的实现环境管理体系有效性所必需的文件化信息。

注：不同组织的环境管理体系文件化信息的复杂程度可能不同，取决于：

——组织的规模及其活动、过程、产品和服务的类型；

——证明履行其合规义务的需要；

——过程的复杂性及其相互作用；

——在组织控制下工作的人员的能力。

7.5.2 创建和更新

创建和更新文件化信息时，组织应确保适当的：

a）标识和说明（例如：标题、日期、作者或参考文件编号）；

b）形式（例如：语言文字、软件版本、图表）与载体（例如：纸质的、电子的）；

c）评审和批准，以确保适宜性和充分性。

7.5.3 文件化信息的控制

环境管理体系及本标准要求的文件化信息应予以控制，以确保其：

a）在需要的时间和场所均可获得并适用；

b）受到充分的保护（例如：防止失密、不当使用或完整性受损）。

为了控制文件化信息，组织应进行以下适用的活动：

——分发、访问、检索和使用；

——存储和保护，包括保持易读性；

——变更的控制（例如：版本控制）；

——保留和处置。

组织应识别其确定的环境管理体系策划和运行所需的来自外部的文件化信息，适当时，应对其予以控制。

注："访问"可能指仅允许查阅文件化信息的决定，或可能指允许并授权查阅和更改文件化信息的决定。

8 运行

8.1 运行策划和控制

组织应建立、实施、控制并保持满足环境管理体系要求以及实施 6.1 和 6.2 所识别的措施所需的过程，通过：

——建立过程的运行准则；

——按照运行准则实施过程控制。

注：控制可包括工程控制和程序控制。控制可按层级（例如：消除、替代、管理）实施，并可单独使用或结合使用。

组织应对计划内的变更进行控制，并对非预期性变更的后果予以评审，必要时，应采取措施降低任何不利影响。

组织应确保对外包过程实施控制或施加影响。应在环境管理体系内规定对这些过程实施控制或施加影响的类型与程度。

从生命周期观点出发，组织应：

a）适当时，制定控制措施，确保在产品或服务的设计和开发过程中，落实其环境要求，此时应考虑生命周期的每一阶段；

b）适当时，确定产品和服务采购的环境要求；

c）与外部供方（包括合同方）沟通组织的相关环境要求；

d）考虑提供与其产品或服务的运输或交付、使用、寿命结束后处理和最终处置相关的潜在重大环境影响的信息的需求。

组织应保持必要程度的文件化信息，以确信过程已按策划得到实施。

8.2 应急准备和响应

组织应建立、实施并保持对 6.1.1 中识别的潜在紧急情况进行应急准备并做出响应所需的过程。

组织应：

a）通过策划措施做好响应紧急情况的准备，以预防或减轻它所带来的不利环境影响；

b）对实际发生的紧急情况做出响应；

c）根据紧急情况和潜在环境影响的程度，采取相适应的措施以预防或减轻紧急情况带来的后果；

d）可行时，定期试验所策划的响应措施；

e）定期评审并修订过程和策划的响应措施，特别是发生紧急情况后或进行试验后；

f）适当时，向有关的相关方，包括在组织控制下工作的人员提供应急准备和响应相关的信息和培训。

组织应保持必要的文件化信息，以确信过程能按策划得到实施。

9 绩效评价

9.1 监视、测量、分析和评价

9.1.1 总则

组织应监视、测量、分析和评价其环境绩效。

组织应确定：

a）需要监视和测量的内容；

b）适用时的监视、测量、分析与评价的方法，以确保有效的结果；

c）组织评价其环境绩效所依据的准则和适当的参数；

d）何时应实施监视和测量；

e）何时应分析和评价监视和测量结果。

适当时，组织应确保使用和维护经校准或经验证的监视和测量设备。

组织应评价其环境绩效和环境管理体系的有效性。

组织应按其合规义务的要求及其建立的信息交流过程，就有关环境绩效的信息进行内部和外部信息交流。

组织应保留适当的文件化信息，作为监视、测量、分析和评价结果的证据。

9.1.2 合规性评价

组织应建立、实施并保持评价其合规义务履行状况所需的过程。

组织应：

a）确定实施合规性评价的频次；

b）评价合规性，需要时采取措施；

c）保持其合规情况的知识和对其合规情况的理解。

组织应保留文件化信息，作为合规性评价结果的证据。

9.2 内部审核

9.2.1 总则

组织应按计划的时间间隔实施内部审核，以提供下列关于环境管理体系的信息：

a）是否符合：

1）组织自身环境管理体系的要求；

2）本标准的要求。

b）是否得到了有效的实施和保持。

9.2.2 内部审核方案

组织应建立、实施并保持一个或多个内部审核方案，包括实施审核的频次、方法、职责、策划要求和内部审核报告。

建立内部审核方案时，组织必须考虑相关过程的环境重要性、影响组织的变化以及以往审核的结果。

组织应：

a）规定每次审核的准则和范围；

b）选择审核员并实施审核，确保审核过程的客观性与公正性；

c）确保向相关管理者报告审核结果。

组织应保留文件化信息，作为审核方案实施和审核结果的证据。

9.3　管理评审

最高管理者应按计划的时间间隔对组织的环境管理体系进行评审，以确保其持续的适宜性、充分性和有效性。

管理评审应包括对下列事项的考虑：

a）以往管理评审所采取措施的状况。

b）以下方面的变化：

1）与环境管理体系相关的内、外部问题；

2）相关方的需求和期望，包括合规义务；

3）其重要环境因素；

4）风险和机遇。

c）环境目标的实现程度。

d）组织环境绩效方面的信息，包括以下方面的趋势：

1）不符合和纠正措施；

2）监视和测量的结果；

3）其合规义务的履行情况；

4）审核结果。

e）资源的充分性。

f）来自相关方的有关信息交流，包括抱怨。

g）持续改进的机会。

管理评审的输出应包括：

——对环境管理体系的持续适宜性、充分性和有效性的结论；

——与持续改进机会相关的决策；

——与环境管理体系变更的任何需求相关的决策，包括资源；

——如需要，环境目标未实现时采取的措施；

——如需要，改进环境管理体系与其他业务过程融合的机会；

——任何与组织战略方向相关的结论。

组织应保留文件化信息，作为管理评审结果的证据。

10　改进

10.1　总则

组织应确定改进的机会（见 9.1，9.2 和 9.3），并实施必要的措施，以实现其环境管理体系的预期结果。

10.2 不符合和纠正措施

发生不符合时，组织应：

a）对不符合做出响应，适用时：

1）采取措施控制并纠正不符合；

2）处理后果，包括减轻不利的环境影响。

b）通过以下方式评价消除不符合原因的措施需求，以防止不符合再次发生或在其他地方发生：

1）评审不符合；

2）确定不符合的原因；

3）确定是否存在或是否可能发生类似的不符合。

c）实施任何所需的措施；

d）评审所采取的任何纠正措施的有效性；

e）必要时，对环境管理体系进行变更。

纠正措施应与所发生的不符合造成影响（包括环境影响）的重要程度相适应。

组织应保留文件化信息作为下列事项的证据：

——不符合的性质和所采取的任何后续措施；

——任何纠正措施的结果。

10.3 持续改进

组织应持续改进环境管理体系的适宜性、充分性与有效性，以提升环境绩效。

附录五 清洁生产审核工作用表

使用说明

1. 本附录的工作用表是为清洁生产审核人员的工作方便而专门设计的。基本上涵盖了审核过程中所需调查的数据、材料以及工作内容。

2. 工作用表与清洁生产审核的七个阶段相对应，按各阶段的序号排列，共由 41 张表组成，其中第一阶段 2 张表，第二阶段 13 张表，第三阶段 5 张表，第四阶段 6 张表，第五阶段 4 张表，第六阶段 9 张表，第七阶段 2 张表。

3. 工作表为一般企业设计的通用的工作表，审核人员可根据不同企业的实际情况进行复制、修改和补充。

附录五工作表 1-1 审核小组成员表

姓名	审核小组职务	来自部门及职务职称	专业	职责	应投入时间

制表__________ 审核__________ 第____页 共____页

注：若仅设立一个审核小组，则依次填写即可，若分别设立了审核领导小组和工作小组，则可分成两表或在一表内隔开填写。

附录五工作表 1-2 审核工作计划表

阶　段	工作内容	完成时间	责任部门及负责人	考核部门及人员	产出
1. 筹划和组织					
2. 预审核					
3. 审核					
4. 方案产生和筛选					
5. 可行性分析					
6. 方案实施					
7 持续清洁生产					

制表＿＿＿＿＿　审核＿＿＿＿＿　第＿＿页　共＿＿页

附录五工作表 2-1 企业简述

企业名称：＿＿＿＿＿＿＿＿　所属行业：＿＿＿＿＿＿＿＿
企业类型：＿＿＿＿＿＿＿＿　法人代表：＿＿＿＿＿＿＿＿
地址及邮政编码：＿＿＿＿＿＿＿＿
电话及传真：＿＿＿＿＿＿＿＿　联系人：＿＿＿＿＿＿＿＿
主要产品、生产能力及工艺：

关键设备：

年末职工总数：＿＿＿＿＿＿＿＿　技术人员总数：＿＿＿＿＿＿＿＿
企业固定资产总值：＿＿＿＿＿＿＿＿
企业年总产值：＿＿＿＿＿＿＿＿　年总利税：＿＿＿＿＿＿＿＿
建厂日期：＿＿＿＿＿＿＿＿　投产日期：＿＿＿＿＿＿＿＿
其他：

制表＿＿＿＿＿　审核＿＿＿＿＿　第＿＿页　共＿＿页

附录五工作表 2-2 资料收集目录

序号	内容	可否获得	来源	获取方法	备注
1	平面布置图				
2	组织机构图				

续表

序号	内容	可否获得	来源	获取方法	备注
3	工艺流程图				
4	物料平衡图				
5	水平衡图				
6	能源衡算资料				
7	产品质量记录				
8	原辅材料消耗及成本				
9	水、燃料、电力消耗及成本				
10	企业环境方面资料				
11	企业设备及管线资料				
12	生产管理资料				

制表________　　审核________　　第___页　　共___页

附录五工作表 2-3　环保设施状况表

设施名称________　处理废弃物种类________　建成时间________　折旧年限________

建设投资________　设计处理量________　实际处理量________　年运行费________

年耗电量________　运行天数______（天/年）_____（天/月）监测频率_____（次/月）

设施运行效果

污染物名称	实际处理量		入口浓度			出口浓度			污染物去除量	说明
	平均值	最大值	平均值	最高值	最低值	平均值	最高值	最低值		
处理方法及工艺流程简图										

制表________　　审核________　　第___页　　共___页

注：环保设施包括废水、废气、固废、噪声处理设施以及综合利用设施。

附录五工作表 2-4 企业环保达标及污染事故调查表

一、环保达标情况

1. 采用的标准

2. 达标情况

3. 排污费

4. 罚款与赔偿

二、重大污染事故

1. 简述

2. 原因分析

3. 处理与善后措施

制表＿＿＿＿ 审核＿＿＿＿ 第＿＿页 共＿＿页

附录五工作表 2-5 工段生产情况表

工段名称＿＿＿＿＿＿＿＿

工段简述：

工段生产类型：

连续

间歇加工

批量生产

其他：＿＿＿＿

制表＿＿＿＿ 审核＿＿＿＿ 第＿＿页 共＿＿页

附录五工作表 2-6　产品设计信息

产品名称＿＿＿＿＿＿＿＿

问　　题	描　　述
1. 产品能满足哪些功能？	
2. 产品是否进行转变或功能改进？	
3. 其功能能否更符合保护环境的要求？	
4. 使用哪些物料(包括新的物料)？	
5. 现用物料对环境有何影响？	
6. 今后需用的物料对环境有何影响？	
7. 产品(产品设计)是否便于拆卸和维修？	
8. 包括多少组件？	
9. 拆卸需多少时间？	
10. 不拆卸对废弃物处理有什么后果？	
11. 使用期限有多长？	
12. 哪些组件决定其使用期限？	
13. 那些决定使用期限的组件是否易于更换？	
14. 产品/物料使用后有多大的回用可能性？	
15. 产品组件或物料有多大的回用可能性？	
16 如何提高产品/物料回用的可能性？	
17. 提高产品/物料回用存在的问题有哪些？	
18. 能否减少或消除这些问题？	
19. 能否通过贴标签增强对物料的识别？需要什么样的机会？	
20. 这样做对环境和能源方面有什么影响？	

制表＿＿＿＿　审核＿＿＿＿　第＿＿页　共＿＿页

附录五工作表 2-7　输入物料汇总表

工段名称＿＿＿＿＿＿＿＿

项　　目		物　　料		
		物料号	物料号	物料号
物料种类				
名称				
物料功能				
有害成分及特性				
活性成分及特性				
有害成分浓度				
年消耗量	总计			
	有害成分			
单位价格				
年总成本				
输送方法				
包装方法				

续表

项目		物料		
		物料号	物料号	物料号
储存方法				
内部运输方法				
包装材料管理				
库存管理				
储存期限				
供应商是否回收	到储存期限的物料			
	包装材料			
可能的替代材料				
可能选择的供应商				
其他资料				

制表＿＿＿＿ 审核＿＿＿＿ 第＿＿页 共＿＿页

注：1. 按工段分别填写；
2. "输入物料"指生产中使用的所有物料，其中有些未包含在最终产品中，如清洁剂、润滑油脂等；
3. 物料号应尽量与工艺流程图上的号一致；
4. "物料功能"指原料、产品、清洁剂、包装材料等；
5. "输送方式"指管线、槽车、卡车等；
6. "包装方式"指200升容器、纸袋、罐等；
7. "储存方式"指有掩盖、仓库、无掩盖、地上等；
8. "内部运输方式"指用泵、叉车、气动运输、输送带等；
9. "包装材料管理"指排放、清洁后重复使用、退回供应商、押金系统等；
10. "库存管理"指先进先出或后进先出。

附录五工作表 2-8 产品汇总

工段名称＿＿＿＿＿＿＿＿

项目		物料		
		物料号	物料号	物料号
产品种类				
名称				
物料功能				
有害成分及特性				
年产量	总计			
	有害成分			
输送方法				
包装方法				
就地储存方法				
包装能否回收(是/否)				
储存期限				
客户是否准备	接受其他规格产品			
	接受其他包装方式			
其他资料				

制表＿＿＿＿ 审核＿＿＿＿ 第＿＿页 共＿＿页

注：这些产品号应尽量与工艺流程图上的号一致。

附录五工作表2-9 废弃物特性

工段名称____________________

1. 废弃物名称____
2. 废弃物特性____

化学和物理性质简介

有害成分

有害成分浓度

有害成分及废弃物所执行的环境标准/法规

有害成分及废弃物所造成的问题

3. 排放种类

连续

不连续

类型　　周期性______________　周期时间______________

偶尔发生(无规律)

4. 产生量
5. 排放量

最大____________________　平均____________________

6. 处理处置方式
7. 发生源
8. 发生形式
9. 是否分流

是

否,与何种废物合流

制表__________　审核__________　第____页　共____页

附录五工作表2-10 企业历年原辅料和能源消耗表

主要原辅料和能源	单位	使用部位	近三年年消耗量			近三年单位产品消耗量				备注
						实耗			定额	

制表__________　审核__________　第____页　共____页

注：备注栏中填写国内外同类先进企业的对比情况。

附录五工作表 2-11 企业历年产品情况表

产品名称	生产工段	近三年年产量			近三年年产值			占总产值比例			备注

制表__________ 审核__________ 第____页 共____页

附录五工作表 2-12 企业历年废物流情况表

类别	名称	近三年年排放量			近三年单位产品排放量				备注
					实耗			定额	
废水	废水量								
废气	废气量								
固废	总废渣量								
	炉渣								
	垃圾								
其他									

制表__________ 审核__________ 第____页 共____页

注：1. 备注栏中填写国内外同类先进企业的对比情况。

2. 其他栏中可填写物料流失情况。

附录五工作表 2-13 企业废弃物产生原因分析表

主要废弃物产生源	原因分析							
	原辅材料和能源	技术工艺	设备	过程控制	产品	废弃物特性	管理	员工

制表__________ 审核__________ 第____页 共____页

附录五工作表 3-1　审核重点资料收集名录

序号	内　　容	可否获得	来源	获取方法	备注
1	平面布置图				
2	组织机构图				
3	工艺流程图				
4	各单元操作工艺流程图				
5	工艺设备流程图				
6	输入物料汇总				
7	产品汇总				
8	废弃物特性				
9	历年原辅材料和能源消耗表				
10	历年产品情况表				
11	历年废弃物流情况表				

制表________　　审核________　　第____页　　共____页

注：审核重点的许多工作表形式与预审核阶段各工段的工作表（如附录五工作表 2-7～附录五工作表 2-12）的形式完全一样，只是把内容由“工段”细化为审核重点的“单元操作”即可。

附录五工作表 3-2　审核重点单元操作功能说明表

单元操作名称	功能

制表________　　审核________　　第____页　　共____页

附录五工作表 3-3　审核重点物流实测准备表

序号	监测点位置及名称	监测项目及频率								备注
		项目	频率	项目	频率	项目	频率	项目	频率	

制表________　　审核________　　第____页　　共____页

附录五工作表 3-4 审核重点物流实测数据表

序号	监测点名称	取样时间	实测结果				备注

制表_________ 审核_________ 第___页 共___页

附录五工作表 3-5 审核重点废弃物产生原因分析表

废弃物产生部位	废弃物名称	影响因素							
		原辅材料和能源	技术工艺	设备	过程控制	产品	废弃物特性	管理	员工

制表_________ 审核_________ 第___页 共___页

附录五工作表 4-1 清洁生产合理化建议表

姓名___________ 部门___________ 联系电话___________

建议的主要内容：

可能产生的效益估算：

所需的投入估算：

制表_________ 审核_________ 第___页 共___页

附录五工作表 4-2 方案汇总表

类型	编号	方案名称	方案简介	预计投资	预计效果	
					环境效益	经济效益
原材料和能源替代						
技术工艺改造						
设备维护和更新						
过程优化控制						
产品更换或改进						
废弃物回收利用和循环使用						
加强管理						
员工素质的提高及积极性的激励						
其他						

制表__________ 审核__________ 第____页 共____页

附录五工作表 4-3 方案的权重总和计分排序表

权重因素	权重值（W）	得分								
		方案 1		方案 2		方案 3		…	方案 n	
		R	RW	R	RW	R	RW		R	RW
环境效果										
经济可行性										
技术可行性										
可实施性										
总分 $\sum RW$										
排序										

制表__________ 审核__________ 第____页 共____页

附录五工作表 4-4 方案筛选结果汇总表

方案情况	方案编号	方案名称
可行性无费方案		
可行性低费方案		
可行性中费方案		
可行性高费方案		
不可行方案		

制表__________ 审核__________ 第____页 共____页

附录五工作表 4-5　方案说明表

方案编号及名称	
要点	
主要设备	
主要技术经济指标(包括费用及效益)	
可能的环境影响	

制表＿＿＿＿＿　审核＿＿＿＿＿　第＿＿页　共＿＿页

附录五工作表 4-6　无/低费方案实施效果的核定与汇总表

方案编号	方案名称	实施时间	投资	运行费	经济效益	环境效益			

制表＿＿＿＿＿　审核＿＿＿＿＿　第＿＿页　共＿＿页

附录五工作表 5-1 投资费用统计表

可行性分析方案名称：

项目	金额
1. 基建投资	
(1)固定资产投资	
①设备购置	
②物料和场地准备	
③与公共设施连接费(配套工程)	
(2)无形资产投资	
①专利或技术转让费	
②土地使用费	
③增容费	
(3)开办费	
①项目前期费用	
②筹建管理费	
③人员培训费	
④试车和验收费用	
(4)不可预见费用	
2. 建设期利息	
3. 项目流动资金	
(1)原材料，燃料占用资金的增加	
(2)在制品占用资金的增加	
(3)产成品占用资金的增加	
(4)库存先进的增加	
(5)应收账款的增加	
(6)应付账款的增加	
总投资汇总 1+2+3	
4. 补贴	
总投资费用 1+2+3−4	

制表________ 审核________ 第____页 共____页

附录五工作表 5-2 运行费用和收益统计表

可行性分析方案名称：

项目	金额
1. 年运行费用总节省金额(P)	
P=(1)+(2)	
(1)收入增加额	
①由于产量增加的收入	
②由于质量提高，价格提高的收入增加	
③专项财政收益	
④其他收入增加额	
(2)总运行费用的减少额	
①原材料消耗的减少	
②动力和燃料费用的减少	
③工资和维修费用的减少	
④其他运行费用的减少	
⑤废物处理/处置费用的减少	
⑥销售费用的减少	
2. 新增设备年折旧费(D)	
3. 应税利润(T)=$P-D$	
4. 净利润=应税利润−各项应纳税金	
①增值税	
②所得税	
③城建税和教育附加税	
④资源税	
⑤消费税	

制表________ 审核________ 第____页 共____页

附录五工作表 5-3 方案经济评估指标汇总表

经济评价指标	方案一	方案二	方案三
1. 总投资费用(I)			
2. 年运行费用总节省金额(P)			
3. 新增设备年折旧费			
4. 应税利润			
5. 净利润			
6. 年增加现金流量(F)			
7. 投资偿还期(N)			
8. 净现值(NPV)			
9. 净现值率($NPVR$)			
10. 内部收益率(IRR)			

制表＿＿＿＿＿ 审核＿＿＿＿＿ 第＿＿页 共＿＿页

附录五工作表 5-4 方案简述及可行性分析结果表

方案名称/类型＿＿＿＿＿＿＿＿＿＿＿＿＿＿＿＿＿＿＿＿

方案的基本原理：

方案简述：

获得何种效益＿＿＿＿＿＿＿＿＿＿＿＿＿＿＿＿＿＿＿＿

国内外同行业水平＿＿＿＿＿＿＿＿＿＿＿＿＿＿＿＿＿＿

方案投资＿＿＿＿＿＿＿＿＿＿＿＿＿＿＿＿＿＿＿＿＿＿

影响下列废弃物＿＿＿＿＿＿＿＿＿＿＿＿＿＿＿＿＿＿＿

影响下列原料和添加剂＿＿＿＿＿＿＿＿＿＿＿＿＿＿＿＿

影响下列产品＿＿＿＿＿＿＿＿＿＿＿＿＿＿＿＿＿＿＿＿

技术评估结果简述：

环境评估结果简述：

经济评估结果简述：

制表＿＿＿＿＿ 审核＿＿＿＿＿ 第＿＿页 共＿＿页

附录五工作表 6-1 方案实施进度表（甘特图）

方案名称：

编号	任务	期限	时标								负责部门和负责人	

制表__________ 审核__________ 第____页 共____页

附录五工作表 6-2 已实施的无/低费方案环境效果对比一览表

编号	比较项目 方案名称		资源消耗				废弃物产生			
			物耗	水耗	能耗		废水量	废气量	固体废弃量	
		实施前								
		实施后								
		削减量								
		实施前								
		实施后								
		削减量								
		实施前								
		实施后								
		削减量								
		实施前								
		实施后								
		削减量								

制表__________ 审核__________ 第____页 共____页

附录五工作表 6-3 已实施的无/低费方案经济效益对比一览表

编号	比较项目 方案名称		产值	原材料费用	能源费用	公共设施费用	水费	污染控制费用	污染排放费用	维修费	税金	其他支出	净利润
		实施前											
		实施后											
		经济效益											
		实施前											
		实施后											
		经济效益											

续表

编号	方案名称	比较项目	产值	原材料费用	能源费用	公共设施费用	水费	污染控制费用	污染排放费用	维修费	税金	其他支出	净利润
		实施前											
		实施后											
		经济效益											
		实施前											
		实施后											
		经济效益											

制表______ 审核______ 第___页 共___页

附录五工作表 6-4 已实施的中/高费方案环境效果对比一览表

编号	方案名称	项目	资源消耗				废弃物产生		
			物耗	水耗	能耗		废水量	废气量	固体废物量
		方案实施前 A							
		设计的方案 B							
		方案实施后 C							
		方案实施前后之差 $A-C$							
		方案设计与实际之差 $B-C$							
		方案实施前 A							
		设计的方案 B							
		方案实施后 C							
		方案实施前后之差 $A-C$							
		方案设计与实际之差 $B-C$							

制表______ 审核______ 第___页 共___页

附录五工作表 6-5 已实施的中/高费方案经济效果对比一览表

编号	方案名称	项目	产值	原材料费用	能源费用	公共设施费用	水费	污染控制费用	污染排放费用	维修费	税金	其他支出	净利润
		方案实施前 A											
		设计的方案 B											
		方案实施后 C											
		方案实施前后之差 $A-C$											
		方案设计与实际之差 $B-C$											
		方案实施前 A											
		设计的方案 B											
		方案实施后 C											
		方案实施前后之差 $A-C$											
		方案设计与实际之差 $B-C$											

制表______ 审核______ 第___页 共___页

附录五工作表 6-6　已实施的清洁生产方案环境效果汇总表

类型	编号	项目 名称	资源消耗				废弃物产生			
			物耗	水耗	能耗		废水量	废气量	固体废物量	
无/低费方案										
小计		削减量								
		削减率								
中/高费方案										
小计		削减量								
		削减率								
总计		削减量								
		削减率								

制表__________　审核__________　第____页　共____页

附录五工作表 6-7　已实施清洁生产方案经济效益汇总表

类型	编号	名称	产值	原材料费用	能源费用	公共设施费用	水费	污染控制费用	污染排放费用	维修费	税金	其他支出	净利润
无/低费方案													
小计													
中/高费方案													
小计													
总计													

制表__________　审核__________　第____页　共____页

附录五工作表 6-8　已实施清洁生产方案实施效果的核定与汇总

方案类型	方案编号	方案名称	实施时间	投资	运行费	经济效益	环境效益			
无/低费方案										
		小计								
中/高费方案										
		小计								
		合计								

制表＿＿＿＿＿　　审核＿＿＿＿＿　　第＿＿页　　共＿＿页

附录五工作表 6-9　审核前后企业各项单位产品指标对比表

单位产品指标	审核前	审核后	差值	国内先进水平	国外先进水平
单位产品原料消耗					
单位产品耗水					
单位产品耗煤					
单位产品耗能折标煤					
单位产品耗汽					
单位产品排水量					

制表＿＿＿＿＿　　审核＿＿＿＿＿　　第＿＿页　　共＿＿页

附录五工作表 7-1 清洁生产的组织机构

组织机构名称	
行政归属	
主要任务及职责	

制表__________ 审核__________ 第____页 共____页

附录五工作表 7-2 持续清洁生产计划

计划分类	主要内容	开始时间	结束时间	负责部门
下一轮清洁生产审核工作计划				
本轮审核清洁生产方案的实施计划				
清洁生产新技术的研究与开发计划				
企业职工的清洁生产培训计划				

制表__________ 审核__________ 第____页 共____页

参 考 文 献

[1] 周长波，李梓，刘菁钧等．我国清洁生产发展现状、问题及对策．环境保护，2016，44 (10).
[2] 洪大用．关于中国环境问题和生态文明建设的新思考．探索与争鸣，2013，(10).
[3] 李博洋，顾成奎，罗晓丽，郭庭政．“水十条”实施背景下工业绿色转型发展的路径探讨．环境保护，2015，(9).
[4] 傅志寰，宋忠奎，陈小寰等．我国工业绿色发展战略研究．中国工程科学，2015，17 (8).
[5] 杨朝飞．绿色发展与环境保护．理论视野，2015，(12).
[6] 周奇，周长波，朱凯等．健全清洁生产法规 助推绿色发展之路．环境保护，2016，44 (13).
[7] 段宁，但智钢，王璠．清洁生产技术：未来环保技术的重点导向．环境保护，2010，16.
[8] 王志增，但智钢，王圣等．清洁生产技术削污效果评估方法与案例研究．环境工程技术学报，2016，6 (3).
[9] 郝栋．绿色发展道路的哲学探析 [博士论文]. 北京：中共中央党校，2012.
[10] 吴舜泽，张文静，吴悦颖等．工业行业治污减排的研究与思考．环境保护，2014，42 (21).
[11] 滕吉文，张洪双．科学与技术的发展和创新旨在为宇宙提供真正的写真．地球物理学进展，2012，27 (3).
[12] 于宏兵．清洁生产教程．北京：化学工业出版社，2011.
[13] 鲍建国，周发武．清洁生产实用教程．北京：中国环境科学出版社，2010.
[14] 清洁生产评价指标体系编制通则（试行稿），2013.
[15] GB/T 24001—2016 环境管理体系 要求及使用指南．
[16] 雷兆武，张俊安，申左元．清洁生产及应用．北京：化学工业出版社，2013.
[17] 朱庚申．环境管理实训．北京：科学出版社，2011.
[18] 方圆标志认证集团有限公司．2015 版 ISO 14001 环境管理体系内审员培训教程．北京：中国质检出版社，2016.
[19] 梁健，鲁树基编．环境管理体系教程．第 2 版．北京：中国质检出版社，2016.
[20] 本书编委会．ISO 14001：2015 环境管理体系培训教程．北京：中国标准出版社，2016.
[21] GB/T 24040—2008 环境管理——生命周期评价原则与框架．北京：中国国家标准化管理委员会，2008.
[22] GB/T 24044—2008 环境管理——生命周期评价要求与指南．北京：中国国家标准化管理委员会，2008.
[23] ISO 14040 Environmental management-Life cycle assessment-Principles and framework. International Organization for Standardization，Geneva，2006.
[24] United Nations Environment Programme（UNEP）. Why take a Life Cycle Approach. Joseph Print Group，2004：1-29.
[25] United Nations Environment Programme（UNEP）. Global Guidance Principles for Life Cycle Assessment Databases. The UNEP/SETAC Life Cycle Initiative，2011.
[26] PEF. Guide of Product Environment Footprint. The European Commission，Official Journal of the European Union，2013.
[27] 崔兆杰，张凯．循环经济理论与方法．北京：科学出版社，2008：240-241.
[28] 周宏春，刘燕华等．循环经济学．北京：中国发展出版社，2008.
[29] 孔令丞，谢家平．循环经济推进战略研究．北京：中国时代经济出版社，2008.
[30] 王贵明．产业生态与产业经济——构建循环经济之基石．南京：南京大学出版社，2009.
[31] 冯之浚．循环经济导论．北京：人民出版社，2004.
[32] 鞠美庭，盛连喜．产业生态学．北京：高等教育出版社，2008.
[33] 袁增伟，毕军．产业生态学．北京：科学出版社，2010.
[34] 雷毅．深层生态学研究．北京：清华大学出版社，2001.
[35] 诸大建．探索循环经济的经济学理论及其政策意义．中国发展，2008，8 (1)：47-62.
[36] 薛冰．区域循环经济发展机制研究．兰州：兰州大学，2009.
[37] 逯承鹏．产业共生系统演化与共生效应研究——以金昌为例 [博士论文]. 兰州：兰州大学，2009.
[38] 薛冰，陈兴鹏等．区域循环经济调控机制研究．区域发展，2010，8 (24)：74-78.
[39] 薛冰，张伟伟，陈兴鹏等．关于生态文明的若干基本问题研究．生态经济，2012，(11)：24-29.
[40] 薛冰，鹿晨昱，耿涌等．中国低碳城市试点计划评述与发展展望．经济地理，2012，1 (32)：51-56.
[41] 邓伟根．产业生态学的一种经济学解释经济评论．经济评论，2006，(6)：74-79.
[42] 薛冰等．《巴黎协议》中国家自主贡献的内涵、机制与展望．阅江学刊，2016，8 (4)：21-27.